数值分析

王晓锋　栾丹　周健萍 编著

清華大学出版社
北　京

内容简介

本书主要介绍误差概念和误差分析方法，求解非线性方程的牛顿法、割线法、简单迭代法及迭代法收敛的判定方法，解线性方程组的直接法，解线性方程组的迭代法，插值与拟合，数值积分与数值微分，常微分方程数值解法，以及数值实验，并对应第2～7章中的数值算法给出相应的MATLAB程序。

本书融入课程思政内容，包括中国古代和现代数学家的研究成果，同时纳入最新的研究成果，可作为数学专业及其他理工科专业本科生和研究生的教材和参考书。

图书在版编目（CIP）数据

数值分析 / 王晓锋，栾丹，周健萍编著. -- 北京 ：清华大学出版社，2024. 9. --（21世纪人工智能创新与应用丛书）. -- ISBN 978-7-302-66869-5

Ⅰ. O241

中国国家版本馆CIP数据核字第2024UH0770号

责任编辑：郭　赛
封面设计：常雪影
责任校对：韩天竹
责任印制：刘海龙

出版发行：清华大学出版社
网　　址：https://www.tup.com.cn，https://www.wqxuetang.com
地　　址：北京清华大学学研大厦A座　　**邮　　编**：100084
社 总 机：010-83470000　　**邮　　购**：010-62786544
投稿与读者服务：010-62776969，c-service@tup.tsinghua.edu.cn
质量反馈：010-62772015，zhiliang@tup.tsinghua.edu.cn
课件下载：https://www.tup.com.cn，010-83470236
印 装 者：三河市铭诚印务有限公司
经　　销：全国新华书店
开　　本：185mm×260mm　　**印　　张**：12.25　　**字　　数**：312千字
版　　次：2024年9月第1版　　**印　　次**：2024年9月第1次印刷
定　　价：49.80元

产品编号：105946-01

前 言

PREFACE

科学技术、工业生产、航空航天等领域的许多问题都需要通过建立数学模型来解决，绝大多数的数学模型不能够求出解析解，只能利用数值计算方法求出近似解。“数值分析”这门课程就是介绍利用数值方法求解实际问题的一门基础课程。

全面推动党的二十大精神进教材、进课堂、进头脑，是当前高校贯彻落实党中央关于教育重大部署的一项重要战略任务。二十大精神进教材是落实立德树人根本任务和打造精品教材的内在需求。为了深入贯彻和落实党的二十大精神，根据教育部2020年印发的《高等学校课程思政建设指导纲要》要求，本书编者在大量参考国内外优秀教材和文献的基础上，深入挖掘课程思政元素，从中国数学史、中国数学家、中国伟大工程入手，通过讲述中国古代数学家的研究内容与课程知识之间的联系、中国现代数学家的突出贡献和感人事迹、课程知识在中国伟大工程中的应用等内容，将理论知识和思政内容相融合，力图开阔学生视野，激发学生的学习兴趣和爱国情怀，以此达到知识传授、价值引领和能力培养的目的。本书编者力争使本书成为思政特色突出、知识应用性强、适应应用型本科院校学生学习的教学用书。

本书共8章，第1章主要介绍误差概念和误差分析方法；第2章主要介绍求解非线性方程的牛顿法、割线法、简单迭代法及迭代法收敛的判定方法；第3章主要介绍高斯消去法、列主元素高斯消去法、直接三角分解法、平方根法及误差分析方法；第4章主要介绍雅可比迭代、高斯-赛德尔迭代、超松弛迭代、迭代法收敛性的判别方法及误差分析方法；第5章主要介绍拉格朗日插值、牛顿插值、样条插值、曲线拟合及误差分析方法；第6章主要介绍求解定积分的机械求积公式、牛顿-柯特斯求积公式、龙贝格方法、数值微分及其误差分析方法；第7章主要介绍求解常微分方程初值问题的欧拉公式、龙格-库塔法及单步法的收敛性和稳定性的判别方法；第8章对应第2～7章中的数值算法给出相应的实验程序。

本书在总体内容上可划分为数值代数、数值逼近、微分方程数值解三部分。本书编者长期从事计算数学方向的科学研究工作，承担“数值分析”课程教学工作多年，积累了丰富的教学经验，由编者主讲的“数值分析”课程于2022年评为辽宁省一流本科课程。本书的第1、2、6章由王晓锋编写，第3、4、8章由栾丹编写，第5、7章由周健萍编写。习题部分由栾丹和周健萍编写。本书由王晓锋负责组织协调和统稿。本书的出版得到了2020年度国家一流本科专业建设试点(渤海大学数学与应用数学专业)项目、2022年度辽宁省一流本科课程(数值分析)项目、2022年度辽宁省普通高等教育本科教学改革研究项目立项一般项目(基于OBE-CDIO理念的信息与计算科学专业应用型人才培养模式研究与实践)和2023年度首批辽宁省普通高校示范性虚拟教研室建设试点(大学数学课程群虚拟教研室)项目的资助。

由于编者水平有限,书中不足之处在所难免,敬请广大读者提出宝贵意见。

编　者

2024 年 7 月

目录
CONTENTS

第 1 章

绪　　论

1.1　引言

自然科学、工程技术、社会经济等领域产生的许多实际问题都可以通过建立数学模型来处理。然而，可用解析方法精确求解的数学问题只是特殊类型，在很多情况下，我们无法求出它的准确解，因此需要通过数值计算获得实际问题的近似解。

数值分析也称为计算方法，它是利用计算机近似计算数学问题或数学模型解的数值计算方法及其计算机实现，并对算法的收敛性、稳定性和误差进行分析、计算。

使用数值算法解决工程和科学技术问题时，首先要将具体问题抽象为数学模型，然后设计数值算法并借助计算机求解。利用电子计算机来解决实际问题大体上要经历如下过程：

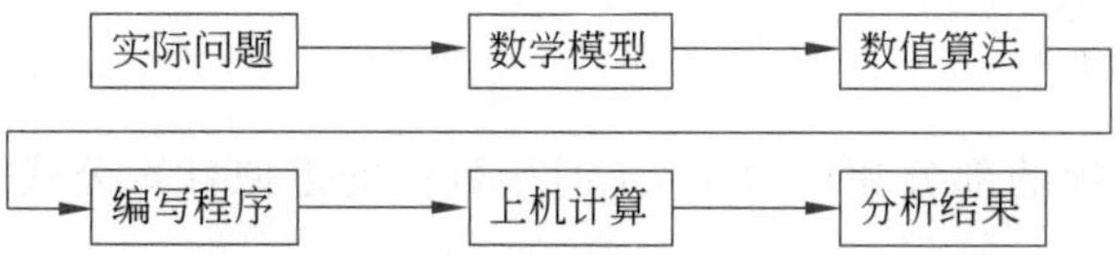

可见，数值算法处于乘上启下的位置，它在整个计算中是重要的一环。

随着计算机技术的进步，数值算法在科学和工程中得到广泛应用。例如，数值算法可以解决以下实际问题：

- 水电站水库大坝应力分析可通过求解偏微分方程数值解来计算。
- 北斗卫星的定位可通过数值算法来实现。
- 天气预报中会用到数值方法。
- 太空船的运动轨迹可通过求解常微分方程的数值解来确定。
- 汽车、轮船和飞机外形设计需要通过样条插值来实现，汽车碰撞模拟可通过求出偏微分方程的数值解来实现。
- 保险公司可利用数值软件进行精算分析。

数值算法的设计都是以解决实际问题为目标的，算法设计体现了科研人员的智慧。例如，冯康院士在解决我国首座百万千瓦级水电站水库大坝应力分析的计算难题时，独立于西方创造了有限元方法。

1.2 误差的种类和来源

《礼记·经解》中有这样一句话："差若毫厘，谬以千里。"释意为一点微小的误差会对结果造成很大的错误，可见误差对结果的影响之大。误差分析是数值分析中的重点内容，只有有效地控制误差，才能保证计算结果的准确性。

数值计算中的误差可分为两类：一类是由于计算工作者在工作中粗心大意产生的，这类误差称为过失误差或疏忽误差，由人为造成；另一类是非过失误差，这在数值计算中往往是无法避免的，例如近似计算带来的误差、观测误差、截断误差和舍入误差等。

模型误差：用计算机解决实际问题时，由于实际问题往往很复杂，因此首先要对实际问题进行抽象，忽略一些次要因素简化条件，从而建立数学模型。实际问题与数学模型之间必然存在误差，这种误差就称为模型误差。

观测误差：在建模和具体运算过程中所用的一些初始数据往往都是经过人为测量得来的，由于受到观测仪器、设备精度的限制，这些数据只能是近似的，即存在着误差，这种误差称为观测误差。

截断误差：在数值计算过程中有很多情况下要得到准确解是很困难的，通常要用数值方法求其近似解，例如常把无限计算过程用有限计算过程代替。这种模型的准确解和数值方法的近似解之间的误差称为截断误差或方法误差。

例如，函数 $\sin x$ 和 $\ln(1+x)$可分别展开为无穷幂级数：

$$\sin x = x - \frac{x^3}{3!} + \frac{x^5}{5!} - \frac{x^7}{7!} + \cdots$$

$$\ln(1+x) = x - \frac{x^2}{2} + \frac{x^3}{3} - \frac{x^4}{4} + \cdots \quad (-1 < x \leqslant 1)$$

若取级数的起始若干项的部分和作为 $x<1$ 时函数值的近似计算公式，可取

$$\sin x = x - \frac{x^3}{3!} + \frac{x^5}{5!}$$

$$\ln(1+x) = x - \frac{x^2}{2} + \frac{x^3}{3}$$

由于它们的第四项和以后各项都舍弃了，自然产生了误差，这种误差称为截断误差，它们的截断误差可分别估计为

$$|R_4(x)| \leqslant \frac{x^7}{7!}$$

和

$$|R_4(x)| \leqslant \frac{x^4}{4}$$

舍入误差：在数值计算过程中还会用到一些无穷小数，例如无理数和有理数中某些分数化出的无限循环小数，如

$$\pi = 3.14159265\cdots$$

$$\sqrt{2} = 1.4142356\cdots$$

而计算机受机器字长的限制，它所能表示的数据只能有一定的有限位数，这时就需要把数据

四舍五入成一定位数的近似的有理数，由此引起的误差称为舍入误差或凑整误差。

1.3 绝对误差和相对误差

1.3.1 绝对误差和绝对误差限

定义 1.1 设某一个量的准确值(称为真值)为 x，其近似值为 x^*，则称

$$e(x^*)=x^*-x \tag{1-1}$$

为近似值 x^* 的绝对误差，简称误差。

注：绝对误差可正可负，并不是误差的绝对值。在同一个量的不同近似值中，$|e(x^*)|$ 越小，x^* 的准确度越高。

由于真值 x 往往是未知或无法知道的，因此 $e(x^*)$ 的准确值也就无法求出，但一般可估计出此绝对误差 $e(x^*)$ 的上限，即可以求出一个正数 δ，使

$$|e(x^*)|=|x^*-x|\leqslant\delta(x^*) \tag{1-2}$$

此 δ 称为近似值 x^* 的绝对误差限，简称误差限，又称精度。有时也用

$$x=x^*\pm\delta \tag{1-3}$$

来表示式(1-2)。等式右端的两个数值 $x^*+\delta$ 和 $x^*-\delta$ 代替了 x 所在范围的上下限。δ 越小，表示该近似值 x^* 的精度越高。

例如，用尺测量某一构件长度，结果 x^* 所在范围在 1.02m 和 0.98m 之间取值，这时由式(1-3)可知 $x=x^*\pm0.02$。

用绝对误差来刻画一个近似值的准确程度是有局限性的。例如在测量 1000m 和 10m 两个长度时，若它们的绝对误差都是 1m，显然前者的测量结果比后者的准确。由此可见，决定一个量的近似值的准确程度，除了要考虑绝对误差的大小外，还要考虑该量本身的大小，为此引入相对误差的概念。

1.3.2 相对误差和相对误差限

定义 1.2 绝对误差与真值之比，即

$$e_r(x^*)=\frac{e(x^*)}{x}=\frac{x^*-x}{x} \tag{1-4}$$

称为近似值 x^* 的相对误差。

上例中，前一种测量的相对误差为 0.001，而后一种测量的相对误差为 0.1，是前者的 100 倍。由此可见，相对误差与绝对误差相比更能反映近似值的准确程度。

与绝对误差相似，由于在实际计算过程中真值 x 总是无法知道的，因此 $e_r(x^*)$ 无法准确求出。我们可以估计它的大小范围，即找到一个正数 δ_r，使

$$|e_r(x^*)|\leqslant\delta_r(x^*) \tag{1-5}$$

$\delta_r(x^*)$ 称为近似值 x^* 的相对误差限。

由于真值 x 总是无法知道的，因此取

$$e_r(x^*)\approx\frac{e(x^*)}{x^*}=\frac{x^*-x}{x^*} \tag{1-6}$$

作为相对误差。

注：相对误差是一个没有量纲的量。比较一下$\frac{e(x^*)}{x^*}$和$\frac{e(x^*)}{x}$之间究竟有多大。

$$\frac{e(x^*)}{x}-\frac{e(x^*)}{x^*}=e(x^*)\left(\frac{1}{x}-\frac{1}{x^*}\right)=-\frac{1}{x\cdot x^*}[e(x^*)]^2$$

$$=-\left\{\frac{1}{1-e_r(x^*)}\right\}[e_r(x^*)]^2$$

一般说来，$e(x^*)$相对 x 而言是一个较小的量，因此 $e_r(x^*)$是一个小数，一般不会超过0.5，这样{}中的数不会大于2，故上式可改写成$\left|\frac{e(x^*)}{x}-\frac{e(x^*)}{x^*}\right|\leqslant 2[e_r(x^*)]^2$，该式右端是一个高阶小量，可以忽略，由此可见，用$\frac{e(x^*)}{x^*}$来代替$\frac{e(x^*)}{x}$不至于引起明显的误差。

1.4 有效数字及其与误差的关系

1.4.1 有效数字

定义 1.3 设 x 的近似值 x^* 的规格化形式为

$$x^*=\pm 0.a_1a_2a_3\cdots a_n\times 10^m \tag{1-7}$$

其中 $a_1,a_2,a_3,\cdots,a_n$ 都是 0～9 中的自然数，$a_1\neq 0$；n 为正整数，m 为整数。若 x^* 的绝对误差限为

$$|e(x^*)|=|x^*-x|\leqslant\frac{1}{2}\times 10^{m-n}$$

则称 x^* 具有 n 位有效数字。

有效数字的定义还可以表述为：当近似值 x^* 的误差限是其某一位上的半个单位时，就称其“准确”到这一位，且从该位起直到最左端第一位非零数字为止，其间的所有数字都是有效数字。

注：(1) 凡是经过四舍五入得到的近似值，其误差限是其最后一个单位的一半。

(2) 有效数字尾部的零不可随意省去，以免损失精度。

例 1.1 下列各近似值的绝对误差限都是 0.005，$x_1=-1.00021$，$x_2=0.032$，$x_3=-0.00041$，$x_4=-0.10000$，试指出它们各有几位有效数字。

解 根据有效数字的定义可知误差限为0.005，则近似数误差限为小数点后两位的单位的一半，则由该位起到最左端第一非零数字，之间所有数字都是有效数字，所以有效数字的个数分别为 3,1,0,2 位。

例 1.2 下列近似值均有 4 位有效数字，$x_1=0.01234$，$x_2=-12.34$，试指出它们的绝对误差限。

解 根据式(1-7)分别将两数展开得

$x_1=0.1234\times 10^{-1}$，则 $m=-1$，已知 $n=4$，则其绝对误差限为 $\frac{1}{2}\times 10^{-1-4}=\frac{1}{2}\times 10^{-5}$；

$x_2=-0.1234\times10^2$，则 $m=2$，已知 $n=4$，则其绝对误差限为$\frac{1}{2}\times10^{2-4}=\frac{1}{2}\times10^{-2}$。

1.4.2 有效数字与误差的关系

对于准确值 x 的一个近似值 x^* 而言，有效数字越多，它的绝对误差和相对误差就越小，而且知道有效数字的位数就可以写出近似值 x 的绝对误差限。

例如：用 3.14 和 3.1416 分别近似 π，将 3.14 和 3.1416 分别写成式(1-7)的形式。

$$3.14=0.314\times10^1\quad m=1,n=3$$

$$3.1416=0.31416\times10^1\quad m=1,n=5$$

它们的绝对误差限分别为 $|\pi-3.14|\leqslant\frac{1}{2}\times10^{-2}$ 和 $|\pi-3.1416|\leqslant\frac{1}{2}\times10^{-4}$，可见 3.1416 比 3.14 的绝对误差要小。因此可以断言，在 m 相同的情况下，n 越大，则 10^{m-n} 越小，故有效数字位数越多，绝对误差限就越小。

对于有效数字与误差限的关系有下面的定理。

定理 1.1 若用式(1-7)表示的近似值 x^* 具有 n 位有效数字，则其相对误差限为$\frac{1}{2a_1}\times10^{-n+1}$，即

$$\left|\frac{x^*-x}{x^*}\right|\leqslant\frac{1}{2a_1}\times10^{-n+1}\tag{1-8}$$

证　由式(1-7)可得 $a_1\times10^{m-1}\leqslant|x^*|\leqslant(a_1+1)\times10^{m-1}$，

又

$$\left|\frac{x^*-x}{x^*}\right|\leqslant\frac{\frac{1}{2}\times10^{m-n}}{a_1\times10^{m-1}}=\frac{1}{2a_1}\times10^{-n+1}$$

证毕。

定理 1.2 若近似值 x^* 的相对误差限为

$$\left|\frac{x^*-x}{x^*}\right|\leqslant\frac{1}{2(a_1+1)}\times10^{-n+1}\tag{1-9}$$

则 x^* 至少具有 n 位有效数字。

证　由于 $|x^*-x|=\left|\frac{x^*-x}{x^*}\right|\cdot|x^*|$，由式(1-9)及 $a_1\times10^{m-1}\leqslant|x^*|\leqslant(a_1+1)\times10^{m-1}$ 可知 $|x^*-x|\leqslant\frac{1}{2}\times10^{m-n}$，故 x^* 至少有 n 位有效数字。

例 1.3 用 3.1416 表示 π 的近似值时，它的相对误差是多少？

解 由前面的讨论可知 3.1416 具有 5 位有效数字，$a_1=3$，由式(1-8)得出它的相对误差为

$$|e_r(x^*)|\leqslant\frac{1}{2\times3}\times10^{-5+1}=\frac{1}{6}\times10^{-4}$$

例 1.4 为了使积分 $I=\int_0^1 e^{-x^2}dx$ 的近似值 I^* 的相对误差不超过 0.001，问至少取几位有效数字？

解　由级数性质可知，当 $x\in(0,1)$ 时，e^{-x^2} 展开可得

$$e^{-x^2}=1-x^2+\frac{x^4}{2!}+\cdots(-1)^n\frac{x^{2n}}{n!}=\sum_{k=0}^{n}\frac{(-1)^k x^{2k}}{k!}$$

则

$$I=\int_0^1 e^{-x^2}dx=\int_0^1\sum_{k=0}^{n}\frac{(-1)^k x^{2k}}{k!}dx=\sum_{k=0}^{n}\int_0^1\frac{(-1)^k x^{2k}}{k!}dx=\sum_{k=0}^{n}\frac{(-1)^k}{k!}\frac{1}{2k+1}$$

$$=1-\frac{1}{3}+\frac{1}{10}-\frac{1}{42}+\frac{1}{216}+\cdots$$

由于积分结果为交错级数，所以我们取前 5 项作为其近似值 $I\approx0.7467$。这样 $a_1=7$，由式(1-8)有 $|e_r(I^*)|\leqslant\frac{1}{2\times7}\times10^{-n+1}=0.001$，可解出 $n=3$，即 I^* 只要取 3 位有效数字 $I^*=0.747$，就能保证 I^* 的相对误差不大于 0.001。

1.5 计算机浮点数系

假设给定的实数 x 可以唯一写成如下形式：

$$x=\pm10^J\times0.a_1a_2\cdots a_t=\pm10^J\sum_{k=1}^{t}a_t10^{-k}\tag{1-10}$$

其中 J 是整数，$a_i(i=1,2,\cdots)$ 是 0，1，…，9 中的一个数字，且 $a_1\neq0$。这种标准化记数法称为十进制科学记数法，10 称为十进制系统的基数。例如：

$$312.74=10^3(3\times10^{-1}+1\times10^{-2}+2\times10^{-3}+7\times10^{-4}+4\times10^{-5})$$

在计算机中的数字通常采用二进制表示，即实数 x 表示成如下形式：

$$x=\pm(a_{J-1}\times2^{J-1}+\cdots+a_1\times2^1+a_0\times2^0+a_{-1}\times2^{-1}+a_{-2}\times2^{-2}+\cdots+a_{-n}\times2^{-n}+\cdots)_2$$

这样 x 的二进制表示为

$$x=\pm(a_{J-1}\cdots a_1a_0.a_{-1}\cdots a_{-n}+\cdots)_2$$

其中 $a_j(j=J-1,\cdots,1,0,-1,-2,\cdots,-n,\cdots)$ 是 1 或 0。

例如：

$$18.25=1\times2^4+0\times2^3+0\times2^2+1\times2^1+0\times2^0+0\times2^{-1}+1\times2^{-2}=(10010.01)_2$$

计算机中实数 x 表示成如下形式：

$$x=\pm2^J\times0.a_1a_2\cdots a_t=\pm2^J\sum_{k=1}^{t}a_t2^{-k}$$

其中整数 J 称为阶码，小数 $0.a_1a_2\cdots a_t$ 称为尾数，t 为尾数部位的位数，$a_1=1$，$a_j=0$ 或 $1(j=2,3,\cdots,t)$。如果整数 J 的二进制表示式为 $m=\pm b_1b_2\cdots b_s$，其中 $b_j=0$ 或 $1(j=2,3,\cdots,s)$，那么称 s 为阶码的位数。

在任何一台计算机中，s，t 都是确定的有限数，所以计算机能表示的数系不是整个实数系，而是其特殊的子集。该子集中的数称为机器数。显然，机器数一般都有舍入误差。设实数 x 对应的机器数记为 $fl(x)$，其末位数字 a_t 可能有半为误差，即绝对误差为

$$|x-fl(x)|\leqslant\frac{1}{2}\times2^{J-t}$$

相对误差为

$$\frac{|x-fl(x)|}{|x|}\leqslant\frac{1}{2}\times 2^{-(t-1)}$$

设 x 和 y 都是机器数，它们的算术运算符合下述规则。

(1) 加减法：先对阶(靠高阶)，后运算，再舍入。

(2) 乘除法：先运算，再舍入。

例 1.5 设有 4 位十进制数 $x=0.2468\times 10^4$，$y=0.1234\times 10^{-1}$，按舍入法计算 $x+y$。

解 $fl(x+y)=fl(0.2468\times 10^4+0.000001234\times 10^4)=0.2468\times 10^4$

结果小数被大数“吃掉”，产生误差。

1.6 误差的传播与估计

1.6.1 误差估计的一般公式

在实际的数值计算中，参与运算的数据往往是一些近似值，带有误差，这些数据的误差会在进行多次运算的过程中传播，使计算结果产生误差。为使计算结果达到一定的精度，必须对计算结果的误差进行估计。

下面介绍一种利用泰勒展开式对误差进行估计的方法。

以二元函数 $y=f(x_1,x_2)$ 为例，设 x_1^* 和 x_2^* 分别是 x_1 和 x_2 的近似值，y^* 是函数值 y 的近似值，且 $y^*=f(x_1^*,x_2^*)$。函数 $y=f(x_1,x_2)$ 在点 (x_1^*,x_2^*) 处的泰勒展开式为

$$\begin{aligned}y=f(x_1,x_2)=&f(x_1^*,x_2^*)+\left[\left(\frac{\partial f}{\partial x_1}\right)^*\cdot(x_1-x_1^*)+\left(\frac{\partial f}{\partial x_2}\right)^*\cdot(x_2-x_2^*)\right]+\\&\frac{1}{2!}\left[\left(\frac{\partial^2 f}{\partial x_1^2}\right)^*(x_1-x_1^*)^2+2\left(\frac{\partial^2 f}{\partial x_1\partial x_2}\right)^*(x_1-x_1^*)(x_2-x_2^*)+\right.\\&\left.\left(\frac{\partial^2 f}{\partial x_2^2}\right)^*(x_2-x_2^*)^2\right]+\cdots\end{aligned}$$

式中，$(x_1-x_1^*)=e(x_1^*)$ 和 $(x_2-x_2^*)=e(x_2^*)$ 一般都是小量，如果忽略高阶小量，即高阶的 $(x_1-x_1^*)$ 和 $(x_2-x_2^*)$，则上式可简化为

$$y=f(x_1,x_2)\approx f(x_1^*,x_2^*)+\left(\frac{\partial f}{\partial x_1}\right)^*\cdot e(x_1^*)+\left(\frac{\partial f}{\partial x_2}\right)^*\cdot e(x_2^*)$$

因此，y^* 的绝对误差为

$$e(y^*)=y-y^*=\left(\frac{\partial f}{\partial x_1}\right)^*\cdot e(x_1^*)+\left(\frac{\partial f}{\partial x_2}\right)^*\cdot e(x_2^*) \tag{1-11}$$

式中，$e(x_1^*)$ 和 $e(x_2^*)$ 前面的系数 $\left(\frac{\partial f}{\partial x_1}\right)^*$ 和 $\left(\frac{\partial f}{\partial x_2}\right)^*$ 分别是 x_1^* 和 x_2^* 对 y^* 的绝对误差的增长因子。

$$\begin{aligned}e_r(y^*)&\approx\frac{e(y^*)}{y^*}\approx\left(\frac{\partial f}{\partial x_1}\right)^*\cdot\frac{e(x_1^*)}{y^*}+\left(\frac{\partial f}{\partial x_2}\right)^*\cdot\frac{e(x_2^*)}{y^*}\\&=\left(\frac{\partial f}{\partial x_1}\right)^*\cdot\frac{x_1^*}{y^*}e_r(x_1^*)+\left(\frac{\partial f}{\partial x_2}\right)^*\cdot\frac{x_2^*}{y^*}e_r(x_2^*)\end{aligned} \tag{1-12}$$

式中，$e_r(x_1^*)$ 和 $e_r(x_2^*)$ 前面的系数 $\left(\frac{\partial f}{\partial x_1}\right)^*\frac{x_1^*}{y^*}$ 和 $\left(\frac{\partial f}{\partial x_2}\right)^*\frac{x_2^*}{y^*}$ 分别是 x_1^* 和 x_2^* 对 y^* 的相

对误差的增长因子。

将式(1-11)和式(1-12)推广到一般的多元函数 $y=f(x_1,x_2,\cdots x_n)$，只需将函数 $f(x_1,x_2,\cdots x_n)$在点$(x_1^*,x_2^*,\cdots x_n^*)$处作泰勒展开式，省去高阶项，即可得到函数近似值 $y^*=f(x_1^*,x_2^*,\cdots x_n^*)$的绝对误差和相对误差的估计式，分别为

$$\mathrm{e}(y^*)\approx\sum_{i=1}^{n}\left[\left(\frac{\partial f}{\partial x_i}\right)^*\cdot\mathrm{e}(x_i^*)\right] \tag{1-13}$$

和

$$\mathrm{e}_r(y^*)\approx\sum_{i=1}^{n}\left[\frac{x_i^*}{y^*}\left(\frac{\partial f}{\partial x_i}\right)^*\cdot\mathrm{e}_r(x_i^*)\right] \tag{1-14}$$

$\left(\frac{\partial f}{\partial x_i}\right)^*$和$\left(\frac{\partial f}{\partial x_i}\right)^*\frac{x_i^*}{y^*}$分别为各个 x_i^* 对 y^* 的绝对误差和相对误差的增长因子。当增长因子的绝对值很大时，数据误差经过传播后可能对结果造成很大的误差。

1.6.2 误差在算术运算中的传播

利用式(1-13)和式(1-14)对加、减、乘、除、乘方和开方等算术运算中数据误差的传播规律做具体分析。

1. 加、减运算

$$\mathrm{e}\left(\sum_{i=1}^{n}x_i^*\right)=\sum_{i=1}^{n}\mathrm{e}(x_i^*) \tag{1-15}$$

$$\mathrm{e}_r\left(\sum_{i=1}^{n}x_i^*\right)\approx\sum_{i=1}^{n}\frac{x_i^*}{\sum_{k=1}^{n}x_k^*}\mathrm{e}_r(x_i^*) \tag{1-16}$$

各近似值之和的绝对误差等于各近似值绝对误差的代数和，即

两数 x_1 和 x_2 相减时，由式(1-16)有

$$\mathrm{e}_r(x_1^*-x_2^*)\approx\frac{x_1^*}{x_1^*-x_2^*}\mathrm{e}_r(x_1^*)-\frac{x_2^*}{x_1^*-x_2^*}\mathrm{e}_r(x_2^*)$$

即

$$|\mathrm{e}_r(x_1^*-x_2^*)|\leqslant\left|\frac{x_1^*}{x_1^*-x_2^*}\right|\cdot|\mathrm{e}_r(x_1^*)|+\left|\frac{x_2^*}{x_1^*-x_2^*}\right|\cdot|\mathrm{e}_r(x_2^*)|$$

当 $x_1^*\approx x_2^*$ 时，即大小接近的两个同号近似值相减时，由上式可知，这时$|\mathrm{e}_r(x_1^*-x_2^*)|$可能会很大，因此在实际计算中应尽量避免让两个相近的数相减。当实在无法避免时，可用变换计算公式的办法来解决。

例 1.6 当 $x=1000$ 时，计算$\sqrt{x+1}-\sqrt{x}$的值。

解 $x=1000$，计算中取 4 位有效数字

$$\sqrt{x+1}-\sqrt{x}=\sqrt{1001}-\sqrt{1000}\approx31.64-31.62=0.02$$

这个结果只有一位有效数字，损失了 3 位有效数字，从而使绝对误差和相对误差都变得很大，影响了计算结果的精度。为了避免这种运算，改变计算公式为$\sqrt{x+1}-\sqrt{x}=\frac{1}{\sqrt{x+1}+\sqrt{x}}\approx$ 0.01581。改变计算公式后，可以避免两个相近的数相减所引起的有效数字的损失，从而得到

较为精确的结果。

例 1.7 当 $x \to 0$ 时，计算 $e^x - 1$。

解 将 e^x 在 $x=0$ 的邻域内展开成幂级数

$$e^x = 1 + x + \frac{1}{2}x^2 + \frac{1}{6}x^3 + \cdots$$

所以

$$e^x - 1 = x + \frac{1}{2}x^2 + \frac{1}{6}x^3 + \cdots$$

类似的还有，当 x 很小时，$\cos x \to 1$，计算 $1-\cos x$ 的值可利用三角恒等式 $1-\cos x = 2\sin^2\left(\frac{x}{2}\right)$，也可将 $\cos x$ 展开成 $1-\cos x = \frac{x^2}{2!} - \frac{x^4}{4!} + \cdots$。

2. 乘法运算

$$e\left(\prod_{i=1}^{n} x_i^*\right) \approx \sum_{i=1}^{n}\left[\left(\prod_{\substack{j=1\\ j\neq i}}^{n} x_j^*\right) e(x_i^*)\right] \tag{1-17}$$

和

$$e_r\left(\prod_{i=1}^{n} x_i^*\right) \approx \sum_{i=1}^{n} e_r(x_i^*) \tag{1-18}$$

由式(1-18)可知，近似值之积的相对误差等于相乘各因子的相对误差的代数和。当乘数 x_i^* 的绝对值很大时，乘积的绝对误差 $\left|e\left(\prod_{i=1}^{n} x_i\right)\right|$ 可能会很大，因此也应设法避免。

3. 除法运算

$$e\left(\frac{x_1^*}{x_2^*}\right) \approx \frac{1}{x_2^*}e(x_1^*) - \frac{x_1^*}{(x_2^*)^2}e(x_2^*) = \frac{x_1^*}{x_2^*}\left[e_r(x_1^*) - e_r(x_2^*)\right] \tag{1-19}$$

和

$$e_r\left(\frac{x_1^*}{x_2^*}\right) \approx e_r(x_1^*) - e_r(x_2^*) \tag{1-20}$$

近似值之商的相对误差等于被除数的相对误差与除数的相对误差之差。由式(1-19)可知，当除数的绝对值很小、接近于 0 时，商的绝对误差可能会很大，故应尽量避免用绝对值太小的数作为除数。

4. 乘方及开方运算

$$e((x^*)^p) \approx p(x^*)^{p-1}e(x^*) \tag{1-21}$$

及

$$e_r((x^*)^p) \approx p\,e_r(x^*) \tag{1-22}$$

由式(1-22)可知，乘方运算将使结果的相对误差增大为原值的 p(p 为整数)倍，降低了精度；开方运算则使结果的相对误差缩小为原值的$\frac{1}{t}$(t 为开方的次数)，精度得到了提高。

例 1.8 球体体积允许的相对误差限为 1%，问测量球直径的相对误差限最大为多少？

解 设球的半径 d，近似值为 d^*，则体积 $V = \frac{4}{3}\pi\left(\frac{d}{2}\right)^3$

由题意得 $e(V^*)=2\pi\left(\frac{d^*}{2}\right)^2 e(d^*)$

$$e_r(V^*)=\frac{e(V^*)}{V^*}=\frac{2\pi\left(\frac{d^*}{2}\right)^2 e(d^*)}{\frac{4}{3}\pi\left(\frac{d^*}{2}\right)^3}=3\,\frac{e(d^*)}{d^*}=3e_r(d^*)\leqslant 0.01,$$

故 $e_r(d^*)\leqslant 0.0033$。

1.7 数值算法的稳定性

在进行数值计算的过程中，对于同一个问题应用不同方法进行求解时，得到的结果会差别很大，主要原因是在运算过程中误差的传播情况不同，误差较大的运算得不到较为准确的结果，这种运算就是不稳定的。在运算过程中，误差影响较小的算法才是稳定的算法。

例 1.9 计算积分 $E_n=\int_0^1 x^n e^{x-1}\,dx\ (n=1,2,\cdots)$

解 利用分部积分得

$$E_n=\int_0^1 x^n e^{x-1}\,dx=1-n\int_0^1 x^{n-1}e^{x-1}\,dx=1-nE_{n-1}$$

有递推公式

$$E_n=1-nE_{n-1}\ (n=2,3,\cdots)$$

而 $E_1=\frac{1}{e}$，计算结果为

$$E_1=0.367879, E_2=0.264242, \cdots, E_9=-0.068480$$

计算结果出现了负值，说明这个数值计算公式是不稳定的，原因是在计算 E_1 时舍入误差为 $e_0=4.412\times 10^{-7}$。以后考虑在计算中不再另有舍入误差，则 e_0 对后面各项计算的影响为

$$E_2=1-2(E_1+e_0)=1-2E_1-2!e_0$$
$$E_3=1-3E_2=1-3(1-2E_1)+3!e_0$$
$$\vdots$$
$$E_9=1-9E_8=1-9[1-8(\cdots)]+9!e_0$$

计算 E_9 时产生的误差为 $9!\times 4.412\times 10^{-7}\approx 0.6101$，这个误差是一个不小的值，误差的传播淹没了问题的解，所以算法是不稳定的。可以对算法进行改进如下：$E_{n-1}=\frac{1-E_n}{n}$，当 $n\to\infty$ 时，$E_n\to 0$。$E_{20}\approx\frac{1}{21}$，故取 $E_{20}=0$ 的误差为 $\frac{1}{21}$，再计算 E_{19} 时误差继续下降，计算 E_9 时，误差已经很小，可以得到较为准确的值。

上面的例题说明了算法稳定性的重要性，所以在计算过程中应尽量避免误差或减少误差，从而提高算法的稳定性。总结起来，数值计算中应注意以下几点：

(1) 选用数值稳定的计算方法，避开不稳定的算法；

(2) 注意简化计算步骤，减少计算次数，计算步骤越多，造成误差累积的可能性就越大。

例 1.10　设计算法，计算多项式 $P_n(x)=a_nx^n+a_{n-1}x^{n-1}+\cdots+a_1x+a_0$ 的值。

算法 1：

$$
\begin{aligned}
&S_0=a_0,\\
&S_k=S_{k-1}+a_kx^k,(k=1,2,\cdots,n)\\
&P_n(x)=S_n
\end{aligned}
$$

算法 1 共需 $2n-1$ 次乘法和 n 次加法。

算法 2(秦九韶算法)：将多项式写成 $P_n(x)=(((a_nx+a_{n-1})x+a_{n-2})x+\cdots+a_1)x+a_0$

用递推公式表示为：

$$
\begin{aligned}
&S_n=a_n,\\
&S_{k-1}=a_{k-1}+xS_k,(k=n,n-1,\cdots,1),\\
&P_n(x)=S_0
\end{aligned}
$$

最终需要计算 n 次乘法和 n 次加法。该算法也称为霍纳算法，该算法于 1247 年由秦九韶提出，比霍纳(Horner)算法早了 500 多年。

(3) 合理安排计算顺序，防止大数吃掉小数。

例 1.11　在 5 位十进制数的计算机上计算 11111+0.2。

解　因为计算机在做加法时会先对阶(低阶往高阶看齐)，再把尾数相加，所以

$$11111+0.2=0.11111\times10^5+0.000002\times10^5\triangleq0.11111\times10^5+0.00000\times10^5=11111$$

同理，因为计算机是按照从左到右的方式进行计算的，所以 11111 后面一次加上多个 0.2，结果仍然是 11111，这是由于大数吃掉小数造成的。

(4) 避免两个相近的数相减。

例 1.12　利用 4 位函数表计算 $1-\cos 2°$，试用不同方法计算并比较结果的误差。

解　用 4 位函数表直接计算：

$$1-\cos 2°\approx1-0.9994=0.0006$$

只有 1 位有效数字。

$$1-\cos 2°=\frac{\sin^2 2°}{1+\cos 2°}\approx\frac{(0.03490)^2}{1.9994}\approx6.092\times10^{-4}$$

具有 4 位有效数字。

例 1.13　求实系数二次方程 $ax^2+bx+c=0$ 的根，其中 $b^2-4ac>0,ab\neq0$。

解　计算该方程的根有两种方法。算法 1 是直接利用公式

$$x_{1,2}=\frac{-b\pm\sqrt{b^2-4ac}}{2a}$$

算法 2 是根据 $x_1x_2=c/a$，利用公式

$$x_1=\frac{-b-\mathrm{sgn}(b)\sqrt{b^2-4ac}}{2a},x_2=\frac{c}{ax_1}$$

进行计算，其中 sgn 表示符号函数，即

$$\mathrm{sgn}(x)=\begin{cases}1, & x>0\\0, & x=0\\-1, & x<0\end{cases}$$

对算法 1 来说，如果 $b^2 \gg 4ac$，则算法不稳定，否则算法稳定，因为在算法 1 中，分子是相近数相减，会造成有效数字的严重损失，从而使结果的误差很大。算法 2 是稳定的。

(5) 避免较小的数作为除数。

例 1.14 解线性方程组

$$\begin{cases} 0.00001x_1 + x_2 = 1 \\ 2x_1 + x_2 = 2 \end{cases}$$

准确解为 $x_1 = 0.5000025, x_2 = 0.999995$。现用 4 位浮点十进制数(先对阶，低阶向高阶看齐，再运算)下的消去法求解，上述方程可表示为

$$\begin{cases} 10^{-4} \times 0.1000x_1 + 10^1 \times 0.1000x_2 = 10^1 \times 0.1000 \\ 10^1 \times 0.2000x_1 + 10^1 \times 0.1000x_2 = 10^1 \times 0.2000 \end{cases}$$

若用 $\frac{1}{2}(10^{-4} \times 0.1000)$ 除以第一方程再减第二方程，则出现用小的数除以大的数的情况，得到

$$\begin{cases} 10^{-4} \times 0.1000x_1 + 10^1 \times 0.1000x_2 = 10^1 \times 0.1000 \\ 10^6 \times 0.2000x_2 = 10^6 \times 0.2000 \end{cases}$$

由此解出 $\begin{cases} x_1 = 0 \\ x_2 = 10^1 \times 0.1000 = 1 \end{cases}$。反之，用第二个方程消去第一个方程中的 x_1，则避免了大数被小数除，得到

$$\begin{cases} 10^6 \times 0.1000x_2 = 10^6 \times 0.1000 \\ 10^1 \times 0.2000x_1 + 10^1 \times 0.1000x_2 = 10^1 \times 0.2000 \end{cases}$$

由此求得相当好的近似解 $x_1 = 0.5000, x_2 = 10^1 \times 0.1000$。

1.8 MATLAB 简介

目前世界上最流行的三大数学计算软件为 MATLAB、Mathematica、Maple。MATLAB 是 Matrix Laboratory(矩阵实验室)的缩写，是由美国 MathWorks 公司开发的集数值计算、符号计算和图形可视化三大基本功能于一体的数学应用软件。Mathematica 是由美国 Wolfram 公司研究开发的著名的数学软件，是强大的数学计算、处理和分析工具。Maple 是由加拿大 Waterloo 大学的符号计算研究组开发的计算机代数系统。本书的数值实验通过 MATLAB 软件实现，下面对其做简要介绍。

1.8.1 MATLAB 数据类型

MATLAB 的基本数值类型变量或者对象主要用来描述基本的数值对象，例如双精度数据或者整数类型的数据。MATLAB 中还存在一类数据——常量数据，常量数据是指在使用 MATLAB 的过程中由 MATLAB 提供的公共数据，这些数据可以通过数据类型转换的方法将常量转换到不同的数据类型，还可以赋予其新的数值。在 MATLAB 中，还有一种数据叫作空数组或者空矩阵，在创建数组或者矩阵时，可以使用空数组或者空矩阵辅助创建数组或者矩阵。

1. 基本数值类型

表 1-1 总结了 MATLAB 的基本数值类型。

表 1-1 MATLAB 的基本数值类型

数据类型	说 明	字节数	取 值 范 围
double	双精度数据类型	8	
sparse	稀疏矩阵数据类型	N/A	
single	单精度数据类型	4	
uint8	无符号 8 位整数	1	0～255
uint16	无符号 16 位整数	2	0～65535
uint32	无符号 32 位整数	4	0～4294967295
uint64	无符号 64 位整数	8	0～18446744073709551615
int8	有符号 8 位整数	1	－128～127
int16	有符号 16 位整数	2	－32768～32767
int32	有符号 32 位整数	4	－2147483648～2147483647
int64	有符号 64 位整数	8	－9223372036854775808～9223372036854775807

表 1-1 中的字节数是指数据类型每个元素占用的内存字节数，class 函数可用来获取变量或者对象的类型，也可创建用户自定义的数据类型。

MATLAB 还支持整数类型数据运算的一些函数，见表 1-2。

表 1-2 整数类型数据的运算函数

函 数	说 明
bitand	数据位“与”运算
bitor	数据位“或”操作
bitget	获取指定的数据位数值
bitxor	数据位“异或”操作
bitset	将指定的数据位设置为 1
bitcmp	按照指定的数据位数求数据的补码
bitshift	数据位移操作
bitmax	最大的浮点整数数值

例 1.15 显示数据类型及数据类型转换。

在 MATLAB 命令行窗口中输入指令：

```
>> N=[ 3 4 6 8];
>> class(N)

ans =
```

```
    double
>> M=int8(N);
>> class(M)
ans=
    int8
```

注：MATLAB 中的任何数据变量在使用前都无须声明，且默认的数据类型为双精度型，若使用其他类型的数据，则需要进行数据类型转换。MATLAB 进行数据类型转换的函数就是数据类型的名称。

2. MATLAB 常量

MATLAB 中预定义的常量见表 1-3。MATLAB 的常量数值可以修改。使用 clear 指令后，常量值会恢复为系统默认值。inf 可通过 1.0/0.0 或者 cot(0)得到。如果将 inf 应用于函数，则计算结果可能为 inf 或者 NaN。NaN 可通过 0/0 得到。

表 1-3　MATLAB 常量

常　量	含　义
ans	预设的计算结果变量名
eps	正的极小值 2.2204e−16
pi	π 值
i 或 j	复数的虚部数据最小单位
Inf 或 inf	无穷大
NaN 或 nan	无法定义一个数(Not a Number)
realmax	最大的正实数
realmin	最小的正实数
nargin	函数输入参数的个数
nargout	函数输出参数的个数

3. MATLAB 变量

在 MATLAB 中，变量的命名遵循以下规则。

(1) 变量名区分大小写。

(2) 变量名长度不超过 63 字符，第 63 个字符之后的字符将被忽略。

(3) 变量名必须以字母开头，可以由字母、数字、下画线组成，但不能使用标点。

MATLAB 的变量在使用前不必先定义变量类型，即取即用。

1.8.2 矩阵及其运算

1. 矩阵的创建

生成矩阵可以从键盘上直接输入，输入矩阵时，要以方括号“[ ]”为标识符号，括号内的元素以空格或逗号分隔，行之间用分号或回车分隔。矩阵元素可以是表达式、字符、数字。

矩阵也可由向量创建，其格式为

向量名＝初值：增量：终值

向量的全部元素从初值开始，以增量为步长，直到终值。矩阵也可以利用内部函数来生成，参见表 1-4。

表 1-4 MATLAB 的矩阵生成函数

函数	含义
[ ]	空矩阵
zeros(m,n)	m 行 n 列元素全为 0 的矩阵
ones(m,n)	m 行 n 列元素全为 1 的矩阵
eye(m,n)	产生 m 行 n 列单位矩阵
rand(m,n)	产生 m 行 n 列均匀分布的随机数矩阵，数值范围(0,1)
randn(m,n)	产生 m 行 n 列均值为 0，方差为 1 的正态分布随机数矩阵
diag	获取矩阵的对角线元素，也可生成对角矩阵
tril	产生下三角矩阵
triu	产生上三角矩阵
pascal(n)	产生 n 阶帕斯卡矩阵
magic	产生幻方阵

例 1.16 矩阵生成函数的示例。

在 MATLAB 命令行中输入下面的指令：

```
>>%创建四阶帕斯卡矩阵
>>A=pascal(4)
A =
     1     1     1     1
     1     2     3     4
     1     3     6    10
     1     4    10    20
>>%从矩阵 A 生成下三角矩阵
>>tril(A,-1)
ans =
     0     0     0     0
     1     0     0     0
     1     3     0     0
     1     4    10     0
>>%从矩阵 A 生成上三角矩阵
>> triu(A)
ans =
     1     1     1     1
     0     2     3     4
     0     0     6    10
     0     0     0    20
>>%生成零矩阵
```

```
>>zeros(3)
ans =
     0     0     0
     0     0     0
     0     0     0
>> %生成单位矩阵
>>eye(3)
ans =
     1     0     0
     0     1     0
     0     0     1
```

2. 矩阵的基本数学运算

矩阵的基本运算参见表 1-5。

表 1-5　矩阵的基本运算

运算命令	含义
A'	矩阵转置
A^n	矩阵求幂，n 可以为任意实数
$A*B$	矩阵相乘
A/B	矩阵右除
$A\backslash B$	矩阵左除
$A+B$	矩阵加法
$A-B$	矩阵相减
A.^n	对矩阵每个元素求幂
$A.\backslash B$	矩阵对应元素相除
$A.*B$	矩阵对应元素相乘
inv	矩阵求逆，注意不是所有的矩阵都有逆矩阵
det	求方阵的行列式
rank	求矩阵的秩
eig	求矩阵的特征向量和特征值
svd	对矩阵进行奇异值分解
norm	求矩阵的范数

MATLAB 每个内部函数的具体用法可通过 help 菜单下的 Matlab help 选项查询帮助文档或者在线帮助。另外，在 MATLAB 命令行窗口中可以使用 help 命令查找函数的使用方式，例如输入如下命令：

```
help eye
  EYE Identity matrix.
    EYE(N) is the N-by-N identity matrix.
```

```
EYE(M,N) or EYE([M,N]) is an M-by-N matrix with 1's on
the diagonal and zeros elsewhere.
EYE(SIZE(A)) is the same size as A.
EYE with no arguments is the scalar 1.
EYE(M,N,CLASSNAME) or EYE([M,N],CLASSNAME) is an M-by-N matrix with 1's
of class CLASSNAME on the diagonal and zeros elsewhere.
Example:
  x = eye(2,3,'int8');
See also speye, ones, zeros, rand, randn.
Reference page in Help browser
  doc eye
```

例 1.17 求解方程组

$$\begin{cases}2x_1+2x_2+2x_3=1\\3x_1+2x_2+4x_3=0.5\\x_1+3x_2+9x_3=2.5\end{cases}$$

在 MATLAB 命令行窗口中输入下面的指令：

```
>>%创建线性方程组的系数矩阵和常数项
>>A=[2 2 2;3 2 4; 1 3 9 ];
>>b=[1 0.5 2.5];
>>%求解方程
>>x=inv(A) * b'
x =
  -0.50000000000000
   1.00000000000000
                  0
>>%使用矩阵左除运算求解方程
>>x=A\b'
>>x=
  -0.50000000000000
   1.00000000000000
   0.00000000000000
```

MATLAB 提供了很多简便、智能的方式对矩阵进行元素操作和提取子块、合并、展开等操作。例如：

```
>>A=[2 2;3 3]+5
A=
    7    7
    8    8
>>B=[1 4; 6 8];
>>%矩阵合并
>>C=[A B]
  C =
    2    2    1    4
    3    3    6    8
>>C=[A; B]
```

```
C =
     2     2
     3     3
     1     4
     6     8
>>%矩阵提取
>>D=C(1:3,2)
D=
     2
     3
     4
```

例 1.18　转置操作。

在 MATLAB 命令行窗口中输入下面的指令：

```
>>%创建矩阵
>>A=[1 2 3; 4 5 6];
A =
     1     2     3
     4     5     6
>>%矩阵转置
>>A'
ans =

     1     4
     2     5
     3     6
>>%复数运算,矩阵 A 成为复数矩阵
>>B=A*i
B=
B =
        0 + 1.0000i  0 + 2.0000i     0 + 3.0000i
        0 + 4.0000i  0 + 5.0000i     0 + 6.0000i
>>%矩阵转置
>>B'
  ans =
              0 - 1.0000i                0 - 4.0000i
              0 - 2.0000i                0 - 5.0000i
              0 - 3.0000i                0 - 6.0000i
>>%数组转置
>>B.'
  ans =
                 0 + 1.0000i                0 + 4.0000i
                 0 + 2.0000i                0 + 5.0000i
                 0 + 3.0000i                0 + 6.0000i
```

这里需要注意复数矩阵 B′和 B.′的区别。

例 1.19　数组幂运算。

在 MATLAB 命令行中输入下面的指令：

```
>>%本例中使用的矩阵
>>A =[1  2  3; 4  5  6]
A =

     1     2     3
     4     5     6
>>%矩阵幂运算
>>A^3
??? Error using ==> mpower
Matrix must be square.>>A.^3
```

例 **1.20** 数组乘法示例。

在 MATLAB 命令行中输入下面的指令：

```
>>%本例中使用的矩阵
>>A.^3
ans =
     1     8    27
    64   125   216
>>%矩阵乘法
>>B=[2 3 4;6 7 8];
>>A.* B
ans=
     2     6    12
    24    35    48
>>A.\B
ans=
    2.0000    1.5000    1.3333
    1.5000    1.4000    1.3333
```

由例 1.19 和例 1.20 可以看出，数组幂运算对任意矩阵有效，数组幂运算是对矩阵的对应元素进行幂运算。

3. 基本数学函数

MATLAB 中有丰富的内部函数，这些函数都是系统自带的，内部函数名一般为函数对应的英文单词。部分内部函数如下：取整和求余函数(表 1-6)、复数运算函数(表 1-7)、指数运算函数(表 1-8)、三角函数(表 1-9)。

表 1-6 取整和求余函数

函数	含 义	函数	含 义
fix	向 0 取整的函数	floor	向 $-\infty$ 取整的函数
round	向最近的整数取整的函数	rem	求余数
ceil	向 $+\infty$ 取整的函数	sign	符号函数
mod	求模函数		

表 1-7 复数运算函数

函数	含义	函数	含义
abs	求复数的模,若参数为实数则求绝对值	complex	构造复数
cplxpair	复数矩阵成共轭对形式排列	conj	求复数的共轭复数
real	求复数的实部	angle	求复数的相角
unwrap	相位角按照 360°线调整	image	求复数的虚部
isreal	判断输入参数是否为实数		

表 1-8 指数运算函数

函数	含义	函数	含义
exp	指数函数	log10	常用对数函数
log	自然对数函数	log2	以 2 为底的对数函数
realpow	实数幂运算函数	pow2	2 的幂函数
reallog	实数自然对数函数	sqrt	平方根函数
realsqrt	实数平方根函数	nextpow2	求大于输入参数的第一个 2 的幂

表 1-9 三角函数

函数	含义	函数	含义	函数	含义
sin	正弦	csch	双曲余割	tanh	双曲正切
sinh	双曲正弦	acsc	反余割	atan	反正切
asin	反正弦	acsch	反双曲余割	atanh	反双曲正切
asinh	反双曲正弦	cot	余切	tan	正切
asec	反正割	cos	余弦	coth	双曲余切
sech	双曲正割	cosh	双曲余弦	acot	反余切
sec	正割	acos	反余弦	acoth	反双曲余切
asech	双曲反正割	csc	余割	atan2	四象限反正切

关于表 1-6 中函数的用法,可参阅示例 1.21。

例 1.21 MATLAB 的圆整和求余函数。

在 MATLAB 的命令行中输入下面的指令。

```
>>fix(-3.14)
ans =
    -3
>>floor(-3.14)
ans =
    -4
>>round(-3.14)
```

```
ans =
    -3
>>ceil(-3.14)
ans =
    -3
```

上面比较了 4 种取整函数处理同一个数据的结果，在使用不同的取整函数时，要注意各个函数的特点。

4. 矩阵（数组）操作函数

前面的小节主要介绍了进行数学运算的 MATLAB 函数，MATLAB 中还存在一类函数，用来获取矩阵或者数组的信息，以及对数组进行操作，表 1-10 中列举了比较常用的函数。完整的函数列表内容可以在 MATLAB 命令行中输入 help elmat 指令查看。

表 1-10 用于矩阵（数组）操作的常用函数

函数	含义
size	获取矩阵的行、列数，对于多维数组，获取数组的各个维的尺寸
cat	合并不同的矩阵或者数组
length	获取向量长度，若输入参数为矩阵或多维数组，则返回各个维尺寸的最大值
fliplr	交换矩阵左右对称位置上的元素
disp	显示矩阵或者字符串内容
flipud	交换矩阵上下对称位置上的元素
numel	获取矩阵或者数组的元素个数
repmat	复制矩阵元素并扩展矩阵
ndims	获取矩阵或者多维数组的维数
flipdim	按照指定的方向翻转交换矩阵元素
find	获取矩阵或者数组中非零元素的索引
reshape	保持矩阵元素的个数不变，修改矩阵的行数和列数

例 1.22 reshape 函数的使用示例。

在 MATLAB 命令行中输入下面的指令：

```
>>A=2:2:16
A =
    2    4    6    8    10    12    14    16
>>B=reshape(A,4,2)
B =
     2    10
     4    12
     6    14
     8    16
```

例 1.23 对称交换函数的使用示例。

在 MATLAB 命令行中输入下面的指令：

```
>> B=reshape(1:2:18,3,3)
B =
     1     7    13
     3     9    15
     5    11    17
>>fliplr(B)
ans=
    13     7     1
    15     9     3
    17    11     5
```

例 1.24 矩阵的组合。

在 MATLAB 命令行中输入下面的指令：

```
>>A=reshape(1:4,2,2);
>>B=[2 4;6 8];
>>C=zeros(length(A),length(B))
C =
     0     0
     0     0
>>D=[A  C; B B']
D =
     1     2     0     0
     3     4     0     0
     2     4     2     6
     6     8     4     8
```

矩阵组合过程中要注意矩阵阶数，在组合不同阶的矩阵时，若矩阵行数相同，则两个矩阵左右组合；若列数相同，则两个矩阵上下组合。

1.8.3 逻辑类型和关系运算

MATLAB 将零值看作逻辑假，非零值看作逻辑真。通常，0 表示逻辑假，1 表示逻辑真。逻辑类型的数据只能通过数值类型转换，或使用特殊函数生成相应类型的数组或矩阵。创建逻辑类型矩阵或者数组的函数见表 1-11。

表 1-11 创建逻辑类型矩阵或者数组的函数

函 数	含 义
True	产生逻辑真值数组
False	产生逻辑假值数组
logical	将任意类型的数组转变成为逻辑类型数组，其中，非零元素为真，零元素为假

例 1.25　创建逻辑类型数组。

在命令行中输入以下指令：

```
>> A=eye(3);
>> B=logical(A)
B =
   1  0  0
   0  1  0
   0  0  1
>> C=true(size(A))
C =
   1  1  1
   1  1  1
   1  1  1
```

1）逻辑运算

MATLAB 中的逻辑运算符见表 1-12。

表 1-12　MATLAB 中的逻辑运算符

运算符	含义
&	元素与操作
|	元素或操作
~	逻辑非操作
xor	逻辑异或操作
any	当向量中的元素有非零元素时，返回真
all	当向量中的元素都是非零元素时，返回真
&&	逻辑与操作，仅能处理标量
||	逻辑或操作，仅能处理标量

逻辑运算的操作数可以是逻辑类型的变量或常数，也可以是其他类型的数据，运算的结果一定是逻辑类型的数据。

2）关系运算

MATLAB 中的关系运算符有 6 种，见表 1-13。

表 1-13　MATLAB 中的关系运算符

运算符	含义	运算符	含义
==	等于	~=	不等于
>	大于	<	小于
<=	小于或等于	>=	大于或等于

关系运算的操作数可以是各种数据类型的变量或常数，运算的结果是逻辑类型的数据。当标量和矩阵或者数组相比较时，标量将自动扩展，结果是和矩阵（数组）同维的逻辑类型矩

阵(数组)。若两个数组进行比较,则操作数必须是同维的,且每一维的尺寸也要一致。

3) 运算符的优先级

MATLAB语言的运算符具有相应的计算优先级。运算符优先级由高到低排列如下。

(1) 括号。

(2) 数组转置(.'),数组幂(.^),复转置('),矩阵幂(^)。

(3) 一元加(+),一元减(-),逻辑非(~)。

(4) 数组乘法(.*),数组除法(./),数组左除(.\),矩阵乘法(*),矩阵右除(/),矩阵左除(\)。

(5) 加法(+),减法(-)。

(6) 冒号运算符(:)。

(7) 小于(<),小于或等于(<=),大于(>),大于或等于(>=),等于(==),不等于(~=)。

(8) 元素与(&)。

(9) 元素或(|)。

(10) 逻辑与(&&)。

(11) 逻辑或(||)。

括号运算符的优先级最高,数组转置等次之。如果同一级别的运算符同时出现在表达式中,则按照运算符在表达式中出现的次序由左向右排列优先级。

1.8.4 MATLAB程序设计

1. 控制语句

1) 循环语句

MATLAB提供了两种循环方式,分别为for循环和while循环。

for循环的一般格式为

```
for v=expression(表达式)
    statements(执行语句)
end
```

例 1.26 for循环示例。

```
for i=1:10
    x(i)=i;
end
x
```

结果如下:

```
x= 1 2 3 4 5 6 7 8 9 10
```

while循环的一般格式为

```
while expression(表达式)
      statements(执行语句)
end
```

while 循环语句的执行规则是：当表达式为真时，执行循环体；当表达式为假时，跳出循环。

例 **1.27** while 循环示例。

```
i=1;
while i<=10
        x(i)=i;
        i=i+1;
end
x
```

结果如下：

```
x= 1 2 3 4 5 6 7 8 9 10
```

2）选择(if)语句

if 语句的一般格式为

```
if expression
      statements
else
      statements
end
```

if 语句执行的规则是：若 if 后面的表达式为真，则执行后面的语句；否则执行 else 后面的语句。

例 **1.28** if 语句示例。

```
function compxy(x,y)
if (x>y)
  disp('x>y');
else
disp('x<y')
end
>>compxy(1,2)
  x<y
```

3）分支(switch)语句

分支语句的一般格式为

```
switch  switch_expression
    case  expression1
statements1
```

```
    case  expression2
statements2
    …
otherwise
    statementsn
end
```

switch 语句执行的规则是：若 switch_expression 表达式的值与 case 后面的 expression 匹配，则执行相应的 statements；若均不匹配，则执行 otherwise 后面的 statementsn。

2. M 文件

M 文件是指使用 MATLAB 语言编写的程序代码文件，扩展名为 m。

1）命令式文件

在 MATLAB 中，不接受参数也不返回参数的 M 文件称为命令文件。

选择 MATLAB 命令窗口中的 New M-File 选项，窗口名为 Untitled，在该窗口中即可编辑程序。

例 **1.29**　求数字 1～10 的和。

```
s=0;
for i=1:10
    s=s+i;
end
s
```

保存到 work 文件夹下，将文件命名为 sum1.m。在命令行窗口输入

```
>> sum1
  s=55
```

2）函数式文件

函数式文件的语法为

```
function [输出参数列表]=函数名(输入参数列表)
```

调用函数文件时要求函数名和文件名相同。例 1.26 利用函数文件实现了两个数的大小比较。

1.8.5　MATLAB 绘图函数

MATLAB 可以实现各种图形的绘制、控制和表现。

1. 二维图形绘图命令

plot(X,Y,s)命令用来绘制向量 Y 对向量 X 的图形。如果 X 为矩阵，则绘出矩阵向量或列向量对向量 Y 的图形，字符 s 代表不同的线型、标识、颜色，见表 1-14。

例 **1.30**　利用 plot(X,Y)绘制图形。

```
x=0:0.1:pi
y1=sin(x);
```

```
y2=cos(x);
y3=x.^2;
plot(x,y1,'--',x,y2,'v',x,y3,'o');  %绘制3个函数图形,分别用虚线、下三角和圆线表示
legend('y=sin(x)','y=cos(x)','y=x^2');        %曲线的图例表示
xlabel('x');                                   %显示横坐标
ylabel('y');                                   %显示纵坐标
title('函数曲线图');                            %图形加标题
axis([0 pi -2 15]);                            %坐标范围
```

例1.30利用plot实现了多个二维图形的绘制,如图1-1所示。plot的其他绘图功能可参见help函数。

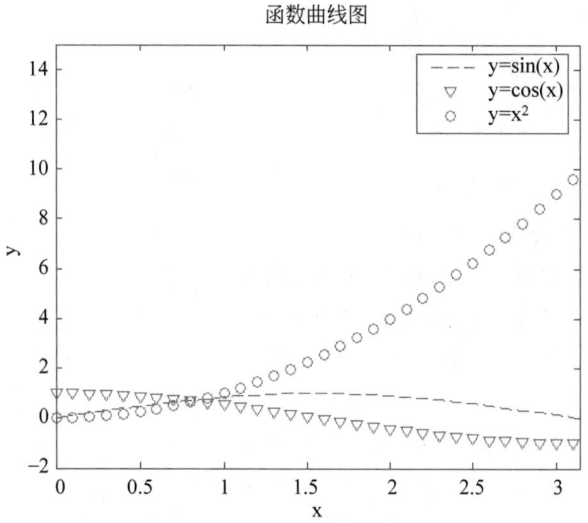

图1-1 用函数plot绘制的图形

表1-14 MATLAB曲线线型符号

线型符号	含 义	线型符号	含 义
—	实线	.	点
:	点线	o	圆
—·	点画线	x	x符号
——	虚线	+	+号
y	黄色	*	星号
m	紫红色	s	方形
c	蓝绿色	d	菱形
r	红色	v	下三角
g	绿色	^	上三角
b	蓝色	<	左三角
w	白色	>	右三角
k	黑色	p	正五角星

2. 三维图形绘图命令

三维图形绘制中经常用到的基本绘图命令有 plot3 函数、网图函数、着色函数等。

1) plot3 函数

plot3 函数是 plot 的三维扩展，调用格式如下。

(1) plot3(x,y,z)：x, y, z 为相同维数的向量，绘出这些向量表示的点的曲线。

(2) plot3(X,Y,Z,s)：X,Y,Z 为相同阶数的矩阵，绘出矩阵列向量的曲线；s 为线型。

(3) plot3(x1,y1,z1,s1,x2,y2,z2,s2,…)：组合绘图函数。

例 1.31 绘制螺旋曲线，如图 1-2 所示。

```
>> t = 0:pi/50:10*pi;
>> plot3(cos(t),sin(t),t.^2)
>> axis square
>> grid on
```

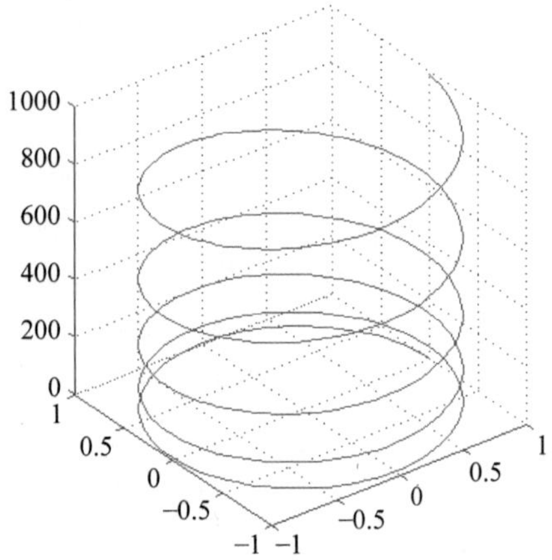

图 1-2 三维螺旋曲线

2) 网图函数

meshgrid 函数的调用格式为

$$[X,Y]=\text{meshgrid}(x,y)$$

其中 x,y 为给定向量，用来定义网格的划分区域和划分方法，矩阵 X 和 Y 为网格划分后的数据矩阵。

mesh 函数用来绘制三维网图，具体调用格式如下。

(1) mesh(X,Y,Z)：绘制彩色网图；若 X 和 Y 为两个向量，则要求[length(Y),length(X)]=size(Z)。

(2) mesh(Z)：若[m,n]=size(Z)，则使用 x=1：n 及 y=1：m。

例 1.32 用 mesh 函数绘制三维网图，结果如图 1-3 所示。

```
[X,Y] = meshgrid(-3:.125:3);
Z = peaks(X,Y);
mesh(X,Y,Z);
axis([-3 3 -3 3 -10 5])
```

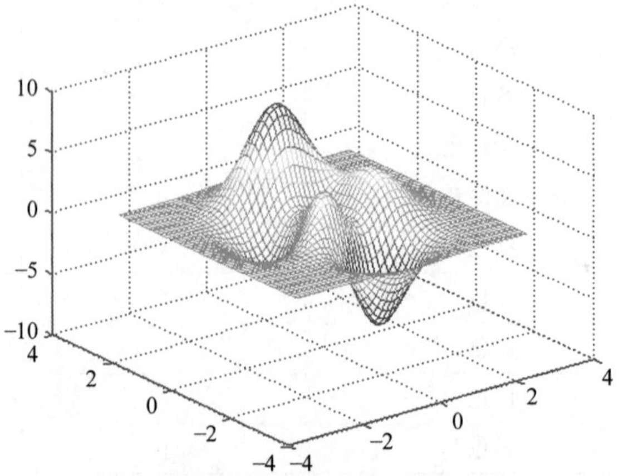

图 1-3 用 mesh 函数绘制的三维网图

另外，meshc 函数与 mesh 函数的调用格式相同，且能绘制相应的等高线。surf 函数可对三维图形进行着色。

人物介绍

秦九韶(1208—1261) 南宋官员、数学家，与李冶、杨辉、朱世杰并称宋元数学四大家，著有数学巨著《数书九章》，其中大衍求一术(一次同余方程组问题的解法，也称为中国剩余定理)、三斜求积术和秦九韶算法(高次方程正根的数值求法)是对世界有重要意义的贡献。

习题 1

1. 下列各数均有 4 位有效数字，$x_1=0.02345$，$x_2=-1.305$，$x_3=0.8051$，试指出它们的绝对误差限和相对误差限。

2. 下列各数的误差限都是 0.005，指出它们各有几位有效数字。

$$x_1=0.00001,x_2=1.00000,x_3=-2.0005,x_4=0.2050$$

3. 设 $x>0$，x^* 的相对误差为 δ，求 $f(x)=\ln x$ 的误差限。

4. 正方形的边长为 100cm，问测量时误差最多只能到多少才能保证面积的误差不超过 1cm^2？

5. 计算 $f=(\sqrt{2}-1)^6$，取 $\sqrt{2}\approx1.4$ 利用下列各式计算，哪个结果最好？

(1) $(3-2\sqrt{2})^3$，(2) $\dfrac{1}{(3+2\sqrt{2})^3}$，(3) $99-70\sqrt{2}$，(4) $\dfrac{1}{(\sqrt{2}+1)^6}$

6. 下列各题如何计算才能使结果精度更高？

(1) 当 $|x|$ 充分小，$\dfrac{1-\cos x}{\sin x}$。(2) 当 N 充分大时，$\displaystyle\int_N^{N+1}\frac{1}{1+x^2}\mathrm{d}x$。

7. 数列 $\{x_n\}$ 满足递推公式 $x_n=10x_{n-1}-1$，$(n=1,2,\cdots)$。若 $x_0=\sqrt{2}\approx1.41$(3 位有效数字)，问按上述递推公式，从 x_0 到 x_{10} 时误差有多大？这个计算过程是否稳定？

8. 设 x^* 为 x 的近似数，证明：$\sqrt[n]{x^*}$ 的相对误差约为 x^* 的相对误差的 $\dfrac{1}{n}$ 倍。

9. 要求 π^{10} 的近似值的相对误差 $\leqslant0.001$，π 至少应取几位有效数字？

10. 设某住房长 l 的值为 $l^*=4.32\text{m}$，宽 d 的值为 $d^*=3.12\text{m}$，已知 $|l-l^*|\leqslant0.01\text{m}$，$|d-d^*|\leqslant0.01\text{m}$，试求住房面积 $S=ld$ 的误差限与相对误差限。

第 2 章

非线性方程与方程组的数值解法

众所周知,求 n 次代数方程 $a_0x^n+a_1x^{n-1}+\cdots+a_{n-1}x+a_n=0$ 的根是一个经典的数学问题,数学家已经证明当 $n\geqslant 5$ 时,代数方程的根一般不可能有解析表达式。在许多科学和实际问题中,经常要求计算代数方程或者超越方程的根。所谓超越方程,是指方程 $f(x)=0$ 中的函数 $f(x)$是超越函数。我们把 $n>1$ 次的代数方程和所有的超越方程均叫作非线性方程。一般的非线性方程的解不能用解析式表示,因此需要研究用数值方法求得满足一定精度的方程的近似解的方法。

大量的工程和科学技术问题可以归结为求解非线性方程 $f(x)=0$ 或非线性方程组 $F(x)=0$。

例如天体力学中的开普勒(Kepler)方程 $x-t-\varepsilon\sin x=0,\ 0<\varepsilon<1$,其中 t 表示时间,x 表示弧度,行星运动的轨道 x 是 t 的函数。

再如,北斗卫星定位系统利用高程进行辅助定位的方程如下:

$$\begin{cases}\rho_1=\sqrt{(x_1-x_\mu)^2+(y_1-y_\mu)^2+(z_1-z_\mu)^2}-c\cdot\Delta t_\mu\\ \rho_2=\sqrt{(x_2-x_\mu)^2+(y_2-y_\mu)^2+(z_2-z_\mu)^2}-c\cdot\Delta t_\mu\\ \rho_3=\sqrt{(x_3-x_\mu)^2+(y_3-y_\mu)^2+(z_3-z_\mu)^2}-c\cdot\Delta t_\mu\\ \dfrac{x_\mu^2}{(h+a)^2}+\dfrac{y_\mu^2}{(h+a)^2}+\dfrac{z_\mu^2}{(h+b)^2}=1\end{cases}$$

其中,a 和 b 分别表示地球的长轴和短轴,h 表示用户高程;(x_μ,y_μ,z_μ)表示用户坐标;$(x_i,y_i,z_i)(i=1,2,3)$表示卫星坐标。该式的求解常采用牛顿迭代法。

非线性方程的求根通常分为两个步骤:一是根的搜索,找出有根区间;二是根的精确化,求得根的足够精确的近似值。

2.1 基本概念

定义 2.1 设有非线性方程 $f(x)=0$,其中 $f(x)\in C[a,b]$,$x\in\mathbb{R}$,如果实数 x^* 满足 $f(x^*)=0$,则称 x^* 为函数 $f(x)$的零点或称 x^* 为方程 $f(x)=0$ 的根。若函数 $f(x)$可表示为

$$f(x)=(x-x^*)^m g(x) \tag{2-1}$$

其中 m 为正整数,且 $g(x^*)\neq 0$,则称 x^* 为式(2-1)的 m 重根,或称 x^* 为函数 $f(x)$的 m

重零点；当 $m=1$ 时，称 x^* 为式(2-1)的单根。

定理 2.1(连续函数的介值定理)　设 $f(x)$在有限闭区间$[a,b]$上连续，且 $f(a)f(b)<0$，则存在 $x^*\in(a,b)$使得 $f(x^*)=0$。

2.2　二分法

设 $f(x)\in C[a,b]$，且 $f(a)f(b)<0$，由介值定理可知，$[a,b]$内至少有一实根 x^*，即$[a,b]$为有根区间。

下面介绍如何通过二分法找到有根区间$[a,b]$上的根。设 ε 为预先给定的精度要求。算法如下。

已知 $f(a)f(b)<0$，令 $a_0=a,b_0=b$。

第一步：$x_0=\dfrac{a_0+b_0}{2}$，计算 $f(x_0)$。

第二步：如果 $f(x_0)\approx 0$，则 x_0 是方程 $f(x)=0$ 的根，停止计算，输出计算结果；

如果 $f(a_0)f(x_0)<0$，令 $a_1=a,b_1=x_0$，否则令 $a_1=x_0,b_1=b$。

第三步：若 $b_k-a_k\leqslant\varepsilon$，则停止计算，输出结果 $x^*=x_k=\dfrac{a_k+b_k}{2}$，结束；否则返回第一步，重复执行上述过程。

二分法求根只会出现两种情况：一种情况是在某一步令 $f(x_k)\approx 0$ 成立；另一种是包含根的区间$[a_k,b_k]$随着迭代进行逐次减半，从而得到一系列有根区间

$$[a_0,b_0]\supset[a_1,b_1]\supset[a_2,b_2]\supset\cdots\supset[a_n,b_n]\supset\cdots$$

其中每一个区间的长度都是前一个区间的一半，因此，$[a_n,b_n]$的长度为

$$b_n-a_n=\frac{b-a}{2^n}$$

且$\lim\limits_{n\to\infty}x_n=\lim\limits_{n\to\infty}\dfrac{b_n+a_n}{2^n}=x^*$，$x_n$ 即为方程的根 x^* 的近似根，且误差为

$$|x_n-x^*|\leqslant\frac{b_n-a_n}{2}=\frac{b-a}{2^{n+1}}$$

二分法的优点是计算程序简单，且对有根区间一定能得到方程的根，即具有收敛性；缺点是计算量可能会很大，不能求复根和偶数重，这是因为如果求解精度为 ε，由

$$|x_n-x^*|\leqslant\frac{b_n-a_n}{2}=\frac{b-a}{2^{n+1}}\leqslant\varepsilon \tag{2-2}$$

可知

$$n\geqslant\frac{\lg(b-a)-\lg 2\varepsilon}{\lg 2}$$

于是，可取 n 为大于$\dfrac{\lg(b-a)-\lg 2\varepsilon}{\lg 2}$的最小整数，这也为我们提供了一个迭代终止的准则，二分法可在第 n 步终止迭代，这说明当包含根的区间较大而求解精度较小时，二分法的计算次数可能会很大，收敛会较慢。

例 2.1　求 $f(x)=x^2-2x-6=0$ 在$[2,4]$的一个实根，要求有 3 位有效数字。

解　由于方程根在[2,4]，所以精度要求为$|x^*-x_k|\leqslant\frac{1}{2}\times10^{-2}$。设迭代次数为$k$，则根据式(2-2)可得

$$|x_k-x^*|\leqslant\frac{b-a}{2^{k+1}}\leqslant\varepsilon$$

求得$k\geqslant7.6439$，取$k=8$。求得$x^*\approx x_8=3.6445$。计算过程见表2-1。

表 2-1　二分法

k	a_k	b_k	x_k	b_k-a_k
0	2	4	3	2
1	3	4	3.5	1
2	3.5	4	3.75	0.5
3	3.5	3.75	3.625	0.25
4	3.625	3.75	3.6875	0.1250
5	3.6250	3.6875	3.6563	0.0625
6	3.6250	3.6563	3.6406	0.0313
7	3.6406	3.6563	3.6484	0.0156
8	3.6406	3.6484	3.6445	0.0078

2.3 一般迭代法

2.3.1 简单迭代法

求非线性方程$f(x)=0$的近似根，首先把此方程等价转换为

$$x=\varphi(x) \tag{2-3}$$

其中$\varphi(x)$为连续函数，若$f(x^*)=0$，则$x^*=\varphi(x^*)$；反之亦然，称x^*为函数$\varphi(x)$的一个不动点。

求方程$f(x)=0$的根等价于求$\varphi(x)$的不动点。若利用迭代法，则由式(2-3)可得到迭代公式

$$x_{k+1}=\varphi(x_k),\ k=0,1,2,\cdots \tag{2-4}$$

选取初始值x_0代入式(2-4)，可得迭代序列$\{x_k\}$。若$\lim\limits_{k\to\infty}x_k=x^*$，则称$x^*$为$\varphi(x)$的不动点，迭代格式(2-4)是收敛的，否则称式(2-4)是发散的。称式(2-4)为简单迭代法(也称为不动点迭代法)。

非线性方程的等价形式(2-3)不是唯一的，同一个非线性方程可以有无数种等价的简单迭代格式，但不同等价格式的收敛性也不尽相同。

例 2.2　用简单迭代法求区间[2,4]上方程$f(x)=x^2-2x-6=0$的根。

解　该方程可以转换成不同的等价形式。

(1) $x=\sqrt{2x+6}$，由此得到迭代格式$x_{k+1}=\sqrt{2x_k+6}\ (k=0,1,2,\cdots)$。

(2) $x=\frac{x^2-6}{2}$,由此得到迭代格式 $x_{k+1}=\frac{x_k^2-6}{2}$ $(k=0,1,2,\cdots)$。

(3) $x=\frac{x^2+6}{2x+2}$,由此得到迭代公式 $x_{k+1}=\frac{x_k^2+6}{2x_k+2}$$(k=0,1,2,\cdots)$。

取初始值 $x_0=3$,分别由上面的迭代公式求得计算结果,见表 2-2。

表 2-2　简单迭代公式的计算结果

x_k	迭代格式(1)	迭代格式(2)	迭代格式(3)
x_0	3	3	3
x_1	3.4641	1.5000	3.7500
x_2	3.5956	−1.8750	3.6477
x_3	3.6320	−1.2422	3.6458
x_4	3.6420	−2.2285	3.6458
x_5	3.6447	−0.5169	3.6458
x_6	3.6455	−2.8664	3.6458

由表 2-2 可知,迭代格式(1)和迭代格式(3)产生的迭代序列接近于精确根 3.6458,迭代格式(2)产生的迭代序列是发散的,迭代格式(3)的收敛速度最快。计算结果表明,迭代序列是否收敛以及其收敛速度和迭代函数有关。

那么迭代函数 $\varphi(x)$满足什么条件才能保证迭代过程 $x_{k+1}=\varphi(x_k)$是收敛的?迭代函数 $\varphi(x)$满足什么条件才能使迭代序列收敛更快?如何估计迭代法的误差?

2.3.2　迭代法的收敛性

方程 $x=\varphi(x)$的根 x^* 可看作直线 $y=x$ 与曲线 $y=\varphi(x)$交点的横坐标,如图 2-1 所示。

迭代格式(2-4)由 x_k 求 x_{k+1}的迭代过程可通过图 2-1 描述为过曲线 $y=\varphi(x)$上的点$(x_k,\varphi(x_k))$作水平线并与直线 $y=x$ 相交,再过交点作平行于 y 轴的直线并与 x 轴相交,该交点的横坐标为 x_{k+1}。

在图 2-1 中,图(a)和图(b)的迭代过程是收敛的,此时曲线$|\varphi'(x^*)|<1$。图(c)和图(d)的迭代过程是发散的,此时曲线$|\varphi'(x^*)|>1$。

定理 2.2(压缩映像原理)　若 $\varphi(x)$在区间$[a,b]$上具有连续一阶导数,且满足:

(1) 封闭性:当 $a\leqslant x\leqslant b$ 时,有 $a\leqslant\varphi(x)\leqslant b$。

(2) 压缩性:存在 $L\in(0,1)$,使得对任意的 $x\in[a,b]$,有$|\varphi'(x)|\leqslant L$,这里的 L 称为压缩系数或李普希茨(Lipschitz)常数。

则有下列结论:

(1) 方程 $x=\varphi(x)$在区间$[a,b]$上有唯一实根 x^*(不动点);

(2) 对任意区间 $x_0\in[a,b]$,由迭代法 $x_{k+1}=\varphi(x_k)$生成的迭代序列收敛,且$\lim\limits_{k\to\infty}x_k=x^*$;

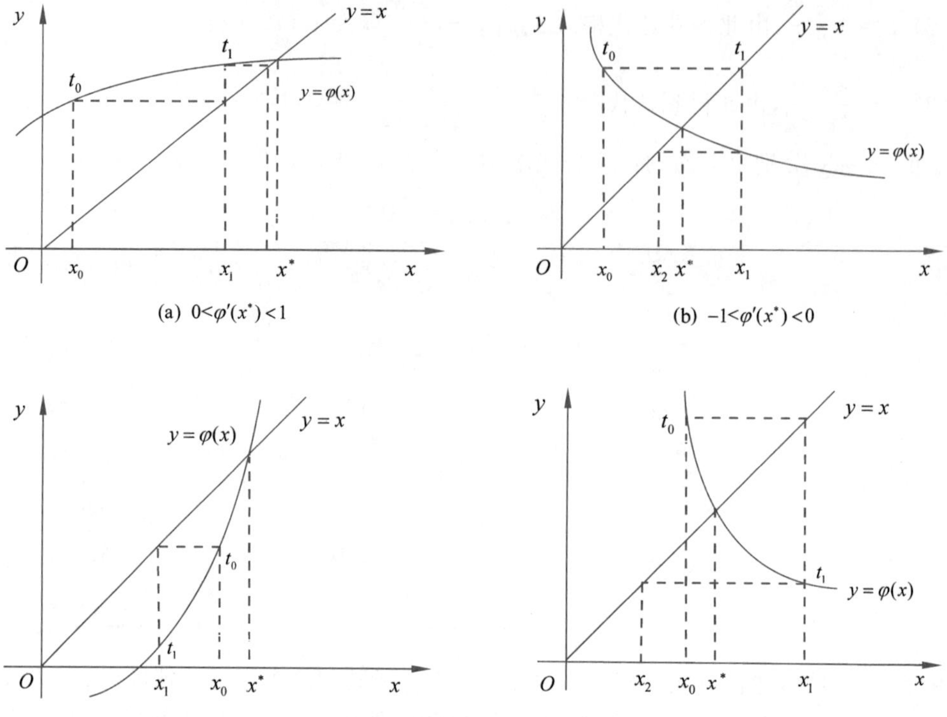

(a) $0<\varphi'(x^*)<1$　　(b) $-1<\varphi'(x^*)<0$

(c) $\varphi'(x^*)>1$　　(d) $\varphi'(x^*)<-1$

图 2-1　迭代法的几何意义

(3) $|x_k-x^*|\leqslant\dfrac{L}{1-L}|x_k-x_{k-1}|$ $(k=0,1,\cdots)$(误差事后估计式);

(4) $|x_k-x^*|\leqslant\dfrac{L^k}{1-L}|x_1-x_0|$ $(k=0,1,\cdots)$(误差事前估计式);

(5) $\lim\limits_{k\to\infty}\dfrac{x_{k+1}-x^*}{x_k-x^*}=\varphi'(x^*)$。

证　(1) 设 $h(x)=x-\varphi(x)$,由条件(1)可知 $h(a)=a-\varphi(a)\leqslant 0$,$h(b)=b-\varphi(b)\geqslant 0$。即方程 $h(x)=0$ 在$[a,b]$上至少有一个实根。又由条件(2)知,当 $x\in[a,b]$时,有$h'(x)=1-\varphi'(x)\geqslant 1-L>0$,所以方程 $h(x)=0$ 在$[a,b]$上存在唯一的实根,即方程 $x=\varphi(x)$在$[a,b]$上有唯一实根,记为 x^*。

(2) 当 $x_0\in[a,b]$时,有 $x_k\in[a,b]$,由条件(2)得

$$|x^*-x_k|=|\varphi(x^*)-\varphi(x_{k-1})|\leqslant L|x^*-x_{k-1}|\leqslant\cdots\leqslant L^k|x^*-x_0|$$

因为 $L\in(0,1)$,所以$\lim\limits_{k\to\infty}x_k=x^*$。

(3) 由条件(2)可得$|x_{k+1}-x_k|\leqslant L|x_k-x_{k-1}|$,

因为$|x_{k+1}-x_k|=|(x^*-x_k)-(x^*-x_{k+1})|\geqslant|x^*-x_k|-|x^*-x_{k+1}|\geqslant(1-L)|x^*-x_k|$,

所以$|x_k-x^*|\leqslant\dfrac{L}{1-L}|x_k-x_{k-1}|(k=0,1,\cdots)$。

(4) $|x_k-x^*|\leqslant\dfrac{L}{1-L}|x_k-x_{k-1}|\leqslant\dfrac{L^2}{1-L}|x_{k-1}-x_{k-2}|\leqslant\cdots\leqslant\dfrac{L^k}{1-L}|x_1-x_0|(k=0,

$1,\cdots)$。

(5) 因为 $x_{k+1}-x^{*}=\varphi(x_k)-\varphi(x^{*})=\varphi'(\xi_k)(x_k-x^{*})$，由于 $\lim\limits_{k\to\infty}x_k=\lim\limits_{k\to\infty}\xi_k=x^{*}$，则有 $\lim\limits_{k\to\infty}\dfrac{x_{k+1}-x^{*}}{x_k-x^{*}}=\lim\limits_{k\to\infty}\varphi'(\xi_k)=\varphi'(x^{*})$。

注：在压缩映像原理中，封闭性保证了 $[a,b]$ 上有实根，而压缩性保证了根的唯一性。压缩性是使得函数值的距离比对应的自变量的距离更小。结论(3)表明，通过计算迭代序列 $\{x_k\}$ 中相邻两个元素之间的距离可以作为迭代终止的条件。在实际编程计算中，在 L 不是很接近于 1 的情况下，通常通过 $|x_k-x_{k-1}|\leqslant\varepsilon$ 控制计算精度。

结论(4)表明，在终止条件一定的前提下，压缩系数越小，迭代法的收敛速度越快，迭代计算的步骤越少。

给定计算精度要求为 ε，则由结论(4)可得 $|x_k-x^{*}|\leqslant\dfrac{L^k}{1-L}|x_1-x_0|\leqslant\varepsilon$，进一步计算可得 $k\geqslant\dfrac{\ln\dfrac{\varepsilon}{|x_1-x_0|}(1-L)}{\ln L}$。误差事前估计式表明，在迭代开始之前，可以根据误差事前估计式计算出迭代法达到计算精度要求所需的最小迭代次数。

迭代函数 $\varphi(x)$ 在 $[a,b]$ 上具有连续导数式，定理中的条件(2)可用 $|\varphi'(x)|\leqslant L<1$ 代替。

例 2.3　已知非线性方程 $x^2-2x-3=0$ 在区间 $[2,4]$ 上有一实根，考虑下列两种迭代公式的收敛性。

(1) $x_{k+1}=\sqrt{2x_k+3}\ (k=0,1,2,\cdots)$；

(2) $x_{k+1}=(x_k^2-3)/2\ (k=0,1,2,\cdots)$。

解　(1) 令 $\varphi(x)=\sqrt{2x+3}$，$\varphi'(x)=\dfrac{1}{\sqrt{2x+3}}$，当 $x\in[2,4]$ 时，$\varphi'(x)>0$，故 $\varphi(x)$ 单调递增，且有 $\varphi(x)\in[\varphi(2),\varphi(4)]=[\sqrt{7},\sqrt{11}]\subset[2,4]$，满足封闭性。

当 $x\in[2,4]$ 时，$|\varphi'(x)|=\left|\dfrac{1}{\sqrt{2x+3}}\right|\leqslant|\varphi'(2)|=\dfrac{1}{\sqrt{7}}<1$，满足压缩性。

由压缩映像原理可知，该迭代公式收敛。

(2) 令 $\varphi(x)=(x^2-3)/2$，$\varphi'(x)=x$，当 $x\in[2,4]$ 时，$|\varphi'(x)|\geqslant2$，故该迭代公式发散。

例 2.4　讨论能否用简单迭代法求解方程 $x=\varphi(x)=\dfrac{1}{4}(\cos x+\sin x)$。

解　$\varphi'(x)=\dfrac{1}{4}(-\sin x+\cos x)$

因为 $|\varphi'(x)|=\dfrac{1}{4}|-\sin x+\cos x|\leqslant\dfrac{1}{4}(|-\sin x|+|\cos x|)<\dfrac{1}{4}\times2=\dfrac{1}{2}<1$，$\forall x\in(-\infty,+\infty)$，

故公式 $x_{k+1}=\varphi(x_k)$ 收敛，可以用来求根。

上述给出的迭代序列 $\{x_k\}$ 在区间 $[a,b]$ 上的收敛性通常称为全局收敛性。若使迭代序

列具有全局收敛性，则需要迭代函数满足条件(1)和(2)，这通常是很难检验的，尤其是寻找满足条件 $0\leqslant L<1$ 的李普希茨常数。实际使用时，通常只在根 x^* 邻近处考察迭代法的收敛性，即局部收敛性。

2.3.3 迭代法的局部收敛性

定义 2.2 设 x^* 为 $\varphi(x)$ 的不动点，如果存在 x^* 的某个邻域 U：$|x-x^*|\leqslant\delta$，对任意 $x_0\in U$，迭代法 $x_{k+1}=\varphi(x_k)(k=0,1,2,\cdots)$ 产生的迭代序列 $\{x_k\}$ 都收敛到 x^*，则称该迭代法在 x^* 附近是局部收敛的。

定理 2.3(迭代法的局部收敛性) 设 x^* 为 $\varphi(x)$ 的不动点，$\varphi(x)$ 在 x^* 的邻域内连续可导，则当 $|\varphi'(x^*)|<1$ 时，对任意 $x_0\in U$，迭代法 $x_{k+1}=\varphi(x_k)(k=0,1,2,\cdots)$ 产生的迭代序列是局部收敛的。

证 由连续函数的性质可知，存在 x^* 的某个邻域 U：$|x-x^*|\leqslant\delta$，使对任意 $x\in U$，总有 $|\varphi'(x)|\leqslant L<1$ 成立。对任意 $x\in U$，$\varphi(x)\in U$，因为

$|\varphi(x)-x^*|=|\varphi(x)-\varphi(x^*)|=|\varphi'(\xi)||x-x^*|\leqslant L|x-x^*|<|x-x^*|<\delta$，其中 $\xi\in U$，于是由压缩映像原理可知，对任意 $x_0\in U$，迭代法 $x_{k+1}=\varphi(x_k)(k=0,1,2,\cdots)$ 产生的迭代序列是局部收敛的。

注：当 x_0 充分靠近 x^* 时，可用 $|\varphi'(x_0)|<1$ 代替 $|\varphi'(x^*)|<1$。

例 2.5 试用迭代法求方程 $x=\ln(x+2)$ 在 $x=1$ 附近的根 x^*，要求近似根准确到小数点后 6 位$\left(精度为\dfrac{1}{2}\times10^{-6}\right)$。

解 令 $\varphi(x)=\ln(x+2)$，$\varphi'(x)=\dfrac{1}{x+2}$。$\varphi'(x)$ 在 $x=1$ 附近连续，且有 $\varphi'(x)\approx\varphi'(1)=\dfrac{1}{3}<1$，由定理可知，迭代公式 $x_{k+1}=\ln(x_k+2)(k=0,1,2,\cdots)$ 在 $x=1$ 附近是局部收敛的。

取 $x_0=1$，由 $x_{k+1}=\ln(x_k+2)$，迭代结果见表 2-3。

表 2-3 迭代法的数值结果

x_0	1	x_6	1.14614361099129
x_1	1.13095436244972	x_7	1.14617745235178
x_2	1.14133786620793	x_8	1.14618820875157
x_3	1.14464878121798	x_9	1.14619162762465
x_4	1.14570220862786	x_{10}	1.14619271429557
x_5	1.14603714301273	x_{11}	1.14619305968798

例 2.6(应用举例) 航天器绕地球的稳定运动一般为椭圆运动，遥感卫星、一般商用卫星等采用小偏心率椭圆轨道。可通过求解 Kepler 方程，得到偏近点角与时间关系。设航天器 m 沿椭圆轨道绕地球质心 o_e 运动，椭圆右端点 π 为近地点，左端点 α 为远地点，如图 2-2

所示。以椭圆心 o 为远点建立直角坐标系 oxy；以 $o_e\pi$ 的射线为极轴建立极坐标。航天器 m 在轨道平面内极坐标表示的轨道方程为

$$r=\frac{p}{1+\mathrm{e}\cos\theta} \tag{2-5}$$

航天器 m 的位置可用直角坐标(x,y)表示，也可用极径 $r(=o_e m)$和渐近点角 θ 确定。以 o 为圆心、椭圆长轴 a 为半径作辅助圆，设 m'为辅助圆上与航天器 m 横坐标相同的对应点，称$\angle\pi om'$为偏近点角，记作 E。航天器 m 在直角坐标系中坐标可表示为

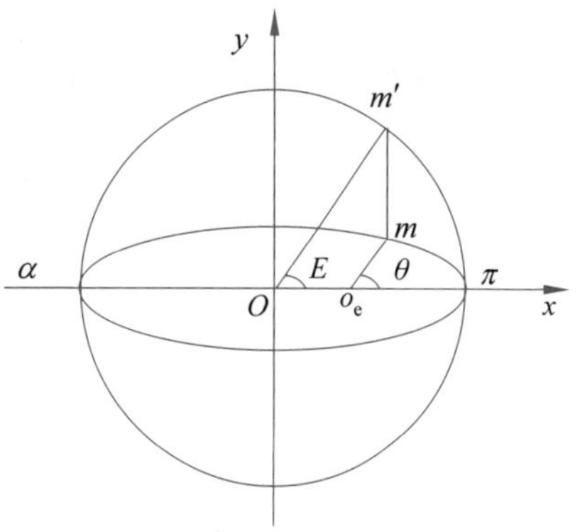

图 2-2 椭圆轨道

$$x=a\cos E,y=b\sin E$$

b 为椭圆的短半轴。在极坐标中有

$$r\cos\theta=x-a\mathrm{e}=a(\cos E-\mathrm{e}),r\sin\theta=y=a\sqrt{1-\mathrm{e}^2}\sin E \tag{2-6}$$

可得到以 E 为自变量的轨道方程

$$r=a(1-\mathrm{e}\cos E) \tag{2-7}$$

由式(2-6)、式(2-7)得到渐近点角 θ 与偏近点角 E 之间的微分关系

$$\frac{\sqrt{1-\mathrm{e}^2}}{1-\mathrm{e}\cos E}\mathrm{d}E=\mathrm{d}\theta \tag{2-8}$$

将式(2-6)～式(2-8)代入式(2-5)得

$$E-\mathrm{e}\sin E=\omega(t-\tau) \tag{2-9}$$

τ 为过近地点 π 时刻。

根据式(2-9)，设迭代初始值 $E_0=\omega(t-\tau)$，为求偏近点角 E 与时间 t 的关系，迭代终止条件为$|E_{k+1}-E_k|<\varepsilon,\varepsilon=\frac{1}{2}\times10^{-6}$。

解 采用迭代法求解方程，令 $\varphi(E)=\mathrm{e}\sin E+\omega(t-\tau)$，将式(2-9)改写成等价的迭代形式

$$E_{k+1}=\varphi(E_k)=\mathrm{e}\sin E_k+\omega(t-\tau)$$

由于$|\varphi'(E_k)|=|\mathrm{e}\cos E_k|<\mathrm{e}<1$，e 为椭圆轨道偏心率，所以上式迭代公式收敛。

已知地球赤道半径 $R_e=6.378\times10^6\mathrm{m}$。设近地点高度 $h=322\mathrm{km}$，过近地点时刻 $\tau=0$。椭圆长轴 $a=r_\pi/(1-\mathrm{e})=(R_e+h)/(1-\mathrm{e})$，半轴参数 $p=(R_e+h)(1+\mathrm{e})$。航天器椭圆运动周期 $T_0=2\pi\sqrt{a^3/\mu}$，$\mu=3.986\times10^{14}\mathrm{m}^3/\mathrm{s}^2$，平均角速度 $\omega=2\pi/T_0$。

对于不同的偏心率得到表 2-4 所示参数。由迭代法得到在整个椭圆运动周期内偏近点角随时间变化的曲线，如图 2-3 所示。

表 2-4 曲线参数

序号	偏心率 e	长半轴 a/m	半轴参数 p/m	运动周期 T_0/s	平均角速度 ω/rad·s^{-1}
1	0.1	7.444×10^6	7.37×10^6	6.392×10^3	9.829×10^4
2	0.2	8.375×10^6	8.04×10^6	7.628×10^3	8.237×10^4

续表

序号	偏心率 e	长半轴 a/m	半轴参数 p/m	运动周期 T_0/s	平均角速度 ω/rad·s^{-1}
3	0.3	9.571×10^6	8.71×10^6	9.319×10^3	6.742×10^4
4	0.4	1.117×10^7	9.38×10^6	1.174×10^4	5.350×10^4

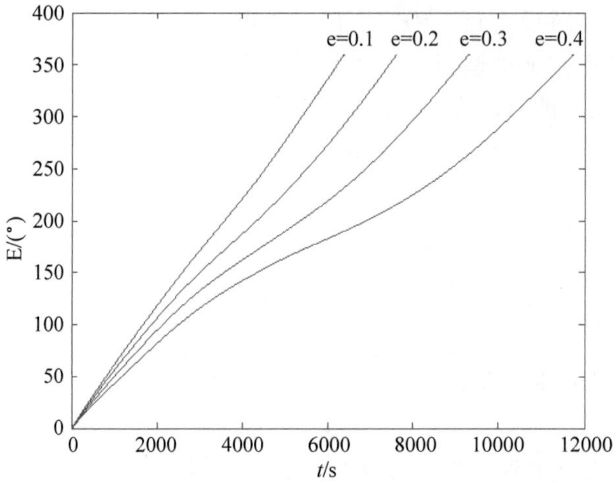

图 2-3 偏近点角随时间变化曲线

2.3.4 迭代法的收敛阶

一种迭代法具有实用价值，不但需要它是收敛的，而且要求它收敛得比较快。这里的迭代过程的收敛速度是指迭代误差的下降速度。在相同迭代次数下，迭代误差小的收敛速度快。

定义 2.3 设迭代法 $x_{k+1}=\varphi(x_k)$ 收敛于方程 $x=\varphi(x)$ 的不动点 x^*，迭代误差为 $\mathrm{e}_{k+1}=x_{k+1}-x^*$，如果存在常数 $p>0$ 和非零常数 c，使

$$\lim_{k\to\infty}\frac{\mathrm{e}_{k+1}}{\mathrm{e}_k^p}=c \tag{2-10}$$

则称该迭代是 p 阶收敛的，也称序列 $\{x_k\}$ 是 p 阶收敛的，c 为渐近误差常数。特别地，$p=1(|c|<1)$ 时称线性收敛，$p>1$ 时称超线性收敛，$p=2$ 时称二阶收敛（平方收敛）。

收敛阶 p 的大小刻画了序列的收敛速度；p 越大，收敛速度越快。

定理 2.4 设 x^* 为方程 $x=\varphi(x)$ 的不动点，对于迭代法 $x_{k+1}=\varphi(x_k)$，如果迭代函数 $\varphi(x)$ 在 x^* 的邻近具有 p 阶连续导数（$p\geqslant 2$），且

$$\varphi'(x^*)=\varphi''(x^*)=\cdots=\varphi^{(p-1)}(x^*)=0,\ \varphi^{(p)}(x^*)\neq 0 \tag{2-11}$$

则迭代法 $x_{k+1}=\varphi(x_k)$ 在点 x^* 邻近是局部 p 阶收敛的。

证　因为 $\varphi'(x^*)=0$，所以由定理 2.3 可知，迭代法是局部收敛的。将函数 $\varphi(x)$ 在 x^* 处泰勒展开，令 $x=x_k$ 得

$$\varphi(x_k)=\varphi(x^*)+\varphi'(x^*)(x_k-x^*)+\frac{\varphi''(x^*)}{2!}(x_k-x^*)^2+\cdots$$

$$+\frac{\varphi^{(p-1)}(x^*)}{(p-1)!}(x_k-x^*)^{p-1}+\frac{\varphi^{(p)}(\xi)}{p!}(x_k-x^*)^p,$$

其中 ξ 介于 x_k 与 x^* 之间。利用定理条件得

$$\varphi(x_k)=\varphi(x^*)+\frac{\varphi^{(p)}(\xi)}{p!}(x_k-x^*)^p,$$

$$x_{k+1}-x^*=\varphi(x_k)-\varphi(x^*)=\frac{\varphi^{(p)}(\xi)}{p!}(x_k-x^*)^p$$

当 $k\to\infty,\xi\to x^*$ 时，有

$$\lim_{k\to\infty}\frac{e_{k+1}}{e_k^p}=\frac{\varphi^{(p)}(\xi)}{p!}\neq 0$$

由定义 2.3 可知，该迭代法是局部 p 阶收敛的。

收敛阶可以用来衡量迭代法收敛速度，收敛阶越高，收敛速度越快。但收敛阶并不是判断迭代法优劣的唯一标准。收敛阶高的迭代法未必是好的算法，我们可以从迭代法的计算时间、计算成本、稳定性等多角度来衡量算法。

定义 2.4　若迭代法 $x_{k+1}=\varphi(x_k)$ 是 p 阶收敛的，迭代公式中每次迭代需要计算函数值的个数为 n，则称 $p^{\frac{1}{n}}$ 为该迭代法的效率指数。

2.4　牛顿法

2.4.1　牛顿法的构造方法

解非线性方程的牛顿法是一种将非线性问题线性化的方法，它是求解非线性方程的一种重要方法。

假设 x_k 为非线性方程 $f(x)=0$ 的近似根，函数 $f(x)$ 连续可微，且在 x_k 附近 $f'(x)\neq 0$，则将 $f(x)$ 在 x_k 处泰勒展开，即

$$f(x)=f(x_k)+f'(x_k)(x-x_k)+\frac{f''(x_k)}{2!}(x-x_k)^2+\cdots \tag{2-12}$$

取前两项近似 $f(x)$，得 $f(x)\approx f(x_k)+f'(x_k)(x-x_k)$。$f(x)=0$ 的根 x^* 可用 $f(x_k)+f'(x_k)(x-x_k)=0$ 的根近似表示，得

$$x=x_k-\frac{f(x_k)}{f'(x_k)} \tag{2-13}$$

在上式中，用 x_{k+1} 代替 x，得到迭代公式

$$x_{k+1}=x_k-\frac{f(x_k)}{f'(x_k)} \tag{2-14}$$

该迭代公式为解非线性方程 $f(x)=0$ 的牛顿迭代公式。牛顿迭代法作为简单迭代法的一个特例，其对应的迭代函数为 $\varphi(x)=x-\dfrac{f(x)}{f'(x)}$。

定理 2.5　设 x^* 为函数 $f(x)$ 的单根，$f'(x^*)\neq 0$ 且 $f(x)$ 在包含根 x^* 的某邻域 U：$|x-x^*|\leqslant\delta$ 内具有二阶连续导数，则 $\forall x_0\in U$ 牛顿迭代公式产生的序列 $\{x_k\}$ 至少二阶收敛于 x^*。

证 由牛顿法的迭代函数得

$$\varphi'(x)=1-\frac{(f'(x))^2-f(x)f''(x)}{(f'(x))^2}$$

$$\varphi(x^*)=\varphi'(x^*)=0$$

由定理 2.4 可知，牛顿法至少二阶收敛于 x^*。

注：

(1) 牛顿迭代法是否收敛取决于初值 x_0 的选取。在根 x^* 附近选取初值时迭代法具有较好的收敛性，初值距离根 x^* 较远，迭代法产生的迭代序列可能发散。

(2) 求方程单根时，牛顿法至少是二阶收敛的。求重根时，迭代法是线性收敛的。

(3) 牛顿迭代法在迭代过程中需要计算导数值，当导数值为零时，迭代失效。

假设 x^* 为方程 $f(x)$ 的 m 重根，则 $f(x)$ 可表示为

$$f(x)=(x-x^*)^m g(x),\ g(x^*)\neq 0$$

若牛顿迭代法的迭代函数为

$$\varphi(x)=x-\frac{(x-x^*)g(x)}{mg(x)+(x-x^*)g'(x)}$$

则

$$\varphi'(x)=1-\frac{[(x-x^*)g(x)]'[mg(x)+(x-x^*)g'(x)]-[(x-x^*)g(x)][mg(x)+(x-x^*)g'(x)]'}{[mg(x)+(x-x^*)g'(x)]^2}$$

令 $x=x^*$，得

$$\varphi'(x^*)=1-\frac{m[g(x^*)]^2}{[mg(x^*)]^2}=1-\frac{1}{m}\neq 0$$

由定理 2.4 可知，牛顿法线性收敛于 x^*。

若使牛顿迭代法在求重根时具有二阶收敛速度，可进行如下处理。

(1) 在根的重数已知的情况下。

设函数 $f(x)=(x-x^*)^m g(x)$，$g(x^*)\neq 0$，对函数 $f(x)$ 开 m 次方，得

$$h(x)=f(x)^{\frac{1}{m}}=(x-x^*)g(x)^{\frac{1}{m}}$$

则函数 $h(x)$ 具有单根 x^*，利用牛顿迭代法求函数 $h(x)$ 单根，得

$$x_{k+1}=x_k-\frac{h(x_k)}{h'(x_k)}=x_k-\frac{f(x_k)^{\frac{1}{m}}}{\frac{1}{m}f(x_k)^{\frac{1}{m}-1}f'(x_k)}=x_k-m\frac{f(x_k)}{f''(x_k)}$$

则该迭代具有二阶局部收敛性。

(2) 在根的重数未知的情况下。

取

$$h(x)=\frac{f(x)}{f'(x)}=\frac{(x-x^*)^m g(x)}{m(x-x^*)^{m-1}g(x)+(x-x^*)^m g'(x)}=\frac{(x-x^*)g(x)}{mg(x)+(x-x^*)g'(x)}$$

则函数 $h(x)$ 具有单根 x^*，利用牛顿迭代法求函数 $h(x)$ 单根，得

$$x_{k+1}=x_k-\frac{h(x_k)}{h'(x_k)}=x_k-\frac{\frac{f(x_k)}{f'(x_k)}}{\left(\frac{f(x_k)}{f'(x_k)}\right)'}=x_k-\frac{f(x_k)f'(x_k)}{f'(x_k)^2-f(x_k)f''(x_k)}$$

则该迭代具有二阶局部收敛性。

2.4.2　牛顿法的几何意义

几何上，线性化方程 $f(x_k)+f'(x_k)(x-x_k)=0$ 的解 x_{k+1} 表示过曲线 $y=f(x)$ 上的点 $P_0(x_k,y_k)$ 的切线与 x 轴的交点，如图 2-4 所示。因此，牛顿法是曲线的切线与 x 轴的交点的近似，故牛顿法又称为切线法。

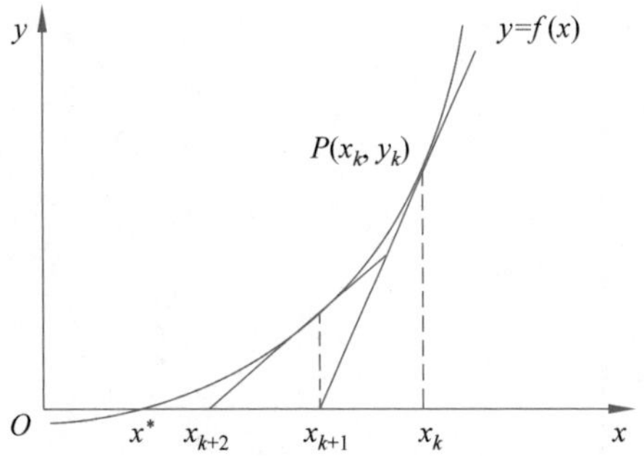

图 2-4　牛顿法的几何意义

例 2.7　试用牛顿迭代法求方程 $x=\ln(x+2)$ 在 $x=1$ 附近的根 x^*，初始值分别取 $x_0=1, x_0=1.5, x_0=4$，要求近似根准确到小数点后 6 位 $\left(\text{精度为}\dfrac{1}{2}\times10^{-6}\right)$。

解　设 $f(x)=x-\ln(x+2)$，则 $f'(x)=1-\dfrac{1}{x+2}=\dfrac{x+1}{x+2}$，其牛顿迭代公式为

$$x_{k+1}=x_k-\frac{x_k-\ln(x_k+2)}{x_k+1}(x_k+2)\quad(k=1,2,3,\cdots)$$

迭代结果见表 2-5。

表 2-5　牛顿法数值结果

x_0	1	1.5	4
x_1	1.14791843300216	1.15386815589352	1.35011136307367
x_2	1.14619344079791	1.14619756334313	1.14894631649005
x_3	1.14619322062059	1.14619322062198	1.14619378099084
x_4		1.14619322062058	1.14619322062061
x_5			1.14619322062058

表 2-5 的数值结果表明，在精度要求一定的前提下，选择不同的初始值进行迭代，迭代次数不同。与表 2-4 对比，牛顿迭代法的收敛速度高于简单迭代法。

2.5　弦线法

当函数 $f(x)$ 的解析表达式比较复杂，或者不能用初等函数表示时，函数求导可能有困难，这时牛顿迭代法不能用于求该方程的根，牛顿迭代法中的 $f'(x)$ 可近似表示为

$$f'(x_k) \approx \frac{f(x_k) - f(x_{k-1})}{x_k - x_{k-1}} \tag{2-15}$$

其中，x_k，x_{k-1}是方程 $f(x)=0$ 的两个近似根，从而得到迭代公式

$$x_{k+1} = x_k - \frac{f(x_k)}{f(x_k) - f(x_{k-1})}(x_k - x_{k-1}) \quad (k=1,2,\cdots) \tag{2-16}$$

称式(2-16)为弦线法或弦割法。弦线法在计算之前需要两个初始值 x_0，x_1。弦线法的几何意义是以曲线 $f(x)$上的两个点$(x_k, f(x_k))$和$(x_{k-1}, f(x_{k-1}))$确定的割线与 x 轴的交点横坐标作为根的近似值，如图 2-5 所示。

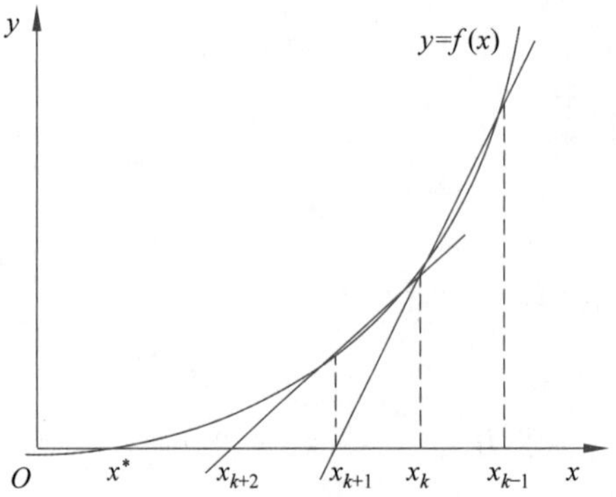

图 2-5 弦线法的几何意义

与牛顿法类似，弦线法具有超线性收敛速度，收敛阶 $p=\frac{1+\sqrt{5}}{2}\approx 1.618$。与牛顿法相比，弦线法不需要计算函数导数，但其收敛阶却降低了。

例 2.8 试用弦线法求方程 $x=\ln(x+2)$在 $x=1$ 附近的根 x^*，初始值分别取 $x_0=1$，$x_0=1.5$，$x_0=4$，要求近似根准确到小数点后 6 位$\left(精度为\frac{1}{2}\times 10^{-6}\right)$。

解 设 $f(x)=x-\ln(x+2)$，其弦线法的迭代公式为

$$x_{k+1} = x_k - \frac{x_k - \ln(x_k+2)}{x_k - \ln(x_k+2) - x_{k-1} + \ln(x_{k-1}+2)}(x_k - x_{k-1}) \quad (k=1,2,3,\cdots)$$

迭代结果见表 2-6。

表 2-6 弦线法数值结果

x_0	1	1.5	4
x_1	1.1	1.4	3
x_2	1.14672225667312	1.15183994383726	1.29937783107791
x_3	1.14619138706817	1.14629204028125	1.15955539700726
x_4	1.14619322054877	1.14619326187237	1.14633790121203
x_5	1.14619322062058	1.14619322062088	1.14619336322387
x_6			1.14619322062211

2.6 史蒂芬森法

若将牛顿法中的 $f'(x)$ 近似表示为

$$f'(x_k) \approx \frac{f(z_k) - f(x_k)}{z_k - x_k} \tag{2-17}$$

其中 $z_k = x_k + f(x_k)$ 为方程 $f(x)=0$ 根的近似值，将上式代入牛顿法得

$$x_{k+1} = x_k - \frac{f(x_k)^2}{f(x_k + f(x_k)) - f(x_k)} \quad (k = 1,2,\cdots) \tag{2-18}$$

称式(2-18)为史蒂芬森法。史蒂芬森法的收敛阶为 2，且迭代公式中不需要计算导数。

例 2.9　试用史蒂芬森法求方程 $x=\ln(x+2)$ 在 $x=1$ 附近的根 x^*，初始值分别取 $x_0=1, x_0=1.5, x_0=4$，要求近似根准确到小数点后 6 位 $\left(精度为\frac{1}{2}\times 10^{-6}\right)$。

解　设 $f(x)=x-\ln(x+2)$，其史蒂芬森法的迭代公式为

$$x_{k+1}=x_k-\frac{f(x_k)}{f(z_k)-f(x_k)}(z_k-x_k) \quad (k=1,2,3,\cdots)$$

其中 $z_k=x_k+f(x_k)$ 的迭代结果见表 2-7。

表 2-7　史蒂芬森法数值结果

x_0	1	1.5	4
x_1	1.14917182411706	1.15847730470875	1.42655255826954
x_2	1.14619432331416	1.14621184789353	1.15427122711082
x_3	1.14619322062073	1.14619322066380	1.14620130060947
x_4	1.14619322062058	1.14619322062058	1.14619322062872
x_5			1.14619322062058

2.7 多点迭代法

为了进一步提高迭代法的收敛阶和计算效率，以牛顿法或史蒂芬森法为基础，通过增加迭代步骤可以设计出多种多步迭代法，也称为多点迭代法。

考虑迭代公式

$$\begin{cases} y_k = x_k - \dfrac{f(x_k)}{f'(x_k)} \\ x_{k+1} = y_k - \dfrac{f(y_k)}{f'(y_k)} \end{cases} \tag{2-19}$$

该迭代公式为两个牛顿迭代法的组合，其收敛阶为 4，但其效率指数为 $4^{\frac{1}{4}}=\sqrt{2}\approx 1.414$，这与单步牛顿法的效率相同。为了提高迭代法的计算效率，在保证收敛阶不变的前提下降低计算成本，可以通过减少迭代法中所需函数值的个数来实现，可将上式中的 $f'(y_k)$ 近似表示

为 $G(t_k)f'(x_k)$,其中 $t_k=\dfrac{f(y_k)}{f(x_k)}$。将函数 $G(t_k)$在点 0 处泰勒展开,可得

$$G(t_k)=G(0)+G'(0)t_k+G''(0)t_k^2+\cdots$$

可以证明,当函数 $G(t)$满足条件

$$G(0)=1,G'(0)=-2,\ |G''(0)|<\infty \tag{2-20}$$

时,下面的迭代法的收敛阶为 4:

$$\begin{cases} y_k=x_k-\dfrac{f(x_k)}{f'(x_k)} \\ x_{k+1}=y_k-\dfrac{f(y_k)}{f'(x_k)G(t_k)} \end{cases} \tag{2-21}$$

式(2-21)中,$t_k=\dfrac{f(y_k)}{f(x_k)}$。迭代公式(2-21)的收敛阶为 4,每次迭代需要计算 3 个函数值,其效率指数为 $4^{\frac{1}{3}}\approx1.587$,明显高于牛顿法。

满足条件(2-20)的函数 $G(t)$有很多,例如令 $G(t)=1-2t$,得到 Ostrowski 迭代法:

$$\begin{cases} y_k=x_k-\dfrac{f(x_k)}{f'(x_k)} \\ x_{k+1}=y_k-\dfrac{f(x_k)}{f(x_k)-2f(y_k)}\dfrac{f(y_k)}{f'(x_k)} \end{cases} \tag{2-22}$$

例 2.10 试用 Ostrowski 迭代法求方程 $x=\ln(x+2)$在 $x=1$ 附近的根 x^*,初始值分别取 $x_0=1$, $x_0=1.5$,$x_0=4$,要求近似根准确到小数点后 6 位$\left(\text{精度为}\dfrac{1}{2}\times10^{-6}\right)$。

解 设 $f(x)=x-\ln(x+2)$,$f'(x)=1-\dfrac{1}{x+2}$,代入 Ostrowski 迭代法, 迭代结果见表 2-8。

表 2-8 Ostrowski 迭代法数值结果

x_0	1	1.5	4
x_1	1.14619407578329	1.14620976456458	1.15595486170470
x_2	1.14619322062058	1.14619322062058	1.14619322063466
x_3	1.14619322062058	1.14619322062058	1.14619322062058

2.8 解非线性方程组的牛顿法

考虑非线性方程组

$$\begin{cases} f_1(x_1,x_2,\cdots,x_n)=0 \\ f_2(x_1,x_2,\cdots,x_n)=0 \\ \quad\vdots \\ f_n(x_1,x_2,\cdots,x_n)=0 \end{cases} \tag{2-23}$$

其中,$f_i(x_1,x_2,\cdots,x_n)(i=1,2,\cdots,n)$为实变量的 n 元非线性函数。若记 $X=(x_1,x_2,\cdots,$

$x_n)^{\mathrm{T}}\in\mathbb{R}^n$，$F=(f_1,f_2,\cdots,f_n)^{\mathrm{T}}$，则式(2-23)可写成向量形式

$$F(X)=0$$

其中 $F:\mathbb{R}^n\to\mathbb{R}^n$。函数 $F'(X)$ 为 $F(X)$ 的雅可比矩阵，即

$$F'(X)=\begin{bmatrix}\dfrac{\partial f_1(X)}{\partial x_1} & \dfrac{\partial f_1(X)}{\partial x_2} & \cdots & \dfrac{\partial f_1(X)}{\partial x_n}\\ \dfrac{\partial f_2(X)}{\partial x_1} & \dfrac{\partial f_2(X)}{\partial x_2} & \cdots & \dfrac{\partial f_1(X)}{\partial x_n}\\ \vdots & \vdots & & \vdots\\ \dfrac{\partial f_n(X)}{\partial x_1} & \dfrac{\partial f_n(X)}{\partial x_2} & \cdots & \dfrac{\partial f_n(X)}{\partial x_n}\end{bmatrix} \tag{2-24}$$

若 $F(X)$ 的雅可比矩阵 $F'(X)$ 非奇异，则可将非线性方程组 $F(X)=0$ 的牛顿迭代法表示为

$$X^{(k+1)}=X^{(k)}-F'(X^{(k)})^{-1}F(X^{(k)})\quad(k=0,1,2,\cdots) \tag{2-25}$$

因通常情况下逆矩阵不易求得，而且计算量比求解同阶的线性方程组大，所以实际计算时按如下步骤计算：

(1) 解线性方程组 $F'(X^{(k)})\Delta X^{(k)}=-F(X^{(k)})$；

(2) 计算 $X^{(k+1)}=\Delta X^{(k)}+X^{(k)}$。

可以证明当 $F(X)$ 满足一定条件，且初始点 $X^{(0)}$ 充分靠近非线性方程组的解 X^* 时，由牛顿法产生的向量序列至少二阶收敛于 X^*。

例 2.11　用牛顿法求非线性方程组

$$\begin{cases}f_1(x_1,x_2)=x_2-x_1^2=0\\ f_2(x_1,x_2)=x_1-x_1x_2+1=0\end{cases}$$

的近似解，取 $X^{(0)}=(x_1^{(0)},x_2^{(0)})=(1.5,1.5)^{\mathrm{T}}$。

解　计算函数 $F(X)$ 的雅可比矩阵，得

$$F'(X)=\begin{bmatrix}\dfrac{\partial f_1}{\partial x_1} & \dfrac{\partial f_1}{\partial x_2}\\ \dfrac{\partial f_2}{\partial x_1} & \dfrac{\partial f_2}{\partial x_2}\end{bmatrix}=\begin{bmatrix}-2x_1 & 1\\ 1-x_2 & -x_1\end{bmatrix}$$

则第一步计算 $F'(X^{(0)})=\begin{bmatrix}-3 & 1\\ -0.5 & -1.5\end{bmatrix}$，$F(X^{(0)})=\begin{bmatrix}-0.75\\ 0.25\end{bmatrix}$，

求解非线性方程组 $F'(X^{(0)})\Delta X^{(0)}=-F(X^{(0)})$，得

$$X^{(1)}=\Delta X^{(0)}+X^{(0)}=(1.325,1.725)^{\mathrm{T}}$$

第二步计算 $F'(X^{(1)})=\begin{bmatrix}-2.65 & 1\\ 0.725 & -1.325\end{bmatrix}$，$F(X^{(1)})=\begin{bmatrix}-0.030625\\ 0.039375\end{bmatrix}$，

求解非线性方程组 $F'(X^{(1)})\Delta X^{(1)}=-F(X^{(1)})$，得

$$X^{(2)}=\Delta X^{(1)}+X^{(1)}=(1.32416,1.754873)^{\mathrm{T}}$$

计算得

$$F(X^{(2)})=\begin{bmatrix}-8\times10^{-8}\\ 8.45\times10^{-6}\end{bmatrix}$$

于是方程组的近似解为 $X^* \approx X^{(2)} = (1.32416, 1.754873)^T$。

例 2.12　北斗卫星定位算法

北斗卫星导航系统(以下简称北斗系统)是中国着眼于国家安全和经济社会发展需要，自主建设运行的全球卫星导航系统，是为全球用户提供全天候、全天时、高精度的定位、导航和授时服务的国家重要时空基础设施。北斗系统为经济和社会的发展提供了重要的时空信息保障，是中国实施改革开放 40 余年来取得的重要成就之一，是新中国成立 70 年来取得的重大科技成就之一，是中国贡献给世界的全球公共服务产品。

北斗卫星定位可通过求解伪距方程实现，所谓伪距，就是由卫星发射的测距码信号到达 GPS 接收机的传播时间乘以光速所得出的量测距离。由于卫星时钟、接收机时钟的误差以及无线电信号经过电离层和对流层时的延迟，实际测出的距离与卫星到接收机的几何距离有一定的差值，因此称测量出的距离为“伪距”。

伪距计算公式为 $\rho = c(t_u - t_s)$，其中 t_u 为接收机钟时刻，t_s 为卫星钟时刻。考虑接收机与 GPS 时间的钟差为 δ_t，卫星与 GPS 时间的钟差为 δ_{t_s}，则真实距离与伪距之间可构建伪距方程

$$\sqrt{(x-x_s)^2+(y-y_s)^2+(z-z_s)^2} = c[(t_u-\delta_t)-(t_s-\delta_{t_s})-I-T-\varepsilon] \tag{2-26}$$

其分量形式为

$$\rho_i = \sqrt{(x-x_s^{(i)})^2+(y-y_s^{(i)})^2+(z-z_s^{(i)})^2} + c\cdot\delta_t - c\cdot\delta_{t_s}^{(i)} + cI^{(i)} + cT^{(i)} + c\varepsilon \tag{2-27}$$

式中，$i=1,2,\cdots n, n\geqslant 4$；$\rho_i$ 为第 i 颗卫星测码伪距观测值；(x_s, y_s, z_s) 为第 i 颗卫星的坐标，(x, y, z) 为待求的接收机坐标；c 为光速；δ_i 为接收机钟差引起的时间延迟；$\delta_{t_s}^{(i)}$ 为卫星钟差引起的时间延迟；$cI^{(i)}$ 为电离层延迟误差；$cT^{(i)}$ 为对流层延迟误差；$c\varepsilon$ 为其他各种未考虑的因素及噪声产生的误差。

由于 $\delta_{t_s}^{(i)}$ 可以利用星历参数修正，因此 ε 很小，假设 $\delta_{t_s}^{(i)}$、$I^{(i)}$、$T^{(i)}$ 完全修正，为简化计算，伪距方程可以简化为

$$\begin{cases} \rho_1 = \sqrt{(x-x_{s,1})^2+(y-y_{s,1})^2+(z-z_{s,1})^2} + c\cdot\delta_1 \\ \rho_2 = \sqrt{(x-x_{s,2})^2+(y-y_{s,2})^2+(z-z_{s,2})^2} + c\cdot\delta_2 \\ \vdots \\ \rho_n = \sqrt{(x-x_{s,n})^2+(y-y_{s,n})^2+(z-z_{s,n})^2} + c\cdot\delta_n \end{cases} \tag{2-27}$$

若实验中的 GPS 和北斗定位系统提供了 4 颗卫星相关数据，由此即可建立包含 4 个方程的定位计算方程组

$$\begin{cases} \sqrt{(x-x_{s,1})^2+(y-y_{s,1})^2+(z-z_{s,1})^2} + c\cdot\delta_1 - \rho_1 = 0 \\ \sqrt{(x-x_{s,2})^2+(y-y_{s,2})^2+(z-z_{s,2})^2} + c\cdot\delta_2 - \rho_2 = 0 \\ \sqrt{(x-x_{s,3})^2+(y-y_{s,3})^2+(z-z_{s,3})^2} + c\cdot\delta_3 - \rho_3 = 0 \\ \sqrt{(x-x_{s,4})^2+(y-y_{s,4})^2+(z-z_{s,4})^2} + c\cdot\delta_4 - \rho_4 = 0 \end{cases} \tag{2-28}$$

引入四元非线性函数

$$f_i(x,y,z,\delta) = \sqrt{(x-x_{s,i})^2+(y-y_{s,i})^2+(z-z_{s,i})^2} + c\cdot\delta_i - \rho_i \tag{2-29}$$

利用牛顿法求解非线性方程组，建立迭代公式

$$X^{(k+1)} = X^{(k)} - F'(X^{(k)})^{-1} F(X^{(k)}) \tag{2-30}$$

其中 $X^{(k)} = (x^{(k)}, y^{(k)}, z^{(k)}, c\delta^{(k)})^{\mathrm{T}}, F(X^{(k)}) = \begin{cases} f_1(x, y, z, \delta) \\ f_2(x, y, z, \delta) \\ f_3(x, y, z, \delta) \\ f_4(x, y, z, \delta) \end{cases}$，

$$F'(X^{(k)})' = \begin{bmatrix} \frac{\partial f_1}{\partial x} & \frac{\partial f_1}{\partial y} & \frac{\partial f_1}{\partial z} & \frac{\partial f_1}{\partial \delta} \\ \frac{\partial f_2}{\partial x} & \frac{\partial f_2}{\partial y} & \frac{\partial f_2}{\partial z} & \frac{\partial f_2}{\partial \delta} \\ \frac{\partial f_3}{\partial x} & \frac{\partial f_3}{\partial y} & \frac{\partial f_3}{\partial z} & \frac{\partial f_3}{\partial \delta} \\ \frac{\partial f_4}{\partial x} & \frac{\partial f_4}{\partial y} & \frac{\partial f_4}{\partial z} & \frac{\partial f_4}{\partial \delta} \end{bmatrix} = \begin{bmatrix} \frac{x - x_{s,1}}{d_1} & \frac{y - y_{s,1}}{d_1} & \frac{z - z_{s,1}}{d_1} & 1 \\ \frac{x - x_{s,2}}{d_2} & \frac{y - y_{s,2}}{d_2} & \frac{z - z_{s,2}}{d_2} & 1 \\ \frac{x - x_{s,3}}{d_3} & \frac{y - y_{s,3}}{d_3} & \frac{z - z_{s,3}}{d_3} & 1 \\ \frac{x - x_{s,4}}{d_4} & \frac{y - y_{s,4}}{d_4} & \frac{z - z_{s,4}}{d_4} & 1 \end{bmatrix} \tag{2-31}$$

迭代公式(2-30)用矩阵表示为

$$\begin{bmatrix} x^{(k+1)} \\ y^{(k+1)} \\ z^{(k+1)} \\ c\delta^{(k+1)} \end{bmatrix} = \begin{bmatrix} x^{(k)} \\ y^{(k)} \\ z^{(k)} \\ c\delta^{(k)} \end{bmatrix} - \begin{bmatrix} \frac{x - x_{s,1}}{d_1} & \frac{y - y_{s,1}}{d_1} & \frac{z - z_{s,1}}{d_1} & 1 \\ \frac{x - x_{s,2}}{d_2} & \frac{y - y_{s,2}}{d_2} & \frac{z - z_{s,2}}{d_2} & 1 \\ \frac{x - x_{s,3}}{d_3} & \frac{y - y_{s,3}}{d_3} & \frac{z - z_{s,3}}{d_3} & 1 \\ \frac{x - x_{s,4}}{d_4} & \frac{y - y_{s,4}}{d_4} & \frac{z - z_{s,4}}{d_4} & 1 \end{bmatrix}^{-1} \begin{bmatrix} f_1 \\ f_1 \\ f_3 \\ f_4 \end{bmatrix} \tag{2-32}$$

其中，$d_i = \sqrt{(x - x_s^{(i)})^2 + (y - y_s^{(i)})^2 + (z - z_s^{(i)})^2}, i = 1, 2, \cdots, 4$。

从 2013 年 8 月 6 日中任意提取某一历元时刻的卫星数据，首先根据导航电文和星历观测文件，利用地球同步轨道(geosynchronous earth orbit，GEO)和倾斜地球同步轨道(inclined geosynchronous orbits，IGSO)/中地球轨道(medium earth orbit，MEO)卫星的位置解算法得出卫星的地心地固(earth centered earth fixed，ECEF)坐标，利用对流层延迟改正模型算法等对每颗卫星的伪距进行修正，结果见表 2-9。

表 2-9　某一观测历元时刻 BD 卫星坐标和伪距修正值

北斗卫星	卫星位置/m			修正后的伪距值
	x_i	y_i	z_i	
C14	154915.9478	27525686.4992	−4301125.4438	23388471.3077
C10	252845.0411	24582204.3715	34280375.7453	37095496.0987
C09	2723320.1073	39719880.1457	−13601638.4573	38370607.0480
C08	−23538075.4916	34498834.9981	−6454584.3921	37421845.3172
C07	−18332481.4351	19992213.3083	32246237.1111	36854910.2687

根据表 2-9 中的数据，设定计算精度要求 $|\Delta x|+|\Delta y|+|\Delta z|<10^{-1}$，这里 $\Delta x=x^{(k+1)}-x^{(k)}$，$\Delta y=y^{(k+1)}-y^{(k)}$，$\Delta z=z^{(k+1)}-z^{(k)}$，利用牛顿迭代法(2-32)求解接收机坐标，并与已知测定的接收机坐标(−2005191.2545，5411087.4956，2707880.7324)比较。计算结果见表 2-10。

表 2-10 利用牛顿法求解接收机坐标

$(x^{(0)},y^{(0)},z^{(0)})$	(0,0,0)	(100,100,100)
$(x^{(1)},y^{(1)},z^{(1)})$	(−2077006.98744784， 4699584.40794787， 2608341.57634827)	(−2077008.00156418， 4699584.70474820， 2608340.69444410)
$(x^{(2)},y^{(2)},z^{(2)})$	(−2003402.72152079， 5414258.40908579， 2707211.51007004)	(−2003402.70572609， 5414258.35761404， 2707211.50857523)
$(x^{(3)},y^{(3)},z^{(3)})$	(−2005186.66129914， 5411081.17414612， 2707880.28156211)	(−2005186.66130002， 5411081.17413427， 2707880.28156097)
$(x^{(4)},y^{(4)},z^{(4)})$	(−2005186.80260061， 5411081.17406920， 2707880.37943305	(−2005186.80260061， 5411081.17406920， 2707880.37943305)
$(x^{(5)},y^{(5)},z^{(5)})$	−2005186.80260061， 5411081.17406920， 2707880.37943305)	(−2005186.80260061， 5411081.17406920， 2707880.37943305)

由表 2-10 中的数据可知，数值结果与实际接收机坐标相近。

北斗卫星导航系统介绍

北斗卫星导航系统(简称北斗系统)是中国着眼于国家安全和经济社会发展需要，自主建设运行的全球卫星导航系统，是为全球用户提供全天候、全天时、高精度的定位、导航和授时服务的国家重要时空基础设施。北斗系统(DBS)是中国自行研制的全球卫星导航系统，也是继 GPS、GLONASS 之后的第三个成熟的卫星导航系统。

习题 2

1. 用二分法求方程 $f(x)=x^3+x^2-3x-3=0$ 在区间[1,2]上的根，要求其绝对误差不超过 10^{-2}。

2. 用二分法求方程 $f(x)=x^3+x-4=0$ 在区间[1,2]上的根，要求误差满足 $|x^*-x_k|<10^{-4}$，求所需的分半次数。

3. 用简单迭代法求方程 $f(x)=x-\mathrm{e}^{-x}=0$ 在 $\left[\frac{1}{2},\ln 2\right]$ 上的根 α，要求精确到 4 位有效数字。

4. 方程 $x^3-x-1=0$ 在 $x=1.5$ 附近有根，若将方程写成以下三种不同的等价形式：

(1) $x=\sqrt[3]{x+1}$ 对应迭代公式 $x_{n+1}=\sqrt[3]{x_n+1}$；

(2) $x=\sqrt{1+\frac{1}{x}}$ 对应迭代公式 $x_{n+1}=\sqrt{1+\frac{1}{x_n}}$；

(3) $x=x^3-1$ 对应迭代公式 $x_{k+1}=x_k^3-1$；

判断上述三种公式在 $x_0=1.5$ 处的收敛性。

5. 用迭代法的思想给出计算 $\sqrt{2+\sqrt{2+\sqrt{2+\cdots+\sqrt{2+\sqrt{2}}}}}$ 的迭代公式，讨论迭代法的收敛性，并证明 $\lim\limits_{n\to\infty}\sqrt{2+\sqrt{2+\sqrt{2+\cdots+\sqrt{2+\sqrt{2}}}}}=2$。

6. 已知 $x=\varphi(x)$ 的 $\varphi'(x)$ 满足 $|\varphi'(x)-3|<1$，试问如何利用 $\varphi(x)$ 构造一个收敛的简单迭代函数 $\phi(x)$，使 $x_{k+1}=\phi(x_k)$ 收敛。

7. 证明解方程 $f(x)=(x^3-a)^2$ 的牛顿迭代法是线性收敛的。

8. 试导出计算 $1/\sqrt{a}\ (a>0)$ 的牛顿迭代格式，使公式中既无开方，又无除法运算。

9. 应用牛顿法于方程 $f(x)=1-\frac{a}{x^2}=0$，导出求 $\sqrt{a}$ 的迭代公式，并用此公式求 $\sqrt{113}$ 的值。

10. 用牛顿法解非线性方程组

$$\begin{cases}x_1^2-10x_1+x_2^2+8=0\\x_1x_2^2+x_1-10x_2+8=0\end{cases}$$

第3章

解线性方程组的直接法

在自然科学和工程技术中，许多问题的解决常常直接或间接地归结为线性代数方程组的求解问题，例如结构分析、数据分析、电学中的网络问题，用最小二乘法求实验数据的曲线拟合问题，三次样条插值问题，用有限元法计算结构力学中的一些问题，用差分法解椭圆形微分方程边值的问题等，都会经常遇到线性方程组的求解。

世界上最早的线性方程组解法是于公元前150年左右在《九章算术》中提出来的，而西方直到17世纪才由莱布尼兹提出完整的线性方程组的求解法则。

《九章算术》第八章第[一]问：今有上禾三秉，中禾二秉，下禾一秉，实三十九斗；上禾二秉，中禾三秉，下禾一秉，实三十四斗；上禾一秉，中禾二秉，下禾三秉，实二十六斗；问上、中、下禾一秉各几何？

按照刘徽关于"方程"的解说列"方程"，实际上就是在算板上用筹码布列"方阵"，用数字代替筹码所列"方阵"为

$$\begin{matrix}\text{第一列}\cdots\\\text{第二列}\cdots\\\text{第三列}\cdots\\ \\ \end{matrix}\begin{bmatrix}1 & 2 & 3\\2 & 3 & 2\\3 & 1 & 1\\ \underset{\text{左行}}{26} & \underset{\text{中行}}{34} & \underset{\text{右行}}{39}\end{bmatrix}\begin{matrix}\text{上禾}\\\text{中禾}\\\text{下禾}\\\text{实}\end{matrix}$$

按现在的解法，首先列出方程组：设上、中、下禾一秉分别为 x_1, x_2, x_3 斗，则得方程组

$$\begin{cases}3x_1+2x_2+x_3=39\\2x_1+3x_2+x_3=34\\x_1+2x_2+3x_3=36\end{cases}$$

《九章算术》第八章方程术曰："置上禾三秉，中禾二秉，下禾一秉，实三十九斗于右方。中左禾列如右方，以右行上禾玦乘中行而以直除，又乘其次，亦以直除。然以中行中禾不尽者玦乘左行而以直除。左方下禾不尽者，上为法，下为实。实即下禾之实。求中禾，以法乘中行下实，而除下禾之实。余如中禾秉数而一，即中禾之实。求上禾亦以法乘右行下实，而除下禾中禾之实，余如上禾秉数而一，即上禾之实，实皆如法，各得一斗。"

以上方程的计算过程如下：

$$\begin{bmatrix}1 & 2 & 3\\2 & 3 & 2\\3 & 1 & 1\\26 & 34 & 39\end{bmatrix}\begin{matrix}\text{上禾}\\\text{中禾}\\\text{下禾}\\\text{实}\end{matrix}\xrightarrow{\text{玦乘}}\begin{bmatrix}1 & 6 & 3\\2 & 9 & 2\\3 & 3 & 1\\26 & 102 & 39\end{bmatrix}\begin{matrix}\text{上禾}\\\text{中禾}\\\text{下禾}\\\text{实}\end{matrix}\xrightarrow{\text{直除}}\begin{bmatrix}1 & 0 & 3\\2 & 5 & 2\\3 & 1 & 1\\26 & 24 & 39\end{bmatrix}\begin{matrix}\text{上禾}\\\text{中禾}\\\text{下禾}\\\text{实}\end{matrix}$$

$$\xrightarrow{\text{直除}}\begin{bmatrix}0&0&3\\4&5&2\\8&1&1\\39&24&39\end{bmatrix}\begin{matrix}\text{上禾}\\\text{中禾}\\\text{下禾}\\\text{实}\end{matrix}\xrightarrow{\text{互乘}}\begin{bmatrix}0&0&3\\20&5&2\\40&1&1\\195&24&39\end{bmatrix}\begin{matrix}\text{上禾}\\\text{中禾}\\\text{下禾}\\\text{实}\end{matrix}\xrightarrow{\text{直除}}\begin{bmatrix}0&0&3\\0&5&2\\36&1&1\\99&24&39\end{bmatrix}\begin{matrix}\text{上禾}\\\text{中禾}\\\text{下禾}\\\text{实}\end{matrix}$$

$$\text{下禾一秉之实}=\frac{99}{36}=2\ \frac{3}{4}$$

$$\text{中禾之实}=\frac{24\times 36-99}{5}=153$$

$$\text{中禾一秉之实}=\frac{153}{36}=4\ \frac{1}{4}$$

$$\text{上禾之实}=\frac{39\times 36-99-2\times 153}{3}=333$$

$$\text{上禾一秉之实}=\frac{333}{36}=9\ \frac{1}{4}$$

《九章算术》中利用“方程术”的思想求解线性方程组，将方程组的系数和常数项用算筹摆成“方阵”，消元的过程相当于现代大学课程“高等代数”中的线性变换。

目前，求解线性方程组的数值方法大体上可分为直接法和迭代法两大类，其中直接法在不考虑舍入误差的情况下经过有限次运算即可求得精确解；而迭代法则从一个初始向量出发，按照一定的计算公式逐次逼近精确解。

设有 n 阶线性代数方程组

$$\begin{cases}a_{11}x_1+a_{12}x_2+\cdots+a_{1n}x_n=b_1\\a_{21}x_1+a_{22}x_2+\cdots+a_{2n}x_n=b_2\\\qquad\qquad\vdots\\a_{n1}x_1+a_{n2}x_2+\cdots+a_{nn}x_n=b_n\end{cases}$$

或写成矩阵形式

$$\boldsymbol{Ax}=\boldsymbol{b}$$

其中 $\boldsymbol{A}=(a_{ij}),i,j=1,2,\cdots,n$；$\boldsymbol{x}=(x_1,x_2,\cdots,x_n)^{\mathrm{T}}$；$\boldsymbol{b}=(b_1,b_2,\cdots,b_n)^{\mathrm{T}}$。如果系数矩阵 $\boldsymbol{A}$ 为非奇异矩阵，即 $\boldsymbol{A}$ 的行列式不等于零，则记为

$$D=\det \boldsymbol{A}\neq 0$$

原则上，该方程组 $\boldsymbol{Ax}=\boldsymbol{b}$ 的解可用克莱姆(Cramer)法则表示出来，即

$$x_j=D_j/D,(j=1,2,\cdots,n)$$

其中 D_j 是把系数行列式 D 中第 j 列的元素用方程组右端 $\boldsymbol{b}$ 的对应元素代替后得到的 n 阶行列式。克莱姆法则是直接法中的一种。当方程组阶数 n 较高时，用克莱姆法则求解的计算量相当大。例如，当 $n=20$ 时，需要计算 21 个 20 阶的行列式。按行列式的定义，每个 20 阶的行列式有 20!个项，每项有 20 个因子相乘，用此法计算需要 $21\times 20!\times 19$ 次乘法运算，即使用每秒能做 10 亿次乘法运算的计算机，也需要几万年才能完成，因此克莱姆法则只适用于解阶数极低的方程组，在实际工作中很少使用，需要寻求更为有效的方法。

本章将介绍其他求解线性方程组的直接法。常用的直接法有消去法、三角分解法和追赶法等。

3.1 顺序高斯消去法和高斯-约当消去法

用消去法解二元一次方程组或三元一次方程组是大家熟悉的方法，对含有更多未知数的线性代数方程组，它也是适用的。在电子计算机普及的今天，深入讨论这一古老方法仍然是十分有益的。

3.1.1 顺序高斯消去法

顺序高斯消去法实质上是加减消元法，顺序高斯消去法(以下简称为高斯消去法)的基本思想是将方程组用初等行变换的方法化为三角形式的等价方程组。相比之下，求解三角形方程组要容易得多，下面举一个简单的例子来说明高斯消去法的这一基本思想。

例 3.1 用高斯消去法解线性方程组

$$\begin{cases} 2x_1+2x_2+2x_3=1 & ① \\ 3x_1+2x_2+4x_3=\dfrac{1}{2} & ② \\ x_1+3x_2+9x_3=\dfrac{5}{2} & ③ \end{cases}$$

解

令①$\times\left(-\dfrac{3}{2}\right)$+②，①$\times\left(-\dfrac{1}{2}\right)$+③，得

$$\begin{cases} 2x_1+2x_2+2x_3=1 & ④ \\ -x_2+x_3=-1 & ⑤ \\ 2x_2+8x_3=2 & ⑥ \end{cases}$$

令⑤$\times 2$+⑥，得

$$\begin{cases} 2x_1+2x_2+2x_3=1 \\ -x_2+x_3=-1 \\ 10x_3=0 \end{cases}$$

再用回代法得方程组的解为 $x_3=0, x_2=1, x_1=-\dfrac{1}{2}$。

也可用矩阵的初等变换来描述消去法的约化过程，即

$$[\boldsymbol{A},\boldsymbol{b}]=\begin{bmatrix} 2 & 2 & 2 & 1 \\ 3 & 2 & 4 & \dfrac{1}{2} \\ 1 & 3 & 9 & \dfrac{5}{2} \end{bmatrix} \xrightarrow[r_1\times\left(-\frac{1}{2}\right)+r_3\to r_3]{r_1\times\left(-\frac{3}{2}\right)+r_2\to r_2} \begin{bmatrix} 2 & 2 & 2 & 1 \\ 0 & -1 & 1 & -1 \\ 0 & 2 & 8 & 2 \end{bmatrix}$$

$$\xrightarrow{r_2\times 2+r_3\to r_3} \begin{bmatrix} 2 & 2 & 2 & 1 \\ 0 & -1 & 1 & -1 \\ 0 & 0 & 10 & 0 \end{bmatrix}$$

回代得方程组的解为 $x_3=0, x_2=1, x_1=-\dfrac{1}{2}$。

下面将例 3.1 的方法推广到一般线性方程组求解问题。

高斯消去法算法步骤如下。

步骤 1：消元过程。

记

$$a_{ij}^{(1)}=a_{ij},b_i^{(1)}=b_i(i,j=1,2,\cdots,n)$$

对于 $k=1,2,\cdots,n-1$(k 列)，执行：

(1) 如果 $a_{kk}^{(k)}=0$，则算法失效，停止计算；否则转(2)；

(2) 对于 $i=k+1,k+2,\cdots n$(i 行)，计算

$$\begin{aligned}&m_{ik}=a_{ik}^{(k)}/a_{kk}^{(k)}\\&a_{ij}^{(k+1)}=a_{ij}^{(k)}-m_{ik}a_{kj}^{(k)}\quad(j=k+1,k+2,\cdots,n)\\&b_i^{(k+1)}=b_i^{(k)}-m_{ik}b_k^{(k)}\end{aligned}$$

步骤 2：回代过程。

$$x_n=b_n^{(n)}/a_{nn}^{(n)}$$

$$x_k=\left(b_k^{(k)}-\sum_{j=k+1}^{n}a_{kj}^{(k)}x_j\right)/a_{kk}^{(k)}(k=n-1,n-2,\cdots,1)$$

注：(1) 消元中，乘除法的计算工作量为$\frac{1}{3}n^3+\frac{n^2}{2}-\frac{5n}{6}$，当 n 较大时，约为$\frac{1}{3}n^3$；加减法次数为$\frac{1}{6}n(n-1)(2n-1)$，当 n 较大时，约为$\frac{1}{3}n^3$；回代中乘除法次数为$\frac{n(n+1)}{2}$。高斯法的乘除法总计算量为$\frac{1}{3}n^3+n^2-\frac{n}{3}$。

(2) 保证高斯消去法稳定性的前提是主元素 $a_{kk}^{(k)}\neq0(k=1,2,\cdots,n)$。

定理 3.1 高斯消去法的主元素 $a_{kk}^{(k)}\neq0$ 的充要条件是矩阵 $\boldsymbol{A}$ 的顺序主子式

$$D_k\neq0\ (k=1,2,\cdots,n)$$

证 必要性。因主元素 $a_{kk}^{(k)}\neq0(k=1,2,\cdots,n)$，可进行 $k(k\leqslant n)$步消元，每步消元过程不改变顺序主子式的值，于是

$$D_k=a_{11}^{(1)}\cdots a_{kk}^{(k)}(k=1,2,\cdots,n)$$

由此可知 $D_k\neq0,(k=1,2,\cdots,n)$，必要性得证。

充分性。用归纳法证明。当 $n=1$ 时，命题显然成立。假设命题对 $n-1$ 成立。设 $D_k\neq0$ $(k=1,2,\cdots,n)$。由归纳法假设有 $a_{kk}^{(k)}\neq0(k=1,2,\cdots,n-1)$，高斯消去法可以进行 $n-1$ 步，$\boldsymbol{A}$ 约化为

$$\boldsymbol{A}^{(n-1)}=\begin{pmatrix}\boldsymbol{A}_{11}&\boldsymbol{A}_{12}\\&\boldsymbol{A}_{22}\end{pmatrix}$$

其中 $\boldsymbol{A}_{11}$ 是对角元为 $a_{11}^{(1)},a_{22}^{(2)},\cdots,a_{n-1n-1}^{(n-1)}$ 的上三角阵。因 $\boldsymbol{A}^{(n-1)}$ 是通过 $n-1$ 步消元得到的，每步消元过程不改变顺序主子式的值，所以 $\boldsymbol{A}$ 的 n 阶顺序主子式等于 $\boldsymbol{A}^{(n-1)}$ 的 n 阶顺序主子式，即

$$D_n=\det\begin{pmatrix}\boldsymbol{A}_{11}&*\\&a_{nn}^{(n)}\end{pmatrix}=a_{11}^{(1)}\cdots a_{n-1n-1}^{(n-1)}a_{nn}^{(n)}$$

由 $D_n\neq0$ 知 $a_{nn}^{(n)}\neq0$，充分性得证。

证毕。

当系数矩阵 **A** 的各阶顺序主子式不为零时，高斯消去法能进行到底。但是，当 $|a_{kk}^{(k)}|\neq 0$ 但 $|a_{kk}^{(k)}|$ 很小时，会损失精度和计算溢出，这时顺序高斯消去法的数值稳定性是没有保证的。

3.1.2 高斯-约当消去法

高斯消去法将给定方程组化为三角形方程组。将给定方程组通过加减消元化为对角形方程组的方法称为高斯-约当(Gauss-Jordan)消去法。

$$\begin{cases} a_{11}x_1 & & & = b_1 \\ & a_{22}x_2 & & = b_2 \\ & & \ddots & \vdots \\ & & a_{nn}x_n & = b_n \end{cases}$$

例 3.2 用高斯-约当消去法求解方程组

$$\begin{cases} 2x_1+2x_2+2x_3=1 & ① \\ 3x_1+2x_2+4x_3=\dfrac{1}{2} & ② \\ x_1+3x_2+9x_3=\dfrac{5}{2} & ③ \end{cases}$$

解 令①$\times\left(-\dfrac{3}{2}\right)$+②，①$\times\left(-\dfrac{1}{2}\right)$+③，得

$$\begin{cases} 2x_1+2x_2+2x_3=1 & ④ \\ -x_2+x_3=-1 & ⑤ \\ 2x_2+8x_3=2 & ⑥ \end{cases}$$

令⑤×2+④，⑤×2+⑥，得

$$\begin{cases} 2x_1 \quad + 4x_3=-1 & ⑦ \\ -x_2+ x_3=-1 & ⑧ \\ 10x_3=0 & ⑨ \end{cases}$$

令⑨$\times\left(-\dfrac{4}{10}\right)$+⑦，⑨$\times\left(-\dfrac{1}{10}\right)$+⑧，得

$$\begin{cases} 2x_1 & & =-1 \\ & -x_2 & =-1 \\ & 10x_3 & =0 \end{cases}$$

不用回代，即可求得方程组的解 $x_1=-\dfrac{1}{2}, x_2=1, x_3=0$。

注：高斯-约当消去法是无回代的消去法，所需的乘除法次数约为 $\dfrac{1}{2}n^3$(当 n 较大时)，比高斯消去法(有回代的消去法)的乘除运算次数多。

3.2　高斯主元素消去法

用高斯消去法解 $\boldsymbol{Ax}=\boldsymbol{b}$ 时，设 $\boldsymbol{A}$ 为非奇异矩阵，可能出现 $a_{kk}^{(k)}=0$ 的情况，这时必须进行带行交换的高斯消去法。但在实际计算中，即使 $a_{kk}^{(k)}\neq 0$，但当其绝对值很小时，用 $a_{kk}^{(k)}$ 作除数会导致在计算过程中矩阵 $\boldsymbol{A}$ 元素的数量级严重增长和舍入误差的扩散，量变引起质变，当“量”累积到一定程度时，就会导致“质”变，使得最后的计算结果出现错误。

例 3.3　求解方程组

$$\begin{cases}0.0001x_1+x_2=1\\ x_1+x_2=2\end{cases}$$

解　方程组的精确解为 $x_1=\dfrac{1}{1-10^{-4}}\approx 1, x_2=2-x_1\approx 1$。

方法 1：用高斯消去法求解(用 3 位有效数字进行运算)。

$$[\boldsymbol{A},\boldsymbol{b}]=\begin{bmatrix}0.0001 & 1 & 1\\ 1 & 1 & 2\end{bmatrix}\rightarrow\begin{bmatrix}0.0001 & 1 & 1\\ 0 & -9990 & -9990\end{bmatrix}$$

回代得 $x_1=0.00, x_2=1.00$。与精确解比较，方法 1 的解是一个很差的结果。

方法 2：用具有行交换的高斯消去法(避免小主元)。

$$[\boldsymbol{A},\boldsymbol{b}]=\begin{bmatrix}0.0001 & 1 & 1\\ 1 & 1 & 2\end{bmatrix}\xrightarrow[r_1\leftrightarrow r_2]{}\begin{bmatrix}1 & 1 & 2\\ 0.0001 & 1 & 1\end{bmatrix}$$

$$\xrightarrow[r_1\times(-0.0001)+r_2\rightarrow r_2]{}\begin{bmatrix}1 & 1 & 2\\ 0 & 1.00 & 1.00\end{bmatrix}$$

回代得 $x_1=1.00, x_2=1.00$。这是一个很好的结果。

方法 1 计算失败的原因是用了一个绝对值很小的数作除数，乘数很大，会引起约化中间结果数量级严重增长，再舍入就使得计算结果不可靠了。

这个例子告诉我们，在采用高斯消去法解方程组时，小主元可能导致计算失败，故在消去法中应避免采用绝对值很小的主元素。对一般方程组，需要引进选主元的技巧，即在高斯消去法的每一步都应该在系数矩阵或消元后的低阶矩阵中选取绝对值最大的元素作为主元素，保持乘数 $|m_{ik}|\leqslant 1$，以便减少计算过程中的舍入误差对计算结果的影响。

这个例子还告诉我们，对同一数值问题，用不同的计算方法，得到的结果的精度也会大不一样。对于一个计算方法来说，如果在用此方法的计算过程中舍入误差能得到控制，对计算结果影响较小，则称此方法为数值稳定的；反之，如果在用此方法的计算过程中舍入误差增长迅速，计算结果受舍入误差影响较大，则称此方法为数值不稳定的。因此，在解数值问题时，应选择和使用数值稳定的计算方法，否则可能导致计算失败。

因此，例 3.3 中，方法 2 的算法是数值稳定的，方法 1 是数值不稳定的。方法 2 中引进了选主元的技巧，这种方法称为高斯列主元(素)消去法，此外还有高斯完全主元(素)消去法。

3.2.1　高斯列主元消去法

已知交换方程组中任意两个方程的位置不会影响方程组的解。按列选主元素的高斯消去法就是从这一点出发的。简单地说,列主元消去法就是在进行第 k 次消元前先选出 $a_{ik}^{(k)}$ $(i=k,k+1,\cdots,n)$ 中绝对值最大的元素作为主元素,并把它所在的行与第 k 行对换后再进行消元。

高斯列主元消去法的算法如下:记 $a_{ij}^{(1)}=a_{ij}, b_i^{(1)}=b_i(i,j=1,2,\cdots,n)$。

步骤 1:消元过程。

对于 $k=1,2,\cdots,n-1$(第 k 列)执行:

(1) 选行号 i_k,使 $a_{i_k k}^{(k)}=\max\limits_{k\leqslant i\leqslant n}|a_{ik}^{(k)}|$(当 $a_{i_k k}^{(k)}=0$ 时停机);

(2) 交换 $a_{kj}^{(k)}$ 与 $a_{i_k j}^{(k)}(j=k,k+1,k+2,\cdots n)$ 以及 $b_k^{(k)}$ 与 $b_{i_k}^{(k)}$ 所含的数值(换行);

(3) 对于 $i=k+1,k+2,\cdots,n$,计算(对 i 行高斯消元)

$$m_{ik}=a_{ik}^{(k)}/a_{kk}^{(k)}$$

$$a_{ij}^{(k+1)}=a_{ij}^{(k)}-m_{ik}a_{kj}^{(k)}(j=k+1,k+2,\cdots,n)$$

$$b_i^{(k+1)}=b_i^{(k)}-m_{ik}b_k^{(k)}$$

步骤 2:回代过程。

$$x_n=b_n^{(n)}/a_{nn}^{(n)}$$

$$x_k=(b_k^{(k)}-\sum_{j=k+1}^{n}a_{kj}^{(k)}x_j)/a_{kk}^{(k)}(k=n-1,n-2,\cdots,1)$$

注:(1) 列主元消去法避免了舍入误差放大,算法更稳定,但计算量大增。

(2) $a_{i_k k}^{(k)}(k=1,2,\cdots,n-1)$ 称为第 k 个列主元素,它的数值总要被交换到第 k 个主对角线元素的位置上。

定理 3.2 线性方程组 $\boldsymbol{Ax}=\boldsymbol{b}$ 的系数矩阵 $\boldsymbol{A}$ 非奇异,则用列主元素高斯消去法求解方程组时,各个列主元素 $a_{i_k k}^{(k)}(k=1,2,\cdots,n-1)$ 均不为零。

证 用反证法。假设存在某个 $k(1\leqslant k\leqslant n-1)$,前 $k-1$ 个列主元素不为零,而 $a_{i_k k}^{(k)}=0$,则有 $a_{ik}^{(k)}=0(i=k,k+1,\cdots,n)$。由行列式性质可知

$$\det\boldsymbol{A}=\pm\begin{vmatrix} a_{11}^{(1)} & \cdots & a_{1,k-1}^{(1)} & a_{1,k}^{(1)} & a_{1,k+1}^{(1)} & \cdots & a_{1n}^{(1)} \\ & \ddots & \vdots & \vdots & \vdots & & \vdots \\ & & a_{k-1,k-1}^{(k-1)} & a_{k-1,k}^{(k-1)} & a_{k-1,k+1}^{(k-1)} & \cdots & a_{k-1,n}^{(k-1)} \\ & & & 0 & a_{k,k+1}^{(k)} & \cdots & a_{kn}^{(k)} \\ & & & \vdots & \vdots & & \vdots \\ & & & 0 & a_{n,k+1}^{(k)} & \cdots & a_{nn}^{(k)} \end{vmatrix}$$

$$=\pm a_{11}^{(1)}\cdots a_{k-1,k-1}^{(k-1)}\begin{vmatrix} 0 & a_{k,k+1}^{(k)} & \cdots & a_{kn}^{(k)} \\ \vdots & \vdots & & \vdots \\ 0 & a_{n,k+1}^{(k)} & \cdots & a_{nn}^{(k)} \end{vmatrix}=0$$

与 $\boldsymbol{A}$ 非奇异相矛盾,故 $a_{i_k k}^{(k)}(k=1,2,\cdots,n-1)$ 均不为零。

证毕。

例 3.4 用列主元高斯消去法解方程组

$$\begin{bmatrix} 3 & 1 & 6 \\ 2 & 1 & 3 \\ 1 & 1 & 1 \end{bmatrix}\begin{bmatrix} x_1 \\ x_2 \\ x_3 \end{bmatrix}=\begin{bmatrix} 2 \\ 7 \\ 4 \end{bmatrix}$$

解

$$\begin{bmatrix}3&1&6&2\\2&1&3&7\\1&1&1&4\end{bmatrix}\xrightarrow[r_1\times\left(-\frac{1}{3}\right)+r_3\to r_3]{r_1\times\left(-\frac{2}{3}\right)+r_2\to r_2}\begin{bmatrix}3&1&6&2\\0&\frac{1}{3}&-1&\frac{17}{3}\\0&\frac{2}{3}&-1&\frac{10}{3}\end{bmatrix}\xrightarrow{r_2\leftrightarrow r_3}$$

$$\begin{bmatrix}3&1&6&2\\0&\frac{2}{3}&-1&\frac{10}{3}\\0&\frac{1}{3}&-1&\frac{17}{3}\end{bmatrix}\xrightarrow{r_2\times\left(-\frac{1}{2}\right)+r_3\to r_3}\begin{bmatrix}3&1&6&2\\0&\frac{2}{3}&-1&\frac{10}{3}\\0&0&-\frac{1}{2}&4\end{bmatrix}$$

回代解得 $x_3=-8, x_2=-7, x_1=19$。

3.2.2 高斯完全主元消去法

在第 k 步消元时，在 $\boldsymbol{A}^{(k)}$ 的右下方 $(n-k+1)$ 阶矩阵的所有元素 $a_{ij}^{(k)}(i,j\geqslant k)$ 中，选取绝对值最大者作为主元，并将其对换到第 k 行第 k 列的位置上，再做消元计算。

高斯完全主元消去法和高斯列主元消去法相比，每步消元过程所选主元的范围更大，故它对控制舍入误差更有效，求解结果更加可靠。但高斯完全主元消去法在计算过程中需要同时进行行与列的互换，因此程序比较复杂，计算时间较长。高斯列主元法的精度虽稍低于高斯完全主元法，但其计算简单，工作量大幅减少，且计算经验与理论分析均表明它与高斯完全主元法同样具有良好的数值稳定性，故高斯列主元法是求解中小型稠密线性方程组的较好方法。

3.3 三角分解法

现用矩阵理论来研究高斯消去法，高斯消去法实质上就是利用矩阵的初等行变换，化原方程组为三角形方程组。

将系数矩阵 $\boldsymbol{A}$ 分解为一个下三角矩阵 $\boldsymbol{L}$ 和一个上三角矩阵 $\boldsymbol{U}$ 的乘积，表示为 $\boldsymbol{A}=\boldsymbol{LU}$，称为系数矩阵 $\boldsymbol{A}$ 的直接三角分解式，简称为 $\boldsymbol{A}$ 的 $\boldsymbol{LU}$ 分解。

解线性方程组的直接三角分解法思路为

$$\boldsymbol{Ax}=\boldsymbol{b}\Leftrightarrow\boldsymbol{L}(\boldsymbol{Ux})=\boldsymbol{b}\Leftrightarrow\boldsymbol{Ly}=\boldsymbol{b},\boldsymbol{Ux}=\boldsymbol{y}$$

由下三角方程组 $\boldsymbol{Ly}=\boldsymbol{b}$ 可解出 $\boldsymbol{y}$，再由上三角方程组 $\boldsymbol{Ux}=\boldsymbol{y}$ 解出 $\boldsymbol{x}$。

3.3.1 杜利特尔分解法

如果矩阵 $\boldsymbol{A}$ 的各阶顺序主子式不为零，则 $\boldsymbol{A}$ 可分解成一个单位下三角阵与一个上三角阵的乘积

$$\begin{bmatrix} a_{11} & a_{12} & a_{13} & \cdots & a_{1n} \\ a_{21} & a_{22} & a_{23} & \cdots & a_{2n} \\ a_{31} & a_{32} & a_{33} & \cdots & a_{3n} \\ \vdots & \vdots & \vdots & \vdots & \vdots \\ a_{n1} & a_{n2} & a_{n3} & \cdots & a_{nn} \end{bmatrix} = \begin{bmatrix} 1 & & & & \\ l_{21} & 1 & & & \\ l_{31} & l_{32} & 1 & & \\ \vdots & \vdots & \vdots & \ddots & \\ l_{n1} & l_{n2} & l_{n3} & \cdots & 1 \end{bmatrix} \begin{bmatrix} u_{11} & u_{12} & u_{13} & \cdots & u_{1n} \\ & u_{22} & u_{23} & \cdots & u_{2n} \\ & & u_{33} & \cdots & u_{3n} \\ & & & \ddots & \vdots \\ & & & & u_{nn} \end{bmatrix}$$

即 $\boldsymbol{A}=\boldsymbol{LU}$，称之为矩阵 $\boldsymbol{A}$ 的杜利特尔(Doolittle)分解。

定义 3.1 称 $n\times n$ 矩阵

$$\boldsymbol{P}_k = \begin{bmatrix} 1 & & & & & \\ & \ddots & & & & \\ & & 1 & & & \\ & & p_{k+1,k} & 1 & & \\ & & \vdots & & \ddots & \\ & & p_{n,k} & & & 1 \end{bmatrix} \quad (k=1,2,\cdots,n-1) \tag{3-1}$$

为初等下三角矩阵。

定理 3.3 矩阵 $\boldsymbol{A}=(a_{ij})_{n\times n}(n\geqslant 2)$ 有唯一的杜利特尔分解的充分必要条件是 $\boldsymbol{A}$ 的前 $n-1$ 个顺序主子式 $D_k\neq 0(k=1,2,\cdots,n-1)$。

证 充分性。因 $D_k\neq 0(k=1,2,\cdots,n-1)$，根据定理 3.1，可对矩阵 $\boldsymbol{A}$ 进行顺序高斯消去法中的初等行变换，把 A 变换为上三角矩阵，其变换过程相当于

$$\boldsymbol{P}_{n-1}\cdots\boldsymbol{P}_2\boldsymbol{P}_1\boldsymbol{A}=\boldsymbol{U}$$

其中 $\boldsymbol{P}_k(k=1,2,\cdots,n-1)$ 为式(3-1)的初等下三角矩阵，$\boldsymbol{P}_k$ 中的 $p_{ik}(i=k+1,\cdots,n)$ 是顺序高斯消去法中的行乘数 $-m_{ik}$；$\boldsymbol{U}$ 为上三角矩阵，并且其主对角线元素 $u_{kk}=a_{kk}^{(k)}\neq 0(k=1,2,\cdots,n-1)$。若 $\boldsymbol{A}$ 非奇异，则 $u_{nn}\neq 0$；若 $\boldsymbol{A}$ 奇异，则 $u_{nn}=0$。

由 $\boldsymbol{P}_{n-1}\cdots\boldsymbol{P}_2\boldsymbol{P}_1\boldsymbol{A}=\boldsymbol{U}$，得

$$\boldsymbol{A}=\boldsymbol{P}_1^{-1}\boldsymbol{P}_2^{-1}\cdots\boldsymbol{P}_{n-1}^{-1}\boldsymbol{U}$$

记 $\boldsymbol{L}=\boldsymbol{P}_1^{-1}\boldsymbol{P}_2^{-1}\cdots\boldsymbol{P}_{n-1}^{-1}$，$\boldsymbol{L}$ 是单位下三角矩阵，于是有

$$\boldsymbol{A}=\boldsymbol{LU}$$

现在证明唯一性。设 $\boldsymbol{A}$ 有两种杜利特尔分解，即

$$\boldsymbol{A}=\boldsymbol{LU}=\boldsymbol{L}^*\boldsymbol{U}^*$$

当 $\boldsymbol{A}$ 非奇异时，$\boldsymbol{U}$ 和 $\boldsymbol{U}^*$ 都非奇异，由式 $\boldsymbol{A}=\boldsymbol{LU}=\boldsymbol{L}^*\boldsymbol{U}^*$，得

$$\boldsymbol{U}\boldsymbol{U}^{*-1}=\boldsymbol{L}^{-1}\boldsymbol{L}^*$$

由于 $\boldsymbol{L}^{-1}\boldsymbol{L}^*$ 是单位下三角矩阵，$\boldsymbol{U}\boldsymbol{U}^{*-1}$ 是上三角矩阵，所以它们只能是单位矩阵，即

$$\boldsymbol{U}\boldsymbol{U}^{*-1}=\boldsymbol{L}^{-1}\boldsymbol{L}^*=\boldsymbol{I}$$

因此 $\boldsymbol{U}=\boldsymbol{U}^*$，$\boldsymbol{L}=\boldsymbol{L}^*$。

当 $\boldsymbol{A}$ 奇异时，$\boldsymbol{U}$ 和 $\boldsymbol{U}^*$ 都奇异，且它们的主对角线元素 u_{ii} 和 u_{ii}^* 都满足 $u_{ii}\neq 0, u_{ii}^*\neq 0$ $(i=1,2,\cdots,n-1)$，$u_{nn}=0, u_{nn}^*=0$。把 $\boldsymbol{LU}=\boldsymbol{L}^*\boldsymbol{U}^*$ 写成

$$\begin{bmatrix} \boldsymbol{L}_{n-1} & \boldsymbol{O} \\ \boldsymbol{r}^{\mathrm{T}} & 1 \end{bmatrix}\begin{bmatrix} \boldsymbol{U}_{n-1} & \boldsymbol{s} \\ \boldsymbol{O} & 0 \end{bmatrix}=\begin{bmatrix} \boldsymbol{L}_{n-1}^* & \boldsymbol{O} \\ \boldsymbol{r}^{*\mathrm{T}} & 1 \end{bmatrix}\begin{bmatrix} \boldsymbol{U}_{n-1}^* & \boldsymbol{s}^* \\ \boldsymbol{O} & 0 \end{bmatrix}$$

由此可知

$$\boldsymbol{L}_{n-1}\boldsymbol{U}_{n-1}=\boldsymbol{L}_{n-1}^{*}\boldsymbol{U}_{n-1}^{*},\boldsymbol{r}^{\mathrm{T}}\boldsymbol{U}_{n-1}=\boldsymbol{r}^{*\mathrm{T}}\boldsymbol{U}_{n-1}^{*},\boldsymbol{L}_{n-1}\boldsymbol{s}=\boldsymbol{L}_{n-1}^{*}\boldsymbol{s}^{*}$$

由于$\boldsymbol{U}_{n-1}$和$\boldsymbol{U}_{n-1}^{*}$非奇异，故有

$$\boldsymbol{L}_{n-1}=\boldsymbol{L}_{n-1}^{*},\boldsymbol{U}_{n-1}=\boldsymbol{U}_{n-1}^{*},\boldsymbol{r}^{\mathrm{T}}=\boldsymbol{r}^{*\mathrm{T}},\boldsymbol{s}=\boldsymbol{s}^{*}$$

因此$\boldsymbol{U}=\boldsymbol{U}^{*}$，$\boldsymbol{L}=\boldsymbol{L}^{*}$。

必要性。设矩阵$\boldsymbol{A}$有唯一杜利特尔分解$\boldsymbol{A}=\boldsymbol{L}\boldsymbol{U}$，此时必有$u_{ii}\neq 0(i=1,2,\cdots,n-1)$；否则就存在$u_{kk}=0(1\leqslant k\leqslant n-1)$，而$u_{11},u_{22},\cdots,u_{k-1,k-1}$不为零。那么由

$$\boldsymbol{A}_{k+1}=\begin{bmatrix}\boldsymbol{A}_k & \boldsymbol{y}\\ \boldsymbol{x}^{\mathrm{T}} & a_{k+1,k+1}\end{bmatrix}=\begin{bmatrix}\boldsymbol{L}_k & \boldsymbol{O}\\ \boldsymbol{r}^{\mathrm{T}} & 1\end{bmatrix}\begin{bmatrix}\boldsymbol{U}_k & \boldsymbol{s}\\ \boldsymbol{O} & u_{k+1,k+1}\end{bmatrix}$$

（其中$\boldsymbol{A}_k$、$\boldsymbol{L}_k$和$\boldsymbol{U}_k$分别是$\boldsymbol{A}$、$\boldsymbol{L}$和$\boldsymbol{U}$的k阶顺序主子矩阵）可知

$$\boldsymbol{x}^{\mathrm{T}}=\boldsymbol{r}^{\mathrm{T}}\boldsymbol{U}_k,\boldsymbol{U}_k^{\mathrm{T}}\boldsymbol{r}=\boldsymbol{x}$$

因为$\boldsymbol{U}_k$奇异，故$\boldsymbol{r}$不存在或存在不唯一，这与矩阵$\boldsymbol{A}$有唯一的杜利特尔分解相矛盾。由$u_{ii}\neq 0(i=1,2,\cdots,n-1)$以及$\boldsymbol{A}_k=\boldsymbol{L}_k\boldsymbol{U}_k$可知

$$D_k=\det\boldsymbol{A}_k=u_{11}u_{22}\cdots u_{kk}\neq 0(k=1,2,\cdots,n-1)$$

证毕。

杜利特尔分解法算法如下。

步骤 1：（计算$\boldsymbol{U}$的第 1 行，$\boldsymbol{L}$的第 1 列）

$$u_{1j}=a_{1j}(j=1,2,\cdots,n),l_{i1}=a_{i1}/u_{11}(i=2,3,\cdots,n)$$

步骤 2：（计算$\boldsymbol{U}$的第k行，$\boldsymbol{L}$的第k列$(k=2,3,\cdots,n)$）

$$\begin{cases}u_{kj}=a_{kj}-\sum\limits_{t=1}^{k-1}l_{kt}u_{tj} & (j=k,k+1,\cdots,n)\\ l_{ik}=\left(a_{ik}-\sum\limits_{t=1}^{k-1}l_{it}u_{tk}\right)/u_{kk} & (i=k+1,k+2,\cdots,n;k<n)\end{cases}\tag{3-2}$$

步骤 3：（由$\boldsymbol{L}\boldsymbol{y}=\boldsymbol{b}$解$\boldsymbol{y}$）

$$y_1=b_1,y_k=b_k-\sum_{i=1}^{k-1}l_{ki}y_i\quad(k=2,3,\cdots,n)$$

步骤 4：（$Ux=y$解x）

$$x_n=y_n/u_{nn},x_k=\left(y_k-\sum_{i=k+1}^{n}u_{ki}x_i\right)/u_{kk}(k=n-1,n-2,\cdots,1)$$

例 3.5　求矩阵$\boldsymbol{A}=\begin{bmatrix}2 & 2 & 3\\ 4 & 7 & 7\\ -2 & 4 & 5\end{bmatrix}$的杜利特尔三角分解。

解　方法一：

(2)2	(2)2	(3)3
(4)$\frac{4}{2}=2$	(7)$7-2\times 2=3$	(7)$7-2\times 3=1$
(−2)$\frac{-2}{2}=-1$	(4)$\frac{4-(-1)\times 2}{3}=2$	(5)$5-(-1)\times 3-2\times 1=6$

$$\boldsymbol{A}=\boldsymbol{LU}=\begin{bmatrix}1 & & \\ 2 & 1 & \\ -1 & 2 & 1\end{bmatrix}\begin{bmatrix}2 & 2 & 3\\ & 3 & 1\\ & & 6\end{bmatrix}$$

方法二：

$$\boldsymbol{A}=\begin{bmatrix}2 & 2 & 3\\ 4 & 7 & 7\\ -2 & 4 & 5\end{bmatrix}\to\begin{bmatrix}1 & & \\ & 1 & \\ & & 1\end{bmatrix}\begin{bmatrix}2 & 2 & 3\\ & & \\ & & \end{bmatrix}\to\begin{bmatrix}1 & & \\ \underset{\left(\frac{a_{i1}}{u_{11}}=\frac{4}{2}\right)}{2} & 1 & \\ \underset{\left(\frac{a_{i1}}{u_{11}}=\frac{-2}{2}\right)}{-1} & & 1\end{bmatrix}\begin{bmatrix}2 & 2 & 3\\ & & \\ & & \end{bmatrix}$$

$$\to\begin{bmatrix}1 & & \\ 2 & 1 & \\ -1 & & 1\end{bmatrix}\begin{bmatrix}2 & 2 & 3\\ & \underset{(7-2\times 2)}{3} & \underset{(7-2\times 3)}{1}\\ & & \end{bmatrix}\to\begin{bmatrix}1 & & \\ 2 & 1 & \\ -1 & \underset{\left(\frac{4-(-1)\times 2}{3}\right)}{2} & 1\end{bmatrix}\begin{bmatrix}2 & 2 & 3\\ & 3 & 1\\ & & \end{bmatrix}$$

$$\to\begin{bmatrix}1 & & \\ 2 & 1 & \\ -1 & 2 & 1\end{bmatrix}\begin{bmatrix}2 & 2 & 3\\ & 3 & 1\\ & & \underset{(5-(-1)\times 3-2\times 1)}{6}\end{bmatrix}=\begin{bmatrix}1 & & \\ 2 & 1 & \\ -1 & 2 & 1\end{bmatrix}\begin{bmatrix}2 & 2 & 3\\ & 3 & 1\\ & & 6\end{bmatrix}=\boldsymbol{LU}$$

例 3.6 用杜利特尔分解方法解方程组

$$\begin{cases}2x_1+2x_2+2x_3=1\\ 3x_1+2x_2+4x_3=\dfrac{1}{2}\\ x_1+3x_2+9x_3=\dfrac{5}{2}\end{cases}$$

解

(2)2	(2)2	(2)2
(3)$\frac{3}{2}$	(2)$-1\left(=2-\frac{3}{2}\times 2\right)$	(4)$1\left(=4-\frac{3}{2}\times 2\right)$
(1)$\frac{1}{2}$	(3)$-2\left(=\dfrac{3-\frac{1}{2}\times 2}{-1}\right)$	(9)$10\left(=9-\frac{1}{2}\times 2-(-2)\times 1\right)$

$$\boldsymbol{A}=\boldsymbol{LU}=\begin{bmatrix}1 & & \\ 3/2 & 1 & \\ 1/2 & -2 & 1\end{bmatrix}\begin{bmatrix}2 & 2 & 2\\ & -1 & 1\\ & & 10\end{bmatrix}$$

$\boldsymbol{Ly}=\boldsymbol{b}$ 即

$$\begin{bmatrix}1 & & \\ 3/2 & 1 & \\ 1/2 & -2 & 1\end{bmatrix}\begin{bmatrix}y_1\\ y_2\\ y_3\end{bmatrix}=\begin{bmatrix}1\\ 1/2\\ 5/2\end{bmatrix}$$

解得 $y_1=1, y_2=-1, y_3=0$。

$\boldsymbol{Ux}=\boldsymbol{y}$ 即

$$\begin{bmatrix}2 & 2 & 2\\ & -1 & 1\\ & & 10\end{bmatrix}\begin{bmatrix}x_1\\x_2\\x_3\end{bmatrix}=\begin{bmatrix}1\\-1\\0\end{bmatrix}$$

解得 $x_3=0,x_2=1,x_1=-\dfrac{1}{2}$。

例 3.7 用杜利特尔分解求解方程组 $\boldsymbol{Ax}=\boldsymbol{b}$，其中

$$\boldsymbol{A}=\begin{bmatrix}2 & 4 & 2 & 6\\4 & 5 & -5 & 9\\3 & 8 & 5 & 3\\1 & 5 & 8 & 7\end{bmatrix},\boldsymbol{b}=\begin{bmatrix}6\\15\\3\\3\end{bmatrix},\boldsymbol{x}=\begin{bmatrix}x_1\\x_2\\x_3\\x_4\end{bmatrix}$$

解

2	4	2	6	6
2	−3	−9	−3	3
3/2	−2/3	−4	−8	−4
1/2	−1	1/2	5	5

即

$$\boldsymbol{L}=\begin{bmatrix}1 & & & \\2 & 1 & & \\3/2 & -3/2 & 1 & \\1/2 & -1 & 1/2 & 1\end{bmatrix},\boldsymbol{U}=\begin{bmatrix}2 & 4 & 2 & 6\\ & -3 & -9 & -3\\ & & -4 & -8\\ & & & 5\end{bmatrix},\boldsymbol{y}=\begin{bmatrix}6\\3\\-4\\5\end{bmatrix}$$

$\boldsymbol{Ux}=\boldsymbol{y}$ 即

$$\begin{bmatrix}2 & 4 & 2 & 6\\ & -3 & -9 & -3\\ & & -4 & -8\\ & & & 5\end{bmatrix}\begin{bmatrix}x_1\\x_2\\x_3\\x_4\end{bmatrix}=\begin{bmatrix}6\\3\\-4\\5\end{bmatrix}$$

回代解得 $x_4=1,x_3=-1,x_2=1,x_1=-1$。

3.3.2 克洛特分解法

如果矩阵 $\boldsymbol{A}$ 的各阶顺序主子式不为零，则 $\boldsymbol{A}$ 可唯一分解成一个下三角矩阵和一个单位上三角矩阵

$$\begin{bmatrix}a_{11} & a_{12} & \cdots & a_{1n}\\a_{21} & a_{22} & \cdots & a_{2n}\\\vdots & \vdots & \ddots & \vdots\\a_{n1} & a_{n2} & \cdots & a_{nn}\end{bmatrix}=\begin{bmatrix}l_{11} & & & \\l_{21} & l_{22} & & \\\vdots & \vdots & \ddots & \\l_{n1} & l_{n2} & \cdots & l_{nn}\end{bmatrix}\begin{bmatrix}1 & u_{12} & \cdots & u_{1n}\\ & 1 & \cdots & u_{2n}\\ & & \ddots & \vdots\\ & & & 1\end{bmatrix}$$

即 $\boldsymbol{A}=\boldsymbol{LU}$，称为矩阵 $\boldsymbol{A}$ 的克洛特(Crout)分解。

克洛特分解中的 $\boldsymbol{L}$ 和 $\boldsymbol{U}$ 的算法如下：

步骤 1：(计算 $\boldsymbol{L}$ 的第 1 列，$\boldsymbol{U}$ 的第 1 行)

$$l_{i1}=a_{i1}\quad (i=1,2,\cdots n)$$

$$u_{1j}=a_{1j}/l_{11}\quad (j=2,3,\cdots n)$$

步骤 2：(计算 $\boldsymbol{L}$ 的第 r 列，$\boldsymbol{U}$ 的第 r 行($r=2,3,\cdots n$))

$$l_{ir}=a_{ir}-\sum_{k=1}^{r-1}l_{ik}u_{kr}(i=r,r+1,\cdots n)(\boldsymbol{L}\text{ 的第 } r \text{ 列元素})$$

$$u_{rj}=\left(a_{rj}-\sum_{k=1}^{r-1}l_{rk}u_{kj}\right)/l_{rr}(j=r+1,r+2,\cdots,n,\quad r<n)(\boldsymbol{U}\text{ 的第 } r \text{ 行元素})$$

例 3.8 (同例 3.6)用克洛特分解法解方程组

$$\begin{cases}2x_1+2x_2+2x_3=1\\ 3x_1+2x_2+4x_3=\dfrac{1}{2}\\ x_1+3x_2+9x_3=\dfrac{5}{2}\end{cases}$$

解

(2)2	(2)$\frac{2}{2}=1$	(2)$\frac{2}{2}=1$	(1)$\frac{1}{2}$
(3)3	(2)-1 $(2-3\times1)$	(4)$-1\left(\frac{4-3\times1}{-1}\right)$	$\left(\frac{1}{2}\right)1\left(\frac{\frac{1}{2}-3\times\frac{1}{2}}{-1}\right)$
(1)1	(3)2 $(3-1\times1)$	(9)10 $(9-1\times1-2\times(-1))$	$\left(\frac{5}{2}\right)0\left(\frac{\frac{5}{2}-1\times\frac{1}{2}-2\times1}{10}\right)$

$$\boldsymbol{A}=\boldsymbol{LU}=\begin{bmatrix}2 & & \\ 3 & -1 & \\ 1 & 2 & 10\end{bmatrix}\begin{bmatrix}1 & 1 & 1\\ & 1 & -1\\ & & 1\end{bmatrix},\boldsymbol{y}=\begin{bmatrix}1/2\\ 1\\ 0\end{bmatrix}$$

$\boldsymbol{Ux}=\boldsymbol{y}$ 即

$$\begin{bmatrix}1 & 1 & 1\\ & 1 & -1\\ & & 1\end{bmatrix}\begin{bmatrix}x_1\\ x_2\\ x_3\end{bmatrix}=\begin{bmatrix}1/2\\ 1\\ 0\end{bmatrix}$$

可得 $x_3=0,x_2=1,x_1=-\dfrac{1}{2}$。

3.3.3 选主元的三角分解法

不选主元的三角分解过程能进行到底的条件是 $l_{kk}\neq0$(或 $u_{kk}\neq0$)。实际上，即使 $\boldsymbol{A}$ 非奇异，也可能出现某个 $l_{kk}=0$(或 $u_{kk}=0$)的情况，这时分解过程将无法进行下去。另外，如果 $l_{kk}\neq0$(或 $u_{kk}\neq0$)但绝对值很小，则会使计算过程中的舍入误差急剧增大，导致解的精度很差，但如果 $\boldsymbol{A}$ 非奇异，则可通过采用与列主元消去法等价的选主元的三角分解法求解方程组，即只要在直接三角分解法的每一步引进选主元的方法即可。

定义 3.2 称 $n\times n$ 矩阵

$$
Q_k=\begin{bmatrix}
1 & & & & & & & & \\
 & \ddots & & & & & & & \\
 & & 1 & & & & & & \\
 & & & 0 & & 1 & & & \\
 & & & & 1 & & & & \\
 & & & & & \ddots & & & \\
 & & & & & & 1 & & \\
 & & & 1 & & 0 & & & \\
 & & & & & & & 1 & \\
 & & & & & & & & \ddots \\
 & & & & & & & & & 1
\end{bmatrix}
\begin{matrix} \\ \\ \\ \text{第 } k \text{ 行} \\ \\ \\ \\ \text{第 } i_k \text{ 行} \\ \\ \\ \\ \end{matrix}
\tag{3-3}
$$

为初等置换矩阵,称每一行和每一列都只有一个非零元素 1 的 $n\times n$ 矩阵为置换矩阵。

设 $\boldsymbol{A}\in\mathbb{R}^{n\times n}$,则 $\boldsymbol{Q}_k\boldsymbol{A}$ 相当于交换 $\boldsymbol{A}$ 的第 k 行和第 i_k 行的位置,$\boldsymbol{A}\boldsymbol{Q}_k$ 相当于交换 $\boldsymbol{A}$ 的第 k 列和第 i_k 列的位置。若干初等置换矩阵的乘积 $\boldsymbol{Q}_1\boldsymbol{Q}_2\cdots\boldsymbol{Q}_r=\boldsymbol{Q}$ 是置换矩阵。

定理 3.4 若矩阵 $\boldsymbol{A}\in\mathbb{R}^{n\times n}$ 非奇异,则存在置换矩阵 $\boldsymbol{Q}$,使 $\boldsymbol{QA}$ 可进行杜利特尔分解

$$\boldsymbol{QA}=\boldsymbol{LU}$$

其中 $\boldsymbol{L}$ 是单位下三角矩阵,$\boldsymbol{U}$ 是上三角矩阵。

证 因为 $\boldsymbol{A}$ 非奇异,根据定理 2.2,可对 $\boldsymbol{A}$ 进行列主元素高斯消去法中的初等行变换,把矩阵 $\boldsymbol{A}$ 变换为上三角矩阵 $\boldsymbol{U}$,其变换过程相当于

$$\boldsymbol{P}_{n-1}\boldsymbol{Q}_{n-1}\cdots\boldsymbol{P}_2\boldsymbol{Q}_2\boldsymbol{P}_1\boldsymbol{Q}_1\boldsymbol{A}=\boldsymbol{U}\tag{3-4}$$

其中 $\boldsymbol{P}_k$ 和 $\boldsymbol{Q}_k(k=1,2,\cdots,n-1)$ 分别是式(3-1)和式(3-3)所示的初等下三角矩阵(其中 $p_{ik}=-m_{ik},i=k+1,\cdots,n$)和初等置换矩阵。

下面以 $n=4$ 为例继续证明。因 $\boldsymbol{Q}_k\boldsymbol{Q}_k=\boldsymbol{I}$(单位矩阵),故 $n=4$ 的式(3-4)可写成

$$\boldsymbol{P}_3(\boldsymbol{Q}_3\boldsymbol{P}_2\boldsymbol{Q}_3)(\boldsymbol{Q}_3\boldsymbol{Q}_2\boldsymbol{P}_1\boldsymbol{Q}_2\boldsymbol{Q}_3)\boldsymbol{Q}_3\boldsymbol{Q}_2\boldsymbol{Q}_1\boldsymbol{A}=\boldsymbol{U}$$

$$\boldsymbol{P}_3\widetilde{\boldsymbol{P}}_2\widetilde{\boldsymbol{P}}_1\boldsymbol{Q}_3\boldsymbol{Q}_2\boldsymbol{Q}_1\boldsymbol{A}=\boldsymbol{U}$$

其中 $\widetilde{\boldsymbol{P}}_1=\boldsymbol{Q}_3\boldsymbol{Q}_2\boldsymbol{P}_1\boldsymbol{Q}_2\boldsymbol{Q}_3$ 和 $\boldsymbol{P}_2=\boldsymbol{Q}_3\boldsymbol{P}_2\boldsymbol{Q}_3$ 都是形如式(3-1)的初等下三角矩阵。于是有

$$\boldsymbol{QA}=\boldsymbol{LU}$$

其中 $\boldsymbol{Q}=\boldsymbol{Q}_3\boldsymbol{Q}_2\boldsymbol{Q}_1$ 是置换矩阵,$\boldsymbol{L}=\widetilde{\boldsymbol{P}}_1^{-1}\widetilde{\boldsymbol{P}}_2^{-1}\boldsymbol{P}_3^{-1}$ 是单位下三角矩阵。

证毕。

定理 3.4 说明,只要矩阵 $\boldsymbol{A}$ 非奇异,即可通过对 $\boldsymbol{A}$ 作适当的行变换进行杜利特尔分解,而不必要求 $\boldsymbol{A}$ 的前 $n-1$ 个顺序主子式都不为零。

为了提高求解的精度,在杜利特尔分解中也选主元素。根据定理 3.4,可通过对矩阵 $\boldsymbol{A}$ 进行行交换分解 $\boldsymbol{QA}=\boldsymbol{LU}$,并通过行变换实现选主元素,使得不仅 $u_{kk}\neq0(k=1,2,\cdots,n-1)$,而且$|u_{kk}|$尽量大一些。设按式(3-2)的分解已进行了 $k-1$ 步,原来存放 $a_{ij}(i,j=1,2,\cdots,n)$ 的矩阵已成为

$$
\boldsymbol{A}^{(k-1)}=\begin{bmatrix}
u_{11} & \cdots & \cdots & \cdots & u_{1k} & \cdots & u_{1n} \\
l_{21} & u_{22} & \cdots & \cdots & u_{2k} & \cdots & u_{2n} \\
\vdots & \vdots & & & \vdots & & \vdots \\
 & & & u_{k-1,k-1} & u_{k-1,k} & \cdots & u_{k-1,n} \\
l_{k1} & \cdots & \cdots & l_{k,k-1} & a_{kk} & \cdots & a_{kn} \\
\vdots & & & \vdots & \vdots & & \vdots \\
l_{n1} & \cdots & \cdots & l_{n,k-1} & a_{nk} & \cdots & a_{nn}
\end{bmatrix}
$$

在第 k 步，先计算中间量

$$
s_i=a_{ik}-\sum_{t=1}^{k-1} l_{it}u_{tk}\ (i=k,k+1,\cdots,n)
$$

满足$|s_{i_k}|=\max\limits_{k\leqslant i\leqslant n}|s_i|$的 s_{i_k} 就是第 k 步的主元素，应以主元素 s_{i_k} 的值作为 u_{kk}。为此，只需交换矩阵 $\boldsymbol{A}^{(k-1)}$ 的第 k 行与第 i_k 行元素所含的数值，再按式(3-2)的算法进行第 k 步的分解计算，这相当于先交换原矩阵 $\boldsymbol{A}$ 的第 k 行和第 i_k 行，得到 $\boldsymbol{QA}$，再对 $\boldsymbol{QA}$ 进行杜利特尔分解，$\boldsymbol{QA}=\boldsymbol{LU}$。这时，原方程组 $\boldsymbol{Ax}=\boldsymbol{b}$ 成为 $\boldsymbol{LUx}=\boldsymbol{Qb}$，可转换为求解两个三角方程组

$$
\boldsymbol{Ly}=\boldsymbol{Qb},\ \boldsymbol{Ux}=\boldsymbol{y}
$$

上述求解方程组的方法称为选主元的杜利特尔分解法，具体算法如下。

步骤 1：做分解 $\boldsymbol{QA}=\boldsymbol{LU}$。

设置整型数组 $M(n)$，它的第 k 个元素 M_k 用于记录第 k 个主元素所在的行号。对于 $k=1,2,\cdots,n$ 执行：

(1) 计算中间量

$$
s_i=a_{ik}-\sum_{t=1}^{k-1} l_{it}u_{tk}\ (i=k,k+1,\cdots,n)
$$

(2) 选行号 i_k，使$|s_{i_k}|=\max\limits_{k\leqslant i\leqslant n}|s_i|$，令 $M_k=i_k$；

(3) 若 $i_k=k$，则转(4)；否则交换 l_{kt} 与 $l_{i_kt}\ (t=1,2,\cdots,k-1)$、$a_{kt}$ 与 $a_{i_kt}\ (t=k,k+1,\cdots,n)$ 以及 s_k 与 s_{i_k} 所含的数值，转(4)；

(4) 计算

$$
u_{kk}=s_k
$$

$$
u_{kj}=a_{kj}-\sum_{t=1}^{k-1} l_{kt}u_{tj}\ (j=k+1,k+2,\cdots,n;k<n)
$$

$$
l_{ik}=s_i/u_{kk}\ (i=k+1,k+2,\cdots,n;k<n)
$$

步骤 2：求 $\boldsymbol{Qb}$。

对于 $k=1,2,\cdots,n-1$ 执行：

(1) $t=M_k$；

(2) 交换 b_k 与 b_t 所含的数值。

步骤 3：求解 $\boldsymbol{Ly}=\boldsymbol{Qb}$ 和 $\boldsymbol{Ux}=\boldsymbol{y}$。

$$
y_1=b_1
$$

$$
y_i=b_i-\sum_{t=1}^{i-1} l_{it}y_t\ (i=2,3,\cdots,n)
$$

$$x_n = y_n / u_{nn}$$

$$x_i = \left(y_i - \sum_{t=i+1}^{n} u_{it} x_t\right) / u_{ii} \quad (i = n-1, n-2, \cdots, 1)$$

例 3.9 用选主元的三角分解法解方程组 $\boldsymbol{Ax}=\boldsymbol{b}$，其中

$$\boldsymbol{A}=\begin{bmatrix}1 & -1 & 3\\ 2 & -4 & 6\\ 4 & -9 & 2\end{bmatrix}, \boldsymbol{b}=(1,4,1)^{\mathrm{T}}, \boldsymbol{x}=(x_1,x_2,x_3)^{\mathrm{T}}$$

解 第一次选主元：$s_1=1, s_2=2, s_3=4$，可知 $|s_3|=\max\limits_{1\leqslant i\leqslant 3}|s_i|$，于是选 $s_3=4$ 为主元，交换第 1 行和第 3 行后计算 $\boldsymbol{U}$ 的第 1 行和 $\boldsymbol{L}$ 的第 1 列。

$$[\boldsymbol{A},\boldsymbol{b}]=\begin{bmatrix}1 & -1 & 3 & 1\\ 2 & -4 & 6 & 4\\ 4 & -9 & 2 & 1\end{bmatrix}\xrightarrow{r_1\leftrightarrow r_3}\begin{bmatrix}4 & -9 & 2 & 1\\ 2 & -4 & 6 & 4\\ 1 & -1 & 3 & 1\end{bmatrix}\rightarrow\begin{bmatrix}4 & -9 & 2 & 1\\ \dfrac{1}{2}\left(\frac{2}{4}\right) & & & \\ \dfrac{1}{4} & & & \end{bmatrix}$$

第二次选主元：$s_2=-4-\dfrac{1}{2}\times(-9)=\dfrac{1}{2}, s_3=-1-\dfrac{1}{4}\times(-9)=\dfrac{5}{4}$，可知 $|s_3|=\max\limits_{2\leqslant i\leqslant 3}|s_i|$

于是选 $s_3=\dfrac{5}{4}$ 为主元，交换第 2 行和第 3 行后计算 U 的第 2 行和 L 的第 2 列。

$$[\boldsymbol{A},\boldsymbol{b}]=\begin{bmatrix}4 & -9 & 2 & 1\\ \dfrac{1}{2} & -4 & 6 & 4\\ \dfrac{1}{4} & -1 & 3 & 1\end{bmatrix}\xrightarrow{r_2\leftrightarrow r_3}\begin{bmatrix}4 & -9 & 2 & 1\\ \dfrac{1}{4} & -1 & 3 & 1\\ \dfrac{1}{2} & -4 & 6 & 4\end{bmatrix}$$

$$\xrightarrow{\text{分解}}\begin{bmatrix}4 & -9 & 2 & 1\\ \dfrac{1}{4} & \underset{\left(-1-\frac{1}{4}\times(-9)\right)}{\dfrac{5}{4}} & \underset{\left(3-\frac{1}{4}\times 2\right)}{\dfrac{5}{2}} & \underset{\left(1-\frac{1}{4}\times 1\right)}{\dfrac{3}{4}}\\ \dfrac{1}{2} & \underset{\left(\left[-4-\frac{1}{2}\times(-9)\right]/\frac{5}{4}\right)}{\dfrac{2}{5}} & & \end{bmatrix}$$

第三次不需要选主元（只剩一行），直接分解

$$[\boldsymbol{A},\boldsymbol{b}]\rightarrow\begin{bmatrix}4 & -9 & 2 & 1\\ \dfrac{1}{4} & \dfrac{5}{4} & \dfrac{5}{2} & \dfrac{3}{4}\\ \dfrac{1}{2} & \dfrac{2}{5} & 6 & 4\end{bmatrix}\xrightarrow{\text{分解}}\begin{bmatrix}4 & -9 & 2 & 1\\ \dfrac{1}{4} & \dfrac{5}{4} & \dfrac{5}{2} & \dfrac{3}{4}\\ \dfrac{1}{2} & \dfrac{2}{5} & \underset{\left(6-\frac{1}{2}\times 2-\frac{2}{5}\times\frac{5}{2}\right)}{4} & \underset{\left(4-\frac{1}{2}\times 1-\frac{2}{5}\times\frac{3}{4}\right)}{\dfrac{16}{5}}\end{bmatrix}$$

可得

$$L=\begin{bmatrix}1 & & \\ \frac{1}{4} & 1 & \\ \frac{1}{2} & \frac{2}{5} & 1\end{bmatrix},U=\begin{bmatrix}4 & -9 & 2 \\ & \frac{5}{4} & \frac{5}{2} \\ & & 4\end{bmatrix},y=\begin{bmatrix}1 \\ \frac{3}{4} \\ \frac{16}{5}\end{bmatrix}$$

$\boldsymbol{Ux}=\boldsymbol{y}$，即

$$\begin{bmatrix}4 & -9 & 2 \\ & \frac{5}{4} & \frac{5}{2} \\ & & 4\end{bmatrix}\begin{bmatrix}x_1 \\ x_2 \\ x_3\end{bmatrix}=\begin{bmatrix}1 \\ \frac{3}{4} \\ \frac{16}{5}\end{bmatrix}$$

解得 $\boldsymbol{x}=\left(-\frac{12}{5},-1,\frac{4}{5}\right)^{\mathrm{T}}$。

3.3.4 解三对角形方程组的追赶法

在一些实际问题中，如用三次样条函数的插值问题，用差分法解二阶线性常微分方程边值问题等，最后都会解三对角线形方程组。系数矩阵除对角线及两侧有非零元素外，其余元素均为零，这样的线性方程组称为三对角形线性方程组。

下面介绍求解三对角线形方程组 $\boldsymbol{Ax}=\boldsymbol{d}$ 的追赶法，其中

$$\boldsymbol{A}=\begin{bmatrix}b_1 & c_1 & & & \\ a_2 & b_2 & c_2 & & \\ & a_3 & b_3 & \ddots & \\ & & \ddots & \ddots & c_{n-1} \\ & & & a_n & b_n\end{bmatrix},\boldsymbol{d}=(d_1,d_2,\cdots,d_n)^{\mathrm{T}},\boldsymbol{x}=(x_1,x_2,\cdots,x_n)^{\mathrm{T}}$$

追赶法算法如下。

步骤 1：按克洛特分解法分解矩阵 $\boldsymbol{A}$。

$$\boldsymbol{A}=\begin{bmatrix}b_1 & c_1 & & & \\ a_2 & b_2 & c_2 & & \\ & a_3 & b_3 & \ddots & \\ & & \ddots & \ddots & c_{n-1} \\ & & & a_n & b_n\end{bmatrix}=\begin{bmatrix}l_1 & & & & \\ m_2 & l_2 & & & \\ & m_3 & l_3 & & \\ & & \ddots & \ddots & \\ & & & m_n & l_n\end{bmatrix}\begin{bmatrix}1 & u_1 & & & \\ & 1 & u_2 & & \\ & & 1 & \ddots & \\ & & & \ddots & u_{n-1} \\ & & & & 1\end{bmatrix}$$

记 $\boldsymbol{A}=\boldsymbol{LU}$，其中

$$m_i=a_i,l_1=b_1,u_1=c_1/l_1$$
$$l_i=b_i-m_iu_{i-1}\quad(i=2,3,\cdots,n)$$
$$u_i=c_i/l_i\quad(i=2,3,\cdots,n-1)$$

步骤 2：先由 $\boldsymbol{Ly}=\boldsymbol{d}$ 求 $\boldsymbol{y}$，再由 $\boldsymbol{Ux}=\boldsymbol{y}$，求 $\boldsymbol{x}$，其中

$$y_1=d_1/l_1$$
$$y_i=(d_i-m_iy_{i-1})/l_i\quad(i=2,3,\cdots,n)$$
$$x_n=y_n$$

$$x_i = y_i - u_i x_{i+1} \quad (i = n-1, \cdots, 2, 1)$$

（求 $y_1 \to y_2 \to \cdots \to y_n$ 的过程称为追，求 $x_n \to x_{n-1} \to \cdots \to x_1$ 的过程称为赶）

例 3.10　用追赶法解方程组

$$\begin{bmatrix} 10 & 5 & 0 & 0 \\ 2 & 2 & 1 & 0 \\ 0 & 1 & 10 & 5 \\ 0 & 0 & 2 & 1 \end{bmatrix} \begin{bmatrix} x_1 \\ x_2 \\ x_3 \\ x_4 \end{bmatrix} = \begin{bmatrix} 5 \\ 3 \\ 27 \\ 6 \end{bmatrix}$$

解

$$\begin{bmatrix} 10 & 5 & 0 & 0 \\ 2 & 2 & 1 & 0 \\ 0 & 1 & 10 & 5 \\ 0 & 0 & 2 & 1 \end{bmatrix} \to \begin{bmatrix} 10 \to & \underset{(5/10)\downarrow}{\dfrac{1}{2}} & 0 & 0 \\ 2 & \underset{\left(2-2\times\frac{1}{2}\right)}{1} \to & \underset{(1/1)\downarrow}{1} & 0 \\ 0 & 1 & \underset{(10-1\times1)}{9} \to & \underset{(5/9)\downarrow}{\dfrac{5}{9}} \\ 0 & 0 & 2 & \underset{\left(1-2\times\frac{5}{9}\right)}{-\dfrac{1}{9}} \end{bmatrix}$$

$$\boldsymbol{L} = \begin{bmatrix} 10 & & & \\ 2 & 1 & & \\ & 1 & 9 & \\ & & 2 & -\dfrac{1}{9} \end{bmatrix}, \quad \boldsymbol{U} = \begin{bmatrix} 1 & \dfrac{1}{2} & & \\ & 1 & 1 & \\ & & 1 & \dfrac{5}{9} \\ & & & 1 \end{bmatrix}$$

由 $\boldsymbol{Ly} = \boldsymbol{d}$ 即

$$\begin{bmatrix} 10 & & & \\ 2 & 1 & & \\ & 1 & 9 & \\ & & 2 & -\dfrac{1}{9} \end{bmatrix} \begin{bmatrix} y_1 \\ y_2 \\ y_3 \\ y_4 \end{bmatrix} = \begin{bmatrix} 5 \\ 3 \\ 27 \\ 6 \end{bmatrix}$$

解得$(y_1, y_2, y_3, y_4)^{\mathrm{T}} = \left(\dfrac{1}{2}, 2, \dfrac{25}{9}, -4\right)^{\mathrm{T}}$

再由 $\boldsymbol{Ux} = \boldsymbol{y}$，即

$$\begin{bmatrix} 1 & \dfrac{1}{2} & & \\ & 1 & 1 & \\ & & 1 & \dfrac{5}{9} \\ & & & 1 \end{bmatrix} \begin{bmatrix} x_1 \\ x_2 \\ x_3 \\ x_4 \end{bmatrix} = \begin{bmatrix} \dfrac{1}{2} \\ 2 \\ \dfrac{25}{9} \\ -4 \end{bmatrix}$$

解得 $x_4 = -4, x_3 = 5, x_2 = -3, x_1 = 2$。

3.4 解对称正定方程组的平方根法

有些实际问题归结出的线性方程组,其系数矩阵是对称正定的。对于这类方程组,直接三角分解法还可以简化。

3.4.1 对称正定矩阵的乔列斯基分解与平方根法

定义 3.3 设有矩阵 $\boldsymbol{A}\in\mathbb{R}^{n\times n}$,若 $\boldsymbol{A}$ 满足下述条件:

(1) $\boldsymbol{A}$ 对称,即 $\boldsymbol{A}^{\mathrm{T}}=\boldsymbol{A}$;

(2) 对任意非零向量 $\boldsymbol{x}\in\mathbb{R}^{n}$,则有 $(\boldsymbol{Ax},\boldsymbol{x})=\boldsymbol{x}^{\mathrm{T}}\boldsymbol{Ax}>0$;

则称 $\boldsymbol{A}$ 为对称正定矩阵。

注:对称正定矩阵 $\boldsymbol{A}$ 具有以下性质。

(1) $\boldsymbol{A}$ 的顺序主子式都大于零,即 $\det(\boldsymbol{A}_k)>0,(k=1,2,\cdots,n)$。

(2) $\boldsymbol{A}$ 的特征值 $\lambda_i>0(i=1,2,\cdots,n)$

定理 3.5 (对称矩阵的三角分解定理)设 $\boldsymbol{A}$ 是对称矩阵,则存在唯一的单位下三角阵 $\boldsymbol{L}$ 和对角阵 $\boldsymbol{D}$,使 $\boldsymbol{A}=\boldsymbol{LDL}^{\mathrm{T}}$。

若进一步变形,则有

$$\boldsymbol{D}=\begin{bmatrix} d_1 & & & \\ & d_2 & & \\ & & \ddots & \\ & & & d_n \end{bmatrix}=\begin{bmatrix} \sqrt{d_1} & & & \\ & \sqrt{d_2} & & \\ & & \ddots & \\ & & & \sqrt{d_n} \end{bmatrix}^2=\boldsymbol{D}_1^2$$

则 $\boldsymbol{A}=(\boldsymbol{LD}_1)(\boldsymbol{D}_1\boldsymbol{L}^{\mathrm{T}})$,记 $\boldsymbol{L}\triangleq\boldsymbol{LD}_1$,则 $\boldsymbol{A}=\boldsymbol{LL}^{\mathrm{T}}$。

定理 3.6(对称正定矩阵的乔列斯基分解) 设 $\boldsymbol{A}$ 为对称正定阵,则存在唯一的对角元素为正的下三角阵 $\boldsymbol{L}$,使 $\boldsymbol{A}=\boldsymbol{LL}^{\mathrm{T}}$,即

$$\boldsymbol{A}=\begin{bmatrix} a_{11} & a_{12} & \cdots & a_{1n} \\ a_{21} & a_{22} & \cdots & a_{2n} \\ \vdots & \vdots & \vdots & \vdots \\ a_{n1} & a_{n2} & \cdots & a_{nn} \end{bmatrix}=\begin{bmatrix} l_{11} & & & \\ l_{21} & l_{22} & & \\ \vdots & \vdots & \ddots & \\ l_{n1} & l_{n2} & \cdots & l_{nn} \end{bmatrix}\begin{bmatrix} l_{11} & l_{21} & \cdots & l_{n1} \\ & l_{22} & \cdots & l_{n2} \\ & & \ddots & \vdots \\ & & & l_{nn} \end{bmatrix}=\boldsymbol{LL}^{\mathrm{T}}$$

分解式 $\boldsymbol{A}=\boldsymbol{LL}^{\mathrm{T}}$ 称为对称正定矩阵 $\boldsymbol{A}$ 的乔列斯基分解。利用乔列斯基分解来求系数矩阵为对称正定矩阵的方程组 $\boldsymbol{Ax}=\boldsymbol{b}$ 的方法称为平方根法,用比较法可以导出 $\boldsymbol{L}$ 的计算公式。

平方根算法步骤如下。

步骤 1:A 为对称正定矩阵,分解 $\boldsymbol{A}=\boldsymbol{LL}^{\mathrm{T}}$,其中 $\boldsymbol{L}$ 算法为

先求 $\boldsymbol{L}$ 第 1 列元素

$$l_{11}=\sqrt{a_{11}},l_{i1}=a_{i1}/l_{11}(i=2,\cdots,n)$$

再求 $\boldsymbol{L}$ 第 j 列元素

$$l_{jj}=\sqrt{a_{jj}-\sum_{k=1}^{j-1}l_{jk}^2},(j=2,\cdots,n)$$

$$l_{ij}=\left(a_{ij}-\sum_{k=1}^{j-1}l_{ik}l_{jk}\right)/l_{jj},(j=2,\cdots,n-1;i=j+1,\cdots,n)$$

步骤 2：由 $\boldsymbol{Ly}=\boldsymbol{b}$，求出 $\boldsymbol{y}$，其中

$$y_1=b_1/l_{11}$$

$$y_i=\left(b_i-\sum_{k=1}^{i-1}l_{ik}y_k\right)/l_{ii}\quad(i=2,\cdots,n)$$

由 $\boldsymbol{L}^{\mathrm{T}}\boldsymbol{x}=\boldsymbol{y}$ 求出 $\boldsymbol{x}$，其中

$$x_n=y_n/l_{nn}$$

$$x_i=\left(y_i-\sum_{k=i+1}^{n}l_{ki}x_k\right)/l_{ii}\quad(i=n-1,\cdots,2,1)$$

平方根算法的优点是它的计算量是高斯消去法和三角分解法的一半左右，没有选主元素，但数值稳定；缺点是用到了开平方运算。

例 3.11 利用平方根法求解

$$\begin{bmatrix}1&2&1\\2&8&4\\1&4&6\end{bmatrix}\begin{bmatrix}x_1\\x_2\\x_3\end{bmatrix}=\begin{bmatrix}0\\-2\\3\end{bmatrix}$$

解 先验证 $\boldsymbol{A}$ 的正定性(由各阶顺序主子式是否大于零来判断)。

$a_{11}=1>0,\begin{vmatrix}1&2\\2&8\end{vmatrix}=4>0,\begin{vmatrix}1&2&1\\2&8&4\\1&4&6\end{vmatrix}=16>0$，所以系数矩阵 $\boldsymbol{A}$ 是正定矩阵。

$$\begin{bmatrix}1&2&1\\2&8&4\\1&4&6\end{bmatrix}\xrightarrow[\text{按列求，求完第 }j\text{ 列，就可写出第 }j\text{ 行}]{}\begin{bmatrix}\underset{(\sqrt{1})}{1}&2&1\\\underset{(2/1)}{2}&\underset{(\sqrt{8-2\times2})}{2}&1\\\underset{(1/1)}{1}&\underset{((4-1\times2)/2)}{1}&\underset{(\sqrt{6-1\times1-1\times1})}{2}\end{bmatrix}，得\ \boldsymbol{L}=\begin{bmatrix}1&&\\2&2&\\1&1&2\end{bmatrix}$$

由 $\boldsymbol{Ly}=\boldsymbol{b}$，即

$$\begin{bmatrix}1&&\\2&2&\\1&1&2\end{bmatrix}\begin{bmatrix}y_1\\y_2\\y_3\end{bmatrix}=\begin{bmatrix}0\\-2\\3\end{bmatrix}$$

解得 $y_1=0,y_2=-1,y_3=2$。

由 $\boldsymbol{L}^{\mathrm{T}}\boldsymbol{x}=\boldsymbol{y}$，即

$$\begin{bmatrix}1&2&1\\&2&1\\&&2\end{bmatrix}\begin{bmatrix}x_1\\x_2\\x_3\end{bmatrix}=\begin{bmatrix}0\\-1\\2\end{bmatrix}$$

解得 $x_3=1,x_2=-1,x_1=1$。

3.4.2 改进的平方根算法

平方根法的计算中含有开方运算，为了避免开方运算，有必要对它进行改进，即所谓改进平方根法。

由定理 3.5 知，若 $\boldsymbol{A}$ 是对称矩阵，则 $\boldsymbol{A}$ 有唯一的分解式 $\boldsymbol{A}=\boldsymbol{LDL}^{\mathrm{T}}$，其中

$$\boldsymbol{L}=\begin{bmatrix} 1 & & & & & \\ l_{21} & 1 & & & & \\ l_{31} & l_{32} & 1 & & & \\ l_{41} & l_{42} & l_{43} & 1 & & \\ \vdots & \vdots & \vdots & \ddots & \ddots & \\ l_{n1} & l_{n2} & l_{n3} & \cdots & l_{n,n-1} & 1 \end{bmatrix},\boldsymbol{D}=\begin{bmatrix} d_1 & & & \\ & d_2 & & \\ & & \ddots & \\ & & & d_3 \end{bmatrix}$$

改进平方根算法如下。

步骤 1：分解 $\boldsymbol{A}=\boldsymbol{LDL}^{\mathrm{T}}$，计算 $\boldsymbol{L}$，$\boldsymbol{D}$。

$$\text{for}\quad j=1,\cdots,n$$

$$d_j=a_{jj}-\sum_{k=1}^{j-1}d_k l_{jk}^2,$$

$$l_{ij}=\left(a_{ij}-\sum_{k=1}^{j-1}l_{ik}d_k l_{jk}\right)/d_j,(i=j+1,\cdots,n)$$

步骤 2：$\boldsymbol{Ax}=\boldsymbol{b}\Rightarrow\boldsymbol{L}(\boldsymbol{DL}^{\mathrm{T}}\boldsymbol{x})=\boldsymbol{b}\Rightarrow\boldsymbol{Ly}=\boldsymbol{b},\boldsymbol{L}^{\mathrm{T}}\boldsymbol{x}=\boldsymbol{D}^{-1}\boldsymbol{y}$

由 $\boldsymbol{Ly}=\boldsymbol{b}$ 得

$$y_1=b_1,y_i=b_i-\sum_{k=1}^{i-1}l_{ik}y_k(i=2,\cdots,n)$$

由 $\boldsymbol{L}^{\mathrm{T}}\boldsymbol{x}=\boldsymbol{D}^{-1}\boldsymbol{y}$ 得

$$x_n=y_n/d_n,x_i=\frac{y_i}{d_i}-\sum_{k=i+1}^{n}l_{ki}x_k(i=n-1,\cdots,1)$$

注：乘法总运算量增加，又变成 $\dfrac{n^3}{3}$ 数量级。

例 3.12 用改进的平方根算法求解方程组

$$\begin{bmatrix} 1 & 2 & 1 \\ 2 & 5 & 0 \\ 1 & 0 & 14 \end{bmatrix}\begin{bmatrix} x_1 \\ x_2 \\ x_3 \end{bmatrix}=\begin{bmatrix} 4 \\ 7 \\ 15 \end{bmatrix}$$

解

$$\begin{bmatrix} 1 & 2 & 1 \\ 2 & 5 & 0 \\ 1 & 0 & 14 \end{bmatrix}\rightarrow\begin{bmatrix} \underset{(d_1=a_{11})}{1} & 2 & 1 \\ \underset{\left(\frac{a_{i1}}{d_1}=\frac{2}{1}\right)}{2} & \underset{(5-2\times 2\times \underset{d_1}{1})}{1} & -2 \\ \underset{\left(\frac{a_{i1}}{d_1}=\frac{1}{1}\right)}{1} & \underset{([0-1\times 2\times \underset{d_1}{1}]/\underset{d_2}{1})}{-2} & \underset{(14-1\times 1\times \underset{d_1}{1}-(-2)\times(-2)\times \underset{d_2}{1})}{9} \end{bmatrix}$$

得

$$\boldsymbol{L}=\begin{bmatrix} 1 & & \\ 2 & 1 & \\ 1 & -2 & 1 \end{bmatrix},\boldsymbol{D}=\begin{bmatrix} 1 & & \\ & 1 & \\ & & 9 \end{bmatrix}$$

由 $\boldsymbol{Ly}=\boldsymbol{b}$ 即

$$\begin{bmatrix}1 & & \\ 2 & 1 & \\ 1 & -2 & 1\end{bmatrix}\begin{bmatrix}y_1\\ y_2\\ y_3\end{bmatrix}=\begin{bmatrix}4\\ 7\\ 15\end{bmatrix}$$

得

$$\begin{bmatrix}y_1\\ y_2\\ y_3\end{bmatrix}=\begin{bmatrix}4\\ -1\\ 9\end{bmatrix},\boldsymbol{D}^{-1}=\begin{bmatrix}1 & & \\ & 1 & \\ & & \dfrac{1}{9}\end{bmatrix},\boldsymbol{D}^{-1}\boldsymbol{y}=\begin{bmatrix}4\\ -1\\ 1\end{bmatrix}$$

由 $\boldsymbol{L}^{\mathrm{T}}\boldsymbol{x}=\boldsymbol{D}^{-1}\boldsymbol{y}$ 即

$$\begin{bmatrix}1 & 2 & 1\\ & 1 & -2\\ & & 1\end{bmatrix}\begin{bmatrix}x_1\\ x_2\\ x_3\end{bmatrix}=\begin{bmatrix}4\\ -1\\ 1\end{bmatrix}$$

解得 $x_3=1,x_2=1,x_1=1$。

3.5 行列式和矩阵求逆

3.5.1 行列式的计算

根据矩阵 $\boldsymbol{A}$ 的杜利特尔分解或克洛特分解，可以直接得到 $\boldsymbol{A}$ 的行列式 $|\boldsymbol{A}|=u_{11}u_{22}\cdots u_{nn}$ 或 $|\boldsymbol{A}|=l_{11}l_{22}\cdots l_{nn}$。

对选列主元的三角分解法，每做一次行的交换，就改变一次上式右端乘积的符号。

3.5.2 逆矩阵的计算

求矩阵 $\boldsymbol{A}$ 的逆矩阵，即解矩阵方程 $\boldsymbol{AZ}=\boldsymbol{I}$，其中 $\boldsymbol{I}$ 为单位矩阵，求出矩阵 $\boldsymbol{Z}$ 即为 $\boldsymbol{A}$ 的逆矩阵，如果把 $\boldsymbol{Z}$ 内元素写成列向量形式 $\boldsymbol{Z}=(\boldsymbol{x}^{(1)},\boldsymbol{x}^{(2)},\cdots,\boldsymbol{x}^{(n)})$，代入 $\boldsymbol{AZ}=\boldsymbol{I}$，得

$$\boldsymbol{Ax}^{(i)}=\begin{bmatrix}0\\ \vdots\\ 1\\ \vdots\\ 0\end{bmatrix}$$

仅第 i 个分量为 1，$(i=1,2,\cdots,n)$。求矩阵 $\boldsymbol{A}$ 的逆矩阵，也即解当 $i=1,2,\cdots,n$ 时的 n 个 n 阶线性方程组。

1. 三角形矩阵求逆

(1) 对非奇异的下三角形矩阵 $\boldsymbol{L}$ 求逆矩阵。

$$\boldsymbol{L}=\begin{bmatrix}l_{11} & & & \\ l_{21} & l_{22} & & \\ \vdots & \vdots & \ddots & \\ l_{n1} & l_{n2} & \cdots & l_{nn}\end{bmatrix}$$

若设 $\boldsymbol{L}$ 的逆矩阵

$$L^{-1}=\begin{bmatrix} p_{11} & & & \\ p_{21} & p_{22} & & \\ \vdots & \vdots & \ddots & \\ p_{n1} & p_{n2} & \cdots & p_{nn} \end{bmatrix}$$

按列 i 求 L^{-1}

$$\text{for}\quad i=1,\cdots,n$$

$$p_{ii}=1/l_{ii}$$

$$p_{ji}=\left(-\sum_{k=i}^{j-1}l_{jk}p_{ki}\right)/l_{ii},(j=i+1,i+2,\cdots,n)$$

(2) 设上三角形矩阵 $U=\begin{bmatrix} u_{11} & u_{12} & \cdots & u_{1n} \\ & u_{22} & \cdots & u_{2n} \\ & & \ddots & \vdots \\ & & & u_{nn} \end{bmatrix}$ 的逆矩阵 $U^{-1}=\begin{bmatrix} q_{11} & q_{12} & \cdots & q_{1n} \\ & q_{22} & \cdots & q_{2n} \\ & & \ddots & \vdots \\ & & & q_{nn} \end{bmatrix}$。

按列 i 求 U^{-1}

$$\text{for}\quad i=1,\cdots,n$$

$$q_{ii}=1/u_{ii}$$

$$q_{ji}=\left(-\sum_{k=j+1}^{n}u_{jk}q_{ki}\right)/u_{jj},(j=i-1,i-2,\cdots,1)$$

2. 对称正定矩阵求逆

(1) 设 $A=LL^{T}$,则 $A^{-1}=(LL^{T})^{-1}=(L^{-1})^{T}L^{-1}$,记

$$L=\begin{bmatrix} l_{11} & & & \\ l_{21} & l_{22} & & \\ \vdots & \vdots & \ddots & \\ l_{n1} & l_{n2} & \cdots & l_{nn} \end{bmatrix},L^{-1}=\begin{bmatrix} p_{11} & & & \\ p_{21} & p_{22} & & \\ \vdots & \vdots & \ddots & \\ p_{n1} & p_{n2} & \cdots & p_{nn} \end{bmatrix},A^{-1}=(m_{ji})_{n\times n}$$

得

$$\text{for}\quad i=1,\cdots,n$$

$$m_{ji}=\sum_{k=j}^{n}p_{kj}p_{ki}(j=i,i+1,\cdots,n)$$

注:因为 $m_{ji}=m_{ij}$,所以只需求一半。

(2) 设 $A=LDL^{T}$,$A^{-1}=(LDL^{T})^{-1}=(L^{-1})^{T}D^{-1}L^{-1}=(m_{ji})_{n\times n}$,

得

$$\text{for}\quad i=1,\cdots,n$$

$$m_{ji}=\sum_{k=j}^{n}\frac{p_{kj}p_{ki}}{d_k}(j=i,i+1,\cdots,n)$$

3.6 向量和矩阵的范数

用计算机求解线性代数方程组时,舍入误差的影响是不可避免的。为了对解的近似程度,即误差的大小有一个正确的估计,需要引入描述向量和矩阵“大小”的度量概念——向量和矩阵的范数概念。

3.6.1　向量范数

向量范数是用于定义向量“大小”(“长度”“距离”)的量,如向量的模。

定义 3.4(范数公理)　设对任意向量 $\boldsymbol{x}\in\boldsymbol{R}^n$,按一定的规则有一非负实数与之对应,记为 $\|\boldsymbol{x}\|$,若 $\|\boldsymbol{x}\|$ 满足

(1) 正定性:$\|\boldsymbol{x}\|\geqslant 0$,而且 $\|\boldsymbol{x}\|=0$,当且仅当 $\boldsymbol{x}=0$;

(2) 齐次性:对任意实数 α,都有 $\|\alpha\boldsymbol{x}\|=|\alpha|\,\|\boldsymbol{x}\|$;

(3) 三角不等式:$\|\boldsymbol{x}+\boldsymbol{y}\|\leqslant\|\boldsymbol{x}\|+\|\boldsymbol{y}\|$;

则称 $\|\boldsymbol{x}\|$ 为向量 $\boldsymbol{x}$ 的范数。

设 $\boldsymbol{x}=(x_1,x_2,\cdots,x_n)^{\mathrm{T}}$,常用的向量范数如下。

(1) 向量的 1-范数,即

$$\|\boldsymbol{x}\|_1=\sum_{i=1}^{n}|x_i|$$

(2) 向量的 2-范数,即

$$\|\boldsymbol{x}\|_2=\sqrt{\sum_{i=1}^{n}x_i^2}$$

(3) 向量的∞-范数,即

$$\|\boldsymbol{x}\|_\infty=\max_{1\leqslant i\leqslant n}|x_i|$$

(4) 向量的 p-范数,即

$$\|\boldsymbol{x}\|_p=\left(\sum_{i=1}^{n}|x_i|^p\right)^{\frac{1}{p}},p\in[1,+\infty]$$

容易证明 $\|\boldsymbol{x}\|_1$,$\|\boldsymbol{x}\|_2$,$\|\boldsymbol{x}\|_\infty$,$\|\boldsymbol{x}\|_p$ 确实满足向量范数的三个条件,因此它们都是 $\boldsymbol{R}^n$ 上的向量范数。此外,前三种范数是 p 范数的特殊情况。我们只需证明 $\|\boldsymbol{x}\|_\infty=\lim\limits_{p\to\infty}\|\boldsymbol{x}\|_p$。由于

$$\max_{1\leqslant i\leqslant n}|x_i|\leqslant\left(\sum_{i=1}^{n}|x_i|^p\right)^{\frac{1}{p}}\leqslant\left(\sum_{i=1}^{n}\max_{1\leqslant i\leqslant n}|x_i|^p\right)^{\frac{1}{p}}=\sqrt[p]{n}\max_{1\leqslant i\leqslant n}|x_i|$$

及 $\lim\limits_{p\to\infty}\sqrt[p]{n}=1$,由数学分析的夹逼定理,有

$$\lim_{p\to\infty}\|\boldsymbol{x}\|_p=\max_{1\leqslant i\leqslant n}|x_i|=\|\boldsymbol{x}\|_\infty$$

在空间 $\boldsymbol{R}^n$ 中可以引进各种范数,它们都满足下述向量范数等价定理。

定理 3.7(向量范数等价定理)　设 $\|\boldsymbol{x}\|_\alpha$,$\|\boldsymbol{x}\|_\beta$ 是 $\boldsymbol{R}^n$ 上任意两种向量范数,则总存在正数 C_1,C_2 使下式成立,

$$C_1\|\boldsymbol{x}\|_\alpha\leqslant\|\boldsymbol{x}\|_\beta\leqslant C_2\|\boldsymbol{x}\|_\alpha,\boldsymbol{x}\in\boldsymbol{R}^n$$

称 $\|\boldsymbol{x}\|_\alpha$ 和 $\|\boldsymbol{x}\|_\beta$ 是 $\boldsymbol{R}^n$ 上等价的范数。

注:(1) 范数的等价性具有传递性;

(2) $\boldsymbol{R}^n$ 上所有的范数是彼此等价的;

(3) 等价性的意义在于,当向量 $\boldsymbol{x}$ 的某一种范数可以任意小(大)时,该向量的其他任何一种范数也会任意小(大)。

当不需要指明使用哪一种向量范数时,就用记号 $\|\cdot\|$ 泛指任何一种向量范数。

由向量的 p-范数定义和向量范数等价定理可知,n 维向量空间中存在无穷多个向量范数,它们在形式上各不相同,但它们具有等价这一统一的性质,使得向量范数在很多性质上是相通的,反映了现象和本质对立统一的哲学思想,展现了数学的统一之美。

例 3.13 已知 $\boldsymbol{x}=(3,0,-4,-12)^{\mathrm{T}}$,计算 $\|\boldsymbol{x}\|_1$,$\|\boldsymbol{x}\|_2$,$\|\boldsymbol{x}\|_\infty$。

解

$$\|\boldsymbol{x}\|_1=\sum_{i=1}^{n}|x_i|=3+4+12=19$$

$$\|\boldsymbol{x}\|_2=\sqrt{\sum_{i=1}^{n}x_i^2}=\sqrt{3^2+4^2+12^2}=13$$

$$\|\boldsymbol{x}\|_\infty=\max_{1\leqslant i\leqslant n}|x_i|=\max\{3,4,12\}=12$$

一旦定义了向量的范数,就可以用它来表示向量的误差。设 $\boldsymbol{x}^*$ 是方程组 $\boldsymbol{Ax}=\boldsymbol{b}$ 的准确解,$\boldsymbol{x}$ 为其近似解,则其绝对误差可表示成 $\|\boldsymbol{x}^*-\boldsymbol{x}\|$,其相对误差可表示成 $\|\boldsymbol{x}^*-\boldsymbol{x}\|/\|\boldsymbol{x}^*\|$ 或 $\|\boldsymbol{x}^*-\boldsymbol{x}\|/\|\boldsymbol{x}\|$。

3.6.2 矩阵范数

类似于向量范数,矩阵范数是用于定义矩阵"大小"的量。

定义 3.5 如果对 $\boldsymbol{R}^{n\times n}$ 上任一矩阵 A,则按一定的规则有一非负实数与之对应,记为 $\|\boldsymbol{A}\|$,若 $\|\boldsymbol{A}\|$ 满足下列条件,

(1) 正定性:$\|\boldsymbol{A}\|\geqslant 0$,且 $\|\boldsymbol{A}\|=0$ 当且仅当 $\boldsymbol{A}=\boldsymbol{O}$(零矩阵);

(2) 齐次性:对任意实数 α,都有 $\|\alpha\boldsymbol{A}\|=|\alpha|\,\|\boldsymbol{A}\|$;

(3) 三角不等式:对任意的两个 n 阶方阵 $\boldsymbol{A}$,$\boldsymbol{B}$,都有 $\|\boldsymbol{A}+\boldsymbol{B}\|\leqslant\|\boldsymbol{A}\|+\|\boldsymbol{B}\|$;

(4) 相容性:$\|\boldsymbol{AB}\|\leqslant\|\boldsymbol{A}\|\,\|\boldsymbol{B}\|$(相容性条件);

则称 $\|\boldsymbol{A}\|$ 为矩阵 $\boldsymbol{A}$ 的范数。

前三条性质是与向量范数类似的,第四个性质则是矩阵乘法性质的要求。

设 $\boldsymbol{A}=(a_{ij})(i,j=1,2,\cdots,n)$,常用的矩阵范数如下:

(1) $\|\boldsymbol{A}\|_\infty=\max\limits_{1\leqslant i\leqslant n}\sum\limits_{j=1}^{n}|a_{ij}|$ 称为 $\boldsymbol{A}$ 的行范数;

(2) $\|\boldsymbol{A}\|_1=\max\limits_{1\leqslant j\leqslant n}\sum\limits_{i=1}^{n}|a_{ij}|$ 称为 $\boldsymbol{A}$ 的列范数;

(3) $\|\boldsymbol{A}\|_2=\sqrt{\lambda}$($\lambda$ 为 $\boldsymbol{A}^{\mathrm{T}}\boldsymbol{A}$ 的最大特征值),称为 $\boldsymbol{A}$ 的 2-范数或谱范数;

(4) $\|\boldsymbol{A}\|_F=\left\{\sum\limits_{i=1}^{n}\sum\limits_{j=1}^{n}|a_{ij}|^2\right\}^{\frac{1}{2}}$ 称为 Frobenius(佛罗贝尼乌斯)范数,又称为 Euclid 范数。

可以证明,上面这四种范数都满足矩阵范数定义的四个条件。

例 3.14 矩阵 $\boldsymbol{A}=\begin{bmatrix}1&0&1\\2&2&1\\-1&0&0\end{bmatrix}$,计算 $\|\boldsymbol{A}\|_1$,$\|\boldsymbol{A}\|_\infty$,$\|\boldsymbol{A}\|_F$,$\|\boldsymbol{A}\|_2$。

解

$$\|A\|_1=\max\{1+2+1,2,1+1\}=4$$

$$\|A\|_\infty=\max\{1+1,2+2+1,1\}=5$$

$$\|A\|_F=\sqrt{1^2+1^2+2^2+2^2+1^2+(-1)^2}=\sqrt{12}=2\sqrt{3}$$

$$A^{\mathrm{T}}A=\begin{bmatrix}1&2&-1\\0&2&0\\1&1&0\end{bmatrix}\begin{bmatrix}1&0&1\\2&2&1\\-1&0&0\end{bmatrix}=\begin{bmatrix}6&4&3\\4&4&2\\3&2&2\end{bmatrix}$$

$$|A^{\mathrm{T}}A-\lambda I|=\begin{vmatrix}6-\lambda&4&3\\4&4-\lambda&2\\3&2&2-\lambda\end{vmatrix}=4-15\lambda+12\lambda^2-\lambda^3$$

$$=(1-\lambda)(\lambda^2-11\lambda+4)=0$$

$$\lambda_1=1,\lambda_{2,3}=\frac{11\pm\sqrt{11^2-16}}{2}=\frac{11\pm\sqrt{105}}{2},\ \|A\|_2=\sqrt{\frac{11+\sqrt{105}}{2}}\approx 3.26$$

在矩阵计算中,矩阵与向量的乘积经常出现,因此应让所用的矩阵范数与向量范数有某种关系。

定义 3.6 若向量范数 $\|x\|$ 与矩阵范数 $\|A\|$ 满足不等式

$$\|Ax\|\leqslant\|A\|\ \|x\|,\ \forall x\in R^n, A\in R^{n\times m}$$

称上述矩阵范数与向量范数相容。

当在同一问题中需要同时使用矩阵范数与向量范数时,这两种范数应当是相容的。现在给出一种定义矩阵范数的方法,使它与某种向量范数相容。

定理 3.8 设在 $\boldsymbol{R}^n$ 中给定了一种向量范数,对任一矩阵 $A\in\boldsymbol{R}^{n\times n}$,令

$$\|A\|=\max_{\|x\|=1}\|Ax\| \tag{3-5}$$

则由此式定义的 $\|A\|$ 是一种矩阵范数,并且它与所给定的向量范数相容。

证 首先证明相容性。对任意的矩阵 $A\in\boldsymbol{R}^{n\times n}$ 和任意的非零向量 $y\in\boldsymbol{R}^n$,由于

$$\max_{\|x\|=1}\|Ax\|\geqslant\left\|A\frac{y}{\|y\|}\right\|=\frac{1}{\|y\|}\|Ay\|$$

所以有

$$\|Ay\|\leqslant\|y\|\max_{\|x\|=1}\|Ax\|=\|A\|\ \|y\|$$

此结果显然也适用于 $y=0$ 的情形。

再证明式(3-5)满足矩阵范数的四个条件。

(1) 当 $A=O$ 时,$\|A\|=0$;当 $A\neq O$ 时,必有 $\|A\|>0$。

(2) 对任一数 $k\in\boldsymbol{R}$,有

$$\|kA\|=\max_{\|x\|=1}\|kAx\|=|k|\max_{\|x\|=1}\|Ax\|=|k|\ \|A\|$$

(3) 对任意的矩阵 $A,B\in\boldsymbol{R}^{n\times n}$,

$$\begin{aligned}\|A+B\|&=\max_{\|x\|=1}\|(A+B)x\|\\&=\max_{\|x\|=1}\|Ax+Bx\|\leqslant\max_{\|x\|=1}(\|Ax\|+\|Bx\|)\\&\leqslant\max_{\|x\|=1}\|Ax\|+\max_{\|x\|=1}\|Bx\|\leqslant\|A\|+\|B\|\end{aligned}$$

(4) $\|\boldsymbol{AB}\|=\max\limits_{\|\boldsymbol{x}\|=1}\|(\boldsymbol{AB})\boldsymbol{x}\|\leqslant\max\limits_{\|\boldsymbol{x}\|=1}\|\boldsymbol{A}\|\ \|\boldsymbol{Bx}\|=\|\boldsymbol{A}\|\max\limits_{\|\boldsymbol{x}\|=1}\|\boldsymbol{Bx}\|=\|\boldsymbol{A}\|\ \|\boldsymbol{B}\|$。

证毕。

注：$\|\boldsymbol{A}\|=\max\limits_{\|\boldsymbol{x}\|=1}\|\boldsymbol{Ax}\|$是由一向量范数$\|\cdot\|$诱导出的一种矩阵范数，称为从属范数、自然范数或算子范数，由该式得到的矩阵范数一定与向量范数$\|\cdot\|$相容。

定理 3.9 如果$\|\boldsymbol{B}\|<1$，则$\boldsymbol{I}\pm\boldsymbol{B}$为非奇异阵，且有估计

$$\|(\boldsymbol{I}\pm\boldsymbol{B})^{-1}\|\leqslant\frac{1}{1-\|\boldsymbol{B}\|}$$

其中$\|\cdot\|$是矩阵的算子范数。

证　反证法。假定$\boldsymbol{I}\pm\boldsymbol{B}$奇异，即$\det(\boldsymbol{I}\pm\boldsymbol{B})=0$，则方程组$(\boldsymbol{I}\pm\boldsymbol{B})\boldsymbol{x}=\boldsymbol{0}$有非零解$\tilde{\boldsymbol{x}}$，即$\tilde{\boldsymbol{x}}=\mp\boldsymbol{B}\tilde{\boldsymbol{x}}$且$\tilde{\boldsymbol{x}}\neq\boldsymbol{0}$，两边取与矩阵范数相容的向量范数，于是有

$$\|\tilde{\boldsymbol{x}}\|=\|\boldsymbol{B}\tilde{\boldsymbol{x}}\|\leqslant\|\boldsymbol{B}\|\ \|\tilde{\boldsymbol{x}}\|$$

因$\|\tilde{\boldsymbol{x}}\|>0$，故有$\|\boldsymbol{B}\|\geqslant1$，与已知条件矛盾，因此$\boldsymbol{I}\pm\boldsymbol{B}$为非奇异阵。

因为$(\boldsymbol{I}-\boldsymbol{B})\cdot(\boldsymbol{I}-\boldsymbol{B})^{-1}=\boldsymbol{I}$，于是

$$(\boldsymbol{I}-\boldsymbol{B})^{-1}=\boldsymbol{I}+\boldsymbol{B}\,(\boldsymbol{I}-\boldsymbol{B})^{-1}$$

$$\|(\boldsymbol{I}-\boldsymbol{B})^{-1}\|\leqslant\|\boldsymbol{I}\|+\|\boldsymbol{B}\|\ \|(\boldsymbol{I}-\boldsymbol{B})^{-1}\|$$

所以

$$\|(\boldsymbol{I}-\boldsymbol{B})^{-1}\|\leqslant\frac{1}{1-\|\boldsymbol{B}\|}$$

同理可证

$$\|(\boldsymbol{I}+\boldsymbol{B})^{-1}\|\leqslant\frac{1}{1-\|\boldsymbol{B}\|}$$

证毕。

3.7 误差分析

在未考虑舍入误差的情况下，用直接法求得的都是方程组的准确解。然而，利用计算机进行数值计算时，舍入误差的影响是不能不考虑的。有些问题可用选主元素法来限制误差的影响，但这种方法并不是对所有问题都有效，考察以下例子。

例 3.15 设有方程组

$$\begin{cases}x_1+x_2=2\\x_1+1.00001x_2=2\end{cases}$$

其准确解为$x_1=2,x_2=0$。现在让第二个方程的常数项有一个微小的变化，即

$$\begin{cases}x_1+x_2=2\\x_1+1.00001x_2=2.00001\end{cases}$$

这时的准确解变为$x_1=1,x_2=1$。

比较这两个方程组可以看出，只是右端项有微小的差别，相对误差仅为0.5×10^{-5}，竟使解的结果面目全非。如果把第二个方程组看成第一个方程组的常数项经微小扰动得到的，也可称第二个方程是第一个方程的扰动方程组。可见，方程组的解对方程组的初始数据的

扰动十分敏感，差之毫厘，谬以千里。这种性质与求解方法无关，是方程组本身固有的性质，即由方程组的性态决定的。为了使计算结果尽可能准确，研究方程组的性态是有必要的，否则可能使得结果和预期产生巨大的偏差。我们应该树立细节决定成败的观念，遵循求真务实的科学精神，以精益求精的态度寻求分析问题、解决问题的方法。

定义 3.7　系数矩阵 $\boldsymbol{A}$ 或右端常数项 $\boldsymbol{b}$ 的微小变化（扰动）而引起方程组的解变化很大的方程组，称为病态方程组，其系数矩阵相应地称为病态矩阵，反之称为"良态"。

下面我们希望找出刻画矩阵"病态"性质的量。

先假定系数矩阵 $\boldsymbol{A}$ 是准确的，而右端项 $\boldsymbol{b}$ 有误差 $\Delta\boldsymbol{b}$，设相应解的改变量为 $\Delta\boldsymbol{x}$，这时方程组变为

$$\boldsymbol{A}(\boldsymbol{x}+\Delta\boldsymbol{x})=\boldsymbol{b}+\Delta\boldsymbol{b}$$

将 $\boldsymbol{Ax}=\boldsymbol{b}$ 代入上式得

$$\boldsymbol{A}\Delta\boldsymbol{x}=\Delta\boldsymbol{b}$$

设 $\boldsymbol{A}$ 可逆，则有

$$\Delta\boldsymbol{x}=\boldsymbol{A}^{-1}\Delta\boldsymbol{b}$$

两边取范数

$$\|\Delta\boldsymbol{x}\|=\|\boldsymbol{A}^{-1}\Delta\boldsymbol{b}\|\leqslant\|\boldsymbol{A}^{-1}\|\ \|\Delta\boldsymbol{b}\|$$

再由

$$\|\boldsymbol{b}\|=\|\boldsymbol{Ax}\|\leqslant\|\boldsymbol{A}\|\ \|\boldsymbol{x}\|$$

因 $\|\boldsymbol{x}\|\neq 0$，故得

$$\frac{\|\Delta\boldsymbol{x}\|}{\|\boldsymbol{x}\|}\leqslant\|\boldsymbol{A}\|\ \|\boldsymbol{A}^{-1}\|\ \frac{\|\Delta\boldsymbol{b}\|}{\|\boldsymbol{b}\|}\tag{3-6}$$

如果 $\boldsymbol{b}$ 是准确的，而 $\boldsymbol{A}$ 有误差 $\Delta\boldsymbol{A}$，相应解的误差为 $\Delta\boldsymbol{x}$，则有

$$(\boldsymbol{A}+\Delta\boldsymbol{A})(\boldsymbol{x}+\Delta\boldsymbol{x})=\boldsymbol{b}$$

仍设 $\boldsymbol{Ax}=\boldsymbol{b}$，代入上式得

$$\boldsymbol{A}\Delta\boldsymbol{x}=-\Delta\boldsymbol{A}(\boldsymbol{x}+\Delta\boldsymbol{x})$$

由于 $\boldsymbol{A}$ 可逆，两边乘以 $\boldsymbol{A}^{-1}$

$$\Delta\boldsymbol{x}=-\boldsymbol{A}^{-1}\Delta\boldsymbol{A}(\boldsymbol{x}+\Delta\boldsymbol{x})$$

$$\|\Delta\boldsymbol{x}\|\leqslant\|\boldsymbol{A}^{-1}\|\ \|\Delta\boldsymbol{A}\|\ \|\boldsymbol{x}+\Delta\boldsymbol{x}\|$$

最后整理得

$$\frac{\|\Delta\boldsymbol{x}\|}{\|\boldsymbol{x}+\Delta\boldsymbol{x}\|}\leqslant\|\boldsymbol{A}\|\ \|\boldsymbol{A}^{-1}\|\ \frac{\|\Delta\boldsymbol{A}\|}{\|\boldsymbol{A}\|}\tag{3-7}$$

从式(3-6)和式(3-7)可以看出，线性方程组解的相对误差与右端项的相对误差或与系数矩阵的相对误差之间相差约为 $\|\boldsymbol{A}\|\ \|\boldsymbol{A}^{-1}\|$ 倍。当这个量的数值很大时，即使原始数据的相对误差不大，所得近似解的相对误差仍可能很大，因此，$\|\boldsymbol{A}\|\ \|\boldsymbol{A}^{-1}\|$ 可以用来刻画矩阵的"病态"特性。

定义 3.8　设 $\boldsymbol{A}$ 是非奇异阵，称数 $\|\boldsymbol{A}\|\ \|\boldsymbol{A}^{-1}\|$ 为矩阵 $\boldsymbol{A}$ 的条件数，用 $\mathrm{cond}(\boldsymbol{A})$ 表示，即 $\mathrm{cond}(\boldsymbol{A})=\|\boldsymbol{A}\|\ \|\boldsymbol{A}^{-1}\|$，通常使用的条件数有：

(1) $\boldsymbol{A}$ 的行条件数 $\mathrm{cond}(\boldsymbol{A})_\infty=\|\boldsymbol{A}\|_\infty\ \|\boldsymbol{A}^{-1}\|_\infty$；

(2) $\boldsymbol{A}$ 的谱条件数 $\mathrm{cond}(\boldsymbol{A})_2=\|\boldsymbol{A}\|_2\ \|\boldsymbol{A}^{-1}\|_2=\sqrt{\dfrac{\lambda_{\max}(\boldsymbol{A}^{\mathrm{T}}\boldsymbol{A})}{\lambda_{\min}(\boldsymbol{A}^{\mathrm{T}}\boldsymbol{A})}}$。

注：当条件数接近 1 时，矩阵是“良态”的；当条件数比 1 大得多时，矩阵是“病态”的。

例 3.16 计算例 3.15 方程组系数矩阵的条件数 $\text{cond}(\boldsymbol{A})_\infty$。

解

$$\boldsymbol{A}=\begin{bmatrix}1 & 1\\1 & 1+10^{-5}\end{bmatrix},\boldsymbol{A}^{-1}=\begin{bmatrix}1+10^{5} & -10^{5}\\-10^{5} & 10^{5}\end{bmatrix}$$

$\text{cond}(\boldsymbol{A})_\infty=\|\boldsymbol{A}\|_\infty\|\boldsymbol{A}^{-1}\|_\infty=(2+10^{-5})(2\times10^{5}+1)>4\times10^{5}$ 条件数很大，由此可见 $\boldsymbol{A}$ 属于“病态”矩阵，所以方程组是“病态”的。

必须指出，对这类“病态”方程组用本章介绍的直接法得不到理想的结果。

人物介绍

刘徽(1208—1261) 三国时代魏国人，籍贯山东临淄，生卒年代不详，中国古典数学理论的主要奠基人，其主要著作是《九章算术注》《重差》(至唐代更名为《海岛算经》)一卷和《九章重差图》一卷，其内容反映了他在算术、代数、几何等方面的杰出贡献，是中国历史上伟大的数学家。他是世界上最早提出十进制小数概念的人，经他注释的《九章算术》对中国古代数学的发展影响了一千余年，是东方数学的典范之一。

算术方面，刘徽在开方术中首创十进制小数，从分数的通分过程中概括出“齐同术”。代数方面，他提出了正负数的明确定义，创立了“方程新术”；几何方面，他提出了“刘徽原理”，发明了一个新立方体——“牟合方盖”，利用勾股定理的证明原理发展了重差术，通过创造割圆术提出了极限的概念；刘徽使用的“外推法”是现代近似计算技术的一个重要方法，他遥遥领先于西方使用的“外推法”，并给出“徽率”，即 $\pi\approx\dfrac{157}{50}$，发展了中国古代“率”的思想和“出入相补”原理。

《九章算术》简介

《九章算术》是我国历史上最著名的一部数学经典，被奉为算经之首，成书年代大约为公元前一世纪，它总结了我国秦汉以前在数学领域的主要成就。全书由 246 个数学问题及其答案、术文组成，按算法分为方田、粟米、衰分、少广、商功、均输、盈不足、方程、勾股九章，与古希腊欧几里得的《几何原本》并列称为世界古典数学的经典著作。

习题 3

1. 用 Gauss 顺序消去法解线性方程组

$$\begin{cases}x_1+2x_2+x_3=2\\2x_1+8x_2+4x_3=6\\3x_1+6x_2=9\end{cases}$$

2. 用 Gauss 顺序消去法解线性方程组

$$\begin{cases}x_1+3x_2+3x_3=5\\2x_1+3x_2+5x_3=5\\3x_1+4x_2+7x_3=6\end{cases}$$

3. 用 Gauss 列主元消去法解线性方程组

$$\begin{bmatrix}2 & 2 & 2\\3 & 2 & 4\\1 & 3 & 9\end{bmatrix}\begin{bmatrix}x_1\\x_2\\x_3\end{bmatrix}=\begin{bmatrix}4\\2\\10\end{bmatrix}$$

4. 用 Gauss 列主元消去法解线性方程组

$$\begin{cases}x_1+2x_2+x_3=2\\3x_1+6x_2=9\\2x_1+8x_2+4x_3=6\end{cases}$$

5. 用杜利特尔($\boldsymbol{LU}$)分解法解线性方程组

$$\begin{bmatrix}3 & 4 & 0\\2 & 10 & 4\\1 & 2 & 1\end{bmatrix}\begin{bmatrix}x_1\\x_2\\x_3\end{bmatrix}=\begin{bmatrix}3\\10\\3\end{bmatrix}$$

6. 用三角分解法求解线性方程组

$$\begin{bmatrix}1 & 1 & 2 & 3\\0 & 2 & 1 & 2\\1 & -1 & 2 & 2\\2 & 2 & 5 & 9\end{bmatrix}\begin{bmatrix}x_1\\x_2\\x_3\\x_4\end{bmatrix}=\begin{bmatrix}3\\1\\3\\7\end{bmatrix}$$

7. 用追赶法解三对角方程组

$$\begin{bmatrix}2 & -1 & 0 & 0 & 0\\-1 & 2 & -1 & 0 & 0\\0 & -1 & 2 & -1 & 0\\0 & 0 & -1 & 2 & -1\\0 & 0 & 0 & -1 & 2\end{bmatrix}\begin{bmatrix}x_1\\x_2\\x_3\\x_4\\x_5\end{bmatrix}=\begin{bmatrix}1\\0\\0\\0\\0\end{bmatrix}$$

8. 用平方根法解方程组

$$\begin{bmatrix}16 & 4 & 8\\4 & 5 & -4\\8 & -4 & 22\end{bmatrix}\begin{bmatrix}x_1\\x_2\\x_3\end{bmatrix}=\begin{bmatrix}-4\\3\\10\end{bmatrix}$$

9. 用改进的平方根法解方程组

$$\begin{bmatrix}3 & 3 & 5\\3 & 5 & 9\\5 & 9 & 17\end{bmatrix}\begin{bmatrix}x_1\\x_2\\x_3\end{bmatrix}=\begin{bmatrix}10\\16\\30\end{bmatrix}$$

10. 已知 $\boldsymbol{x}=(-1,2,3)^{\mathrm{T}}$,计算 $\|\boldsymbol{x}\|_1$,$\|\boldsymbol{x}\|_2$,$\|\boldsymbol{x}\|_\infty$。

11. $\boldsymbol{A}=\begin{bmatrix}1 & 5 & -2\\2 & 1 & 0\\3 & -8 & 2\end{bmatrix}$,计算 $\|\boldsymbol{A}\|_1$,$\|\boldsymbol{A}\|_\infty$,$\|\boldsymbol{A}\|_F$。

12. 计算矩阵 $\boldsymbol{A}$ 的行范数条件数 $\mathrm{cond}(\boldsymbol{A})_\infty$。

(1) $\boldsymbol{A}=\begin{bmatrix}1 & 1\\1 & 1.0001\end{bmatrix}$;　　(2) $\boldsymbol{A}=\begin{bmatrix}1 & 2\\3 & 4\end{bmatrix}$

第 4 章 解线性方程组的迭代法

第 3 章介绍了求解线性方程组的直接法，本章介绍求解线性方程组的另一种方法——迭代法。

求解偏微分方程常常引出大型稀疏线性方程组，这类方程组系数矩阵零元素较多且分布不规则，阶数高，存储困难，舍入误差容易积累，用直接法求解答案不可靠，这种大型稀疏线性方程组适合用迭代法求解。

迭代法是一种不断用变量的旧值递推出新值的过程。这一过程与哲学中的迭代思想有些相似。例如，在辩证唯物主义中，迭代思想认为世界是不断变化的，人们需要不断地适应和调整。迭代法充分体现了持续学习和修正认知的哲学思想。

下面我们用逐次逼近的迭代法去找线性代数方程组的解。已知线性代数方程组

$$\boldsymbol{A}\boldsymbol{x}=\boldsymbol{b}$$

首先将方程组等价变形：分裂 $\boldsymbol{A}=\boldsymbol{N}-\boldsymbol{P}$

$$\begin{aligned}
&\boldsymbol{A}\boldsymbol{x}=\boldsymbol{b}\\
&\Rightarrow(\boldsymbol{N}-\boldsymbol{P})\boldsymbol{x}=\boldsymbol{b}\\
&\Rightarrow\boldsymbol{N}\boldsymbol{x}=\boldsymbol{P}\boldsymbol{x}+\boldsymbol{b}\\
&\Rightarrow\boldsymbol{x}=\boldsymbol{N}^{-1}(\boldsymbol{P}\boldsymbol{x}+\boldsymbol{b})=\underbrace{\boldsymbol{N}^{-1}\boldsymbol{P}}_{\boldsymbol{B}}x+\underbrace{\boldsymbol{N}^{-1}\boldsymbol{b}}_{\boldsymbol{g}}\\
&\Rightarrow\boldsymbol{x}=\boldsymbol{B}\boldsymbol{x}+\boldsymbol{g}
\end{aligned}$$

按照上面步骤将方程组 $\boldsymbol{A}\boldsymbol{x}=\boldsymbol{b}$ 改写成等价的方程组 $\boldsymbol{x}=\boldsymbol{B}\boldsymbol{x}+\boldsymbol{g}$。

由 $\boldsymbol{x}=\boldsymbol{B}\boldsymbol{x}+\boldsymbol{g}$ 可得迭代格式

$$\boldsymbol{x}^{(k+1)}=\boldsymbol{B}\boldsymbol{x}^{(k)}+\boldsymbol{g}$$

其中 $\boldsymbol{B}$ 称为迭代矩阵。

迭代法是从选定的初始向量 $\boldsymbol{x}^{(0)}$ 出发，按照迭代格式，求出向量 $\boldsymbol{x}^{(1)}$ 再用同一迭代格式以 $\boldsymbol{x}^{(1)}$ 代替 $\boldsymbol{x}^{(0)}$，求出向量 $\boldsymbol{x}^{(2)}$，如此反复进行，得到近似解序列 $\{\boldsymbol{x}^{(k)}\}$。当 $\{\boldsymbol{x}^{(k)}\}$ 收敛时，其极限为方程组的精确解。当 k 充分大时，$\boldsymbol{x}^{(k)}$ 约等于解向量.由于实际计算都只能计算到某个 $\boldsymbol{x}^{(k)}$ 就停止，所以迭代法与直接法不同，即使不考虑舍入误差的影响，迭代法通常在有限步骤内得不到方程的准确解，只能逐步逼近解。迭代法的好坏主要体现在此迭代序列的收敛速度上。迭代法的优点是算法简单，因此编程比较容易；缺点是要求方程组的系数矩阵具有某种特殊性质，以保证迭代过程的收敛性，发散的迭代过程是没有实用价值的。

注：迭代矩阵 $\boldsymbol{B}$ 的选取不唯一，且迭代矩阵影响收敛性。

本章将主要介绍雅可比迭代法、高斯-赛德尔迭代法、超松弛迭代法以及迭代法的收敛性等基本理论问题。我们将在迭代格式的选择和收敛性证明中体会实践和理论的辩证关系。在超松弛迭代中，松弛因子的选择体现了实践的重要性。

4.1 雅可比迭代法与赛德尔迭代法

4.1.1 雅可比迭代法

我们先以3个未知数的方程组为例，介绍雅可比迭代法计算公式的构造方法。

设有方程组

$$\begin{cases} \underline{a_{11}x_1}+a_{12}x_2+a_{13}x_3=b_1 \\ a_{21}x_1+\underline{a_{22}x_2}+a_{23}x_3=b_2 \\ a_{31}x_1+a_{32}x_2+\underline{a_{33}x_3}=b_3 \end{cases}$$

改写成等价形式

$$\begin{cases} \underline{a_{11}x_1}= \qquad -a_{12}x_2-a_{13}x_3+b_1 \\ \underline{a_{22}x_2}=-a_{21}x_1 \qquad -a_{23}x_3+b_2 \\ \underline{a_{33}x_3}=-a_{31}x_1-a_{32}x_2 \qquad +b_3 \end{cases}$$

改写成等价形式

$$\begin{cases} x_1= \qquad -\dfrac{a_{12}}{a_{11}}x_2-\dfrac{a_{13}}{a_{11}}x_3+\dfrac{b_1}{a_{11}} \\ x_2=-\dfrac{a_{21}}{a_{22}}x_1 \qquad -\dfrac{a_{23}}{a_{22}}x_3+\dfrac{b_2}{a_{22}} \\ x_3=-\dfrac{a_{31}}{a_{33}}x_1-\dfrac{a_{32}}{a_{33}}x_2 \qquad +\dfrac{b_3}{a_{33}} \end{cases}$$

改写成迭代格式

$$\begin{cases} x_1^{(k+1)}= \qquad -\dfrac{a_{12}}{a_{11}}x_2^{(k)}-\dfrac{a_{13}}{a_{11}}x_3^{(k)}+\dfrac{b_1}{a_{11}} \\ x_2^{(k+1)}=-\dfrac{a_{21}}{a_{22}}x_1^{(k)} \qquad -\dfrac{a_{23}}{a_{22}}x_3^{(k)}+\dfrac{b_2}{a_{22}} \\ x_3^{(k+1)}=-\dfrac{a_{31}}{a_{33}}x_1^{(k)}-\dfrac{a_{32}}{a_{33}}x_2^{(k)} \qquad +\dfrac{b_3}{a_{33}} \end{cases}$$

选定初始向量 $\boldsymbol{x}^{(0)}$，按照迭代格式构造迭代向量序列 $\boldsymbol{x}^{(1)},\boldsymbol{x}^{(2)},\cdots,\boldsymbol{x}^{(k)},\boldsymbol{x}^{(k+1)},\cdots$。由这种迭代格式得到迭代向量序列 $\{\boldsymbol{x}^{(k)}\}$ 的方法称为雅可比迭代法，又称简单迭代法或整体迭代法。雅可比迭代法的矩阵格式简洁且方便使用，体现了数学的简洁之美。

对于 n 元线性方程组 $\boldsymbol{Ax}=\boldsymbol{b}$，雅可比迭代格式的分量形式为($a_{ii}\neq0$)

$$x_i^{(k+1)}=\frac{1}{a_{ii}}\Big(b_i-\sum_{j=1}^{i-1}a_{ij}x_j^{(k)}-\sum_{j=i+1}^{n}a_{ij}x_j^{(k)}\Big) \quad (i=1,2,\cdots n,\quad k=0,1,\cdots)$$

或者写为

$$x_i^{(k+1)}=x_i^{(k)}+\frac{1}{a_{ii}}\Big(b_i-\sum_{j=1}^{n}a_{ij}x_j^{(k)}\Big)\ (i=1,2,\cdots n,\quad k=0,1,\cdots)$$

(向量)矩阵形式为

令 $\boldsymbol{A}=\boldsymbol{D}-\boldsymbol{L}-\boldsymbol{U}$

$$\begin{aligned}
&\boldsymbol{Ax}=\boldsymbol{b}\\
&\Rightarrow(\boldsymbol{D}-\boldsymbol{L}-\boldsymbol{U})\boldsymbol{x}=\boldsymbol{b}\\
&\Rightarrow\boldsymbol{Dx}=(\boldsymbol{L}+\boldsymbol{U})\boldsymbol{x}+\boldsymbol{b}\\
&\Rightarrow\boldsymbol{x}=\underbrace{\boldsymbol{D}^{-1}(\boldsymbol{L}+\boldsymbol{U})}_{\boldsymbol{B}_J}\boldsymbol{x}+\underbrace{\boldsymbol{D}^{-1}\boldsymbol{b}}_{\boldsymbol{g}_J}\\
&\Rightarrow\boldsymbol{x}=\boldsymbol{B}_J\boldsymbol{x}+\boldsymbol{g}_J
\end{aligned}$$

雅可比迭代的格式为

$$\boldsymbol{x}^{(k+1)}=\boldsymbol{B}_J\boldsymbol{x}^{(k)}+\boldsymbol{g}_J$$

其中 $\boldsymbol{B}_J=\boldsymbol{D}^{-1}(\boldsymbol{L}+\boldsymbol{U})$，称为雅可比迭代矩阵，$\boldsymbol{g}_J=\boldsymbol{D}^{-1}\boldsymbol{b}$。

例 4.1 用雅可比迭代法求解线性方程组

$$\begin{cases}10x_1-x_2-2x_3=72\\-x_1+10x_2-2x_3=83\\-x_1-x_2+5x_3=42\end{cases}$$

解

$$\begin{cases}\underline{10x_1}-x_2-2x_3=72\\-x_1+\underline{10x_2}-2x_3=83\\-x_1-x_2+\underline{5x_3}=42\end{cases}\Rightarrow\begin{cases}\underline{10x_1}=\quad x_2+2x_3+72\\\underline{10x_2}=x_1\quad+2x_3+83\\\underline{5x_3}=x_1+x_2\quad+42\end{cases}$$

$$\Rightarrow\begin{cases}x_1=\quad 0.1x_2+0.2x_3+7.2\\x_2=0.1x_1\quad+0.2x_3+8.3\\x_3=0.2x_1+0.2x_2\quad+8.4\end{cases}$$

雅可比迭代格式为

$$\begin{cases}x_1^{(k+1)}=\quad 0.1x_2^{(k)}+0.2x_3^{(k)}+7.2\\x_2^{(k+1)}=0.1x_1^{(k)}\quad+0.2x_3^{(k)}+8.3\\x_3^{(k+1)}=0.2x_1^{(k)}+0.2x_2^{(k)}\quad+8.4\end{cases}$$

取 $\boldsymbol{x}^{(0)}=(0,0,0)^{\mathrm{T}}$，迭代 9 次的近似解 $\boldsymbol{x}^{(9)}=(10.9994,11.9994,12.9992)^{\mathrm{T}}$，与精确解 $\boldsymbol{x}^*=(11,12,13)^{\mathrm{T}}$ 比较，有误差 $\|\boldsymbol{x}^*-\boldsymbol{x}^{(9)}\|_\infty\approx0.0008$。

例 4.2 用雅可比迭代法求解线性方程组

$$\begin{cases}10x_1-\ x_2+\ 2x_3\qquad=6\\-x_1+11x_2-\ x_3+3x_4=25\\\ 2x_1-\ x_2+10x_3\ -x_4=-11\\\qquad 3x_2-\ x_3+8x_4=15\end{cases}$$

解 首先将方程组转化为等价方程组

$$\begin{cases}x_1=\dfrac{1}{10}(6+x_2-2x_3)\\[2ex]x_2=\dfrac{1}{11}(25+x_1+x_3-3x_4)\\[2ex]x_3=\dfrac{1}{10}(-11-2x_1+x_2+x_4)\\[2ex]x_4=\dfrac{1}{8}(15-3x_2+x_3)\end{cases}$$

雅可比迭代格式为

$$\begin{cases} x_1^{(k+1)}=\dfrac{1}{10}(6+x_2^{(k)}-2x_3^{(k)}) \\ x_2^{(k+1)}=\dfrac{1}{11}(25+x_1^{(k)}+x_3^{(k)}-3x_4^{(k)}) \\ x_3^{(k+1)}=\dfrac{1}{10}(-11-2x_1^{(k)}+x_2^{(k)}+x_4^{(k)}) \\ x_4^{(k+1)}=\dfrac{1}{8}(15-3x_2^{(k)}+x_3^{(k)}) \end{cases}$$

取初始向量 $\boldsymbol{x}^{(0)}=(0,0,0)^{\mathrm{T}}$，迭代 10 次的近似解 $\boldsymbol{x}^{(10)}=(1.0001,1.9998,-0.9998,0.9998)^{\mathrm{T}}$，与精确解 $\boldsymbol{x}^*=(1,2,-1,1)^{\mathrm{T}}$ 比较，有误差 $\|\boldsymbol{x}^*-\boldsymbol{x}^{(10)}\|_\infty\approx0.0002$。

4.1.2 高斯-赛德尔迭代法

仔细研究雅可比迭代格式

$$\begin{cases} x_1^{(k+1)}=\dfrac{1}{a_{11}}(\qquad\qquad -a_{12}x_2^{(k)}-a_{13}x_3^{(k)}+b_1) \\ x_2^{(k+1)}=\dfrac{1}{a_{22}}(-a_{21}x_1^{(k)}\qquad\qquad -a_{23}x_3^{(k)}+b_2) \\ x_3^{(k+1)}=\dfrac{1}{a_{33}}(-a_{31}x_1^{(k)}-a_{32}x_2^{(k)}\qquad\qquad +b_3) \end{cases}$$

可以发现，在求 $x_2^{(k+1)}$ 时，$x_1^{(k+1)}$ 已经求出来了，然而在计算 $x_2^{(k+1)}$ 时仍然用的是 $x_1^{(k)}$；同样，在计算 $x_3^{(k+1)}$ 时，$x_1^{(k+1)}$ 和 $x_2^{(k+1)}$ 均已求得，而公式中使用的还是 $x_1^{(k)}$ 和 $x_2^{(k)}$。在收敛的情形下，最新计算出来的分量比旧的分量更接近方程组的准确解，因此设想当新的分量求得后马上用它来替代旧的分量，可能会更快地接近方程组的准确解。基于这种设想构造迭代公式的方法称为赛德尔迭代法，又称逐个代换法或高斯-赛德尔(Gauss-Seidel)迭代法。

将雅可比迭代格式改写为赛德尔迭代格式

$$\begin{cases} x_1^{(k+1)}=\dfrac{1}{a_{11}}(\qquad\qquad -a_{12}x_2^{(k)}-a_{13}x_3^{(k)}+b_1) \\ x_2^{(k+1)}=\dfrac{1}{a_{22}}(-a_{21}x_1^{(k+1)}\qquad\qquad -a_{23}x_3^{(k)}+b_2) \\ x_3^{(k+1)}=\dfrac{1}{a_{33}}(-a_{31}x_1^{(k+1)}-a_{32}x_2^{(k+1)}\qquad\qquad +b_3) \end{cases}$$

赛德尔迭代法的分量形式为($a_{ii}\neq0$)

$$x_i^{(k+1)}=\frac{1}{a_{ii}}\Big(b_i-\sum_{j=1}^{i-1}a_{ij}x_j^{(k+1)}-\sum_{j=i+1}^{n}a_{ij}x_j^{(k)}\Big)\quad(i=1,2,\cdots n,\quad k=0,1,\cdots)$$

或者

$$x_i^{(k+1)}=x_i^{(k)}+\frac{1}{a_{ii}}\Big(b_i-\sum_{j=1}^{i-1}a_{ij}x_j^{(k+1)}-\sum_{j=i}^{n}a_{ij}x_j^{(k)}\Big)(i=1,2,\cdots n,\quad k=0,1,\cdots)$$

赛德尔迭代法的一般形式(向量、矩阵形式)为

令 $\boldsymbol{A}=\boldsymbol{D}-\boldsymbol{L}-\boldsymbol{U}$ 得

$$
\begin{aligned}
&\boldsymbol{A}\boldsymbol{x}=\boldsymbol{b}\\
&\Rightarrow(\boldsymbol{D}-\boldsymbol{L}-\boldsymbol{U})\boldsymbol{x}=\boldsymbol{b}\\
&\Rightarrow\boldsymbol{D}\boldsymbol{x}=(\boldsymbol{L}+\boldsymbol{U})\boldsymbol{x}+\boldsymbol{b}\\
&\Rightarrow\boldsymbol{D}\boldsymbol{x}=\boldsymbol{L}\boldsymbol{x}+\boldsymbol{U}\boldsymbol{x}+\boldsymbol{b}\\
&\Rightarrow\boldsymbol{D}\boldsymbol{x}^{(k+1)}=\boldsymbol{L}\boldsymbol{x}^{(k+1)}+\boldsymbol{U}\boldsymbol{x}^{(k)}+\boldsymbol{b}
\end{aligned}
$$

或

$$
\begin{aligned}
&(\boldsymbol{D}-\boldsymbol{L})\boldsymbol{x}^{(k+1)}=\boldsymbol{U}\boldsymbol{x}^{(k)}+\boldsymbol{b}\\
&\Rightarrow\boldsymbol{x}^{(k+1)}=\underbrace{(\boldsymbol{D}-\boldsymbol{L})^{-1}\boldsymbol{U}}_{\boldsymbol{B}_S}\boldsymbol{x}^{(k)}+\underbrace{(\boldsymbol{D}-\boldsymbol{L})^{-1}\boldsymbol{b}}_{\boldsymbol{g}_S}
\end{aligned}
$$

赛德尔迭代的格式为

$$\boldsymbol{x}^{(k+1)}=\boldsymbol{B}_S\boldsymbol{x}^{(k)}+\boldsymbol{g}_S$$

其中 $\boldsymbol{B}_S=(\boldsymbol{D}-\boldsymbol{L})^{-1}\boldsymbol{U}$ 称为赛德尔迭代矩阵，$\boldsymbol{g}_S=(\boldsymbol{D}-\boldsymbol{L})^{-1}\boldsymbol{b}$。

例 4.3 用赛德尔迭代法解方程组 $\begin{bmatrix}10&-2&-1\\-2&10&-1\\-1&-2&5\end{bmatrix}\begin{bmatrix}x_1\\x_2\\x_3\end{bmatrix}=\begin{bmatrix}3\\15\\10\end{bmatrix}$，取初始向量 $\boldsymbol{x}^{(0)}=(0,0,0)^{\mathrm{T}}$，当 $\max\limits_{1\leqslant i\leqslant 3}\|x_i^{(k+1)}-x_i^{(k)}\|<10^{-3}$ 时迭代停止。

解 赛德尔迭代格式为

$$
\begin{cases}
x_1^{(k+1)}= & +0.2x_2^{(k)}+0.1x_3^{(k)}+0.3\\
x_2^{(k+1)}=0.2x_1^{(k+1)} & +0.1x_3^{(k)}+1.5\\
x_3^{(k+1)}=0.2x_1^{(k+1)}+0.4x_2^{(k+1)} & +2
\end{cases}\quad(k=0,1,\cdots)
$$

计算结果如下：

k	$\boldsymbol{x}^{(k)}=(x_1^{(k)},x_2^{(k)},x_3^{(k)})^{\mathrm{T}}$
0	$(0,0,0)^{\mathrm{T}}$
1	$(0.30000,1.56000,2.68400)^{\mathrm{T}}$
2	$(0.88040,1.94448,2.95287)^{\mathrm{T}}$
3	$(0.98428,1.99224,2.99375)^{\mathrm{T}}$
4	$(0.99782,1.99894,2.99914)^{\mathrm{T}}$
5	$(0.99970,1.99985,2.99988)^{\mathrm{T}}$
6	$(0.99996,1.99998,2.99998)^{\mathrm{T}}$

因为 $\max\limits_{1\leqslant i\leqslant 3}\|x_i^{(6)}-x_i^{(5)}\|<10^{-3}$，所以 $\boldsymbol{x}^{(6)}$ 为近似解，即 $x_1\approx0.99996$，$x_2\approx1.99998$，$x_3\approx2.99998$。

例 4.4 用赛德尔迭代法求解例 4.1 中的线性方程组

$$
\begin{cases}
10x_1-x_2-2x_3=72\\
-x_1+10x_2-2x_3=83\\
-x_1-x_2+5x_3=42
\end{cases}
$$

解

$$\begin{cases} x_1^{(k+1)} = \qquad 0.1x_2^{(k)} + 0.2x_3^{(k)} + 7.2 \\ x_2^{(k+1)} = 0.1x_1^{(k+1)} \qquad + 0.2x_3^{(k)} + 8.3 \\ x_3^{(k+1)} = 0.2x_1^{(k+1)} + 0.2x_2^{(k+1)} \qquad + 8.4 \end{cases}$$

取 $\boldsymbol{x}^{(0)}=(0,0,0)^{\mathrm{T}}$，迭代 6 次的近似解 $\boldsymbol{x}^{(6)}=(10.9999,11.9999,13.0000)^{\mathrm{T}}$。

本题用高斯-赛德尔迭代法比用雅可比迭代法的收敛速度更快。

注：高斯-赛德尔迭代法未必一定比雅可比迭代法好。

4.2 迭代法的收敛性

为了研究迭代法的收敛性，首先介绍向量序列收敛的概念。

定义 4.1 设有向量序列

$$\boldsymbol{x}^{(k)}=(x_1^{(k)},x_2^{(k)},\cdots,x_n^{(k)})^{\mathrm{T}}\ (k=0,1,\cdots)$$

如果存在常向量 $\boldsymbol{x}^*=(x_1^*,x_2^*,\cdots,x_n^*)^{\mathrm{T}}$，使得

$$\lim_{k\to\infty} x_i^{(k)}=x_i^*\ (i=1,2,\cdots,n)$$

则称向量序列 $\{\boldsymbol{x}^{(k)}\}$ 收敛于常向量 $\boldsymbol{x}^*$，记为

$$\lim_{k\to\infty}\boldsymbol{x}^{(k)}=\boldsymbol{x}^*$$

定理 4.1 设有向量序列 $\{\boldsymbol{x}^{(k)}\}$ 和常向量 $\boldsymbol{x}^*$，如果对某种范数有

$$\lim_{k\to\infty}\|\boldsymbol{x}^{(k)}-\boldsymbol{x}^*\|=0$$

则必有

$$\lim_{k\to\infty}\boldsymbol{x}^{(k)}=\boldsymbol{x}^*$$

证 根据向量范数等价性定理 3.7，必有

$$\lim_{k\to\infty}\|\boldsymbol{x}^{(k)}-\boldsymbol{x}^*\|_\infty=0$$

即

$$\lim_{k\to\infty}\max_{1\leqslant i\leqslant n}|x_i^{(k)}-x_i^*|=0$$

因此有

$$\lim_{k\to\infty} x_i^{(k)}=x_i^*\ (i=1,2,\cdots,n)$$

根据定义 4.1，上式即 $\lim\limits_{k\to\infty}\boldsymbol{x}^{(k)}=\boldsymbol{x}^*$。

证毕。

前面我们将线性代数方程组

$$\boldsymbol{Ax}=\boldsymbol{b}$$

转换为等价方程

$$\boldsymbol{x}=\boldsymbol{Bx}+\boldsymbol{g}$$

方程的精确解 $\boldsymbol{x}^*$（不动点）满足

$$\boldsymbol{x}^*=\boldsymbol{Bx}^*+\boldsymbol{g} \tag{4-1}$$

由等价方程写出迭代格式

$$\boldsymbol{x}^{(k+1)}=\boldsymbol{Bx}^{(k)}+\boldsymbol{g} \tag{4-2}$$

再由迭代格式可以得到向量序列 $\{\boldsymbol{x}^{(k)}\}$，只有这个向量序列收敛于方程组的精确解 $\boldsymbol{x}^*$，将

向量序列中的向量 $\boldsymbol{x}^{(k)}$ 作为方程组的近似解才有意义，而且 k 越大，$\boldsymbol{x}^{(k)}$ 作为方程组的近似解就越精确。下面研究向量序列 $\{\boldsymbol{x}^{(k)}\}$ 收敛的条件。

引进误差向量

$$\mathbf{e}^{(k+1)}=\boldsymbol{x}^{(k+1)}-\boldsymbol{x}^{*}$$

由式(4-2)减去式(4-1)得到误差向量的递推公式

$$\mathbf{e}^{(k+1)}=\boldsymbol{B}\mathbf{e}^{(k)}\ (k=0,1,2,\cdots)$$

于是有

$$\mathbf{e}^{(k)}=\boldsymbol{B}\mathbf{e}^{(k-1)}=\cdots=\boldsymbol{B}^{k}\mathbf{e}^{(0)}\quad(\mathbf{e}^{(0)}=\boldsymbol{x}^{(0)}-\boldsymbol{x}^{*})$$

上式表明，要考查 $\{\boldsymbol{x}^{(k)}\}$ 收敛性，就是要研究迭代矩阵 $\boldsymbol{B}$ 在什么条件下能使 $\mathbf{e}^{(k)}\to\mathbf{0}(k\to\infty)$，即需要研究 $\boldsymbol{B}$ 满足什么条件能有 $\boldsymbol{B}^{k}\to\boldsymbol{O}$(零矩阵)$(k\to\infty)$。

显然有

$$\|\mathbf{e}^{(k)}\|=\|\boldsymbol{B}^{k}\mathbf{e}^{(0)}\|\leqslant\|\boldsymbol{B}\|^{k}\|\mathbf{e}^{(0)}\|=q^{k}\|\mathbf{e}^{(0)}\| \tag{4-3}$$

于是，如果给出的迭代法的迭代矩阵 $\boldsymbol{B}$ 满足 $\|\boldsymbol{B}\|=q<1$，则 $\boldsymbol{x}^{(k)}-\boldsymbol{x}^{*}=\boldsymbol{e}^{(k)}\to\mathbf{0}(k\to\infty)$，即迭代法 $\boldsymbol{x}^{(k+1)}=\boldsymbol{B}\boldsymbol{x}^{(k)}+\boldsymbol{g}$ 收敛。

总结上述讨论有以下定理。

定理 4.2 (迭代法收敛的充分条件)

设有方程组 $\boldsymbol{x}=\boldsymbol{B}\boldsymbol{x}+\boldsymbol{g}$，且 $\{\boldsymbol{x}^{(k)}\}$ 为由迭代格式 $\boldsymbol{x}^{(k+1)}=\boldsymbol{B}\boldsymbol{x}^{(k)}+\boldsymbol{g}$ ($\boldsymbol{x}^{(0)}$ 为任意选取的初始向量)产生的向量序列。如果迭代矩阵 $\boldsymbol{B}$ 有某一种算子范数 $\|\boldsymbol{B}\|=q<1$，则

(1) 方程组 $\boldsymbol{x}=\boldsymbol{B}\boldsymbol{x}+\boldsymbol{g}$ 的解存在且唯一；迭代法收敛，即 $\{\boldsymbol{x}^{(k)}\}$ 收敛于唯一解 $\boldsymbol{x}^{*}$；

(2) $\|\boldsymbol{x}^{*}-\boldsymbol{x}^{(k)}\|\leqslant q^{k}\|\boldsymbol{x}^{*}-\boldsymbol{x}^{(0)}\|$；

(3) $\|\boldsymbol{x}^{*}-\boldsymbol{x}^{(k)}\|\leqslant\dfrac{q}{1-q}\|\boldsymbol{x}^{(k)}-\boldsymbol{x}^{(k-1)}\|$(误差事后估计式)；

(4) $\|\boldsymbol{x}^{*}-\boldsymbol{x}^{(k)}\|\leqslant\dfrac{q^{k}}{1-q}\|\boldsymbol{x}^{(1)}-\boldsymbol{x}^{(0)}\|$。

证 由定理 3.9 易得方程组 $(\boldsymbol{I}-\boldsymbol{B})\boldsymbol{x}=\boldsymbol{g}$ 的解存在且唯一，由式(4-3)可以得到迭代法收敛，结论(1)是显然的事实。

(2) 由关系式 $\boldsymbol{x}^{*}-\boldsymbol{x}^{(k)}=\boldsymbol{B}(\boldsymbol{x}^{*}-\boldsymbol{x}^{(k-1)})$ 及 $\boldsymbol{x}^{(k+1)}-\boldsymbol{x}^{(k)}=\boldsymbol{B}(\boldsymbol{x}^{k}-\boldsymbol{x}^{(k-1)})$ 有结论(a) $\|\boldsymbol{x}^{(k+1)}-\boldsymbol{x}^{(k)}\|\leqslant q\|\boldsymbol{x}^{k}-\boldsymbol{x}^{(k-1)}\|$，结论(b) $\|\boldsymbol{x}^{*}-\boldsymbol{x}^{(k)}\|\leqslant q\|\boldsymbol{x}^{*}-\boldsymbol{x}^{(k-1)}\|$，反复利用(b)即得结论(2)。

(3) 利用(b)，得 $\|\boldsymbol{x}^{(k+1)}-\boldsymbol{x}^{(k)}\|\geqslant\|\boldsymbol{x}^{*}-\boldsymbol{x}^{(k)}\|-\|\boldsymbol{x}^{*}-\boldsymbol{x}^{(k+1)}\|\geqslant(1-q)\|\boldsymbol{x}^{*}-\boldsymbol{x}^{(k)}\|$，于是 $\|\boldsymbol{x}^{*}-\boldsymbol{x}^{(k)}\|\leqslant\dfrac{1}{1-q}\|\boldsymbol{x}^{(k+1)}-\boldsymbol{x}^{(k)}\|\leqslant\dfrac{q}{1-q}\|\boldsymbol{x}^{(k)}-\boldsymbol{x}^{(k-1)}\|$。

(4) 利用上式并反复利用(a)，则得到结论(4)。

证毕。

注：(1) 利用该定理还可作误差估计，一般可取矩阵的 1，2 或∞范数。结论(3)是近似解 $\boldsymbol{x}^{(k)}$ 的误差事后估计式，对于给定的精度 $\boldsymbol{\varepsilon}$(当然 $\boldsymbol{\varepsilon}$ 应当选得恰当，小于或接近于机器精度可能会造成死循环)，只要 q 不是很接近 1，则可用 $\|\boldsymbol{x}^{(k)}-\boldsymbol{x}^{(k-1)}\|<\boldsymbol{\varepsilon}$ 来控制迭代终止。若 $q\approx1$，即使 $\|\boldsymbol{x}^{(k)}-\boldsymbol{x}^{(k-1)}\|$ 很小，也不能判定 $\|\boldsymbol{x}^{(k)}-\boldsymbol{x}^{*}\|$ 很小。

(2) 结论(4)可用作迭代次数的估计。根据事先给定的精度 $\boldsymbol{\varepsilon}$，可以估算出迭代的次数

$$k \geqslant \frac{\ln \dfrac{\boldsymbol{\varepsilon}(1-q)}{\| x^{(1)} - x^{(0)} \|}}{\ln q}$$

迭代法是否收敛虽与初始向量 $\boldsymbol{x}^{(0)}$ 的选取无关,但由上面的公式可以看出,初始向量对迭代次数有很大的影响,因此应重视初始向量 $\boldsymbol{x}^{(0)}$ 的选取。

推论 1 如果 $\|\boldsymbol{B}_J\|<1$,则 Jacobi 迭代法收敛。

推论 2 如果 $\|\boldsymbol{B}_S\|<1$,则 G-S 迭代法收敛。

例 4.5 考查用雅可比迭代法解例 4.2 中的方程组的收敛性。

解 $$\boldsymbol{A} = \begin{bmatrix} 10 & -1 & 2 & 0 \\ -1 & 11 & -1 & 3 \\ 2 & -1 & 10 & -1 \\ 0 & 3 & -1 & 8 \end{bmatrix}$$

$$= \begin{bmatrix} 10 & & & \\ & 11 & & \\ & & 10 & \\ & & & 8 \end{bmatrix} - \begin{bmatrix} 0 & & & \\ 1 & 0 & & \\ -2 & 1 & 0 & \\ 0 & -3 & 1 & 0 \end{bmatrix} - \begin{bmatrix} 0 & 1 & -2 & 0 \\ & 0 & 1 & -3 \\ & & 0 & 1 \\ & & & 0 \end{bmatrix} = \boldsymbol{D} - \boldsymbol{L} - \boldsymbol{U}$$

雅可比迭代矩阵为

$$\boldsymbol{B}_J = \boldsymbol{D}^{-1}(\boldsymbol{L}+\boldsymbol{U}) = \begin{bmatrix} 0 & \dfrac{1}{10} & -\dfrac{2}{10} & 0 \\ \dfrac{1}{11} & 0 & \dfrac{1}{11} & -\dfrac{3}{11} \\ -\dfrac{2}{10} & \dfrac{1}{10} & 0 & \dfrac{1}{10} \\ 0 & -\dfrac{3}{8} & \dfrac{1}{8} & 0 \end{bmatrix}$$

计算 $\|\boldsymbol{B}_J\|_\infty = \max\left\{\dfrac{3}{10}, \dfrac{5}{11}, \dfrac{4}{10}, \dfrac{4}{8}\right\} = \dfrac{1}{2} < 1$,故解此方程组的雅可比迭代法收敛。

定义 4.2 设 $n \times n$ 矩阵 $\boldsymbol{B}$ 的特征值是 $\lambda_i (i=1,2,\cdots,n)$,称 $\rho(\boldsymbol{B}) = \max\limits_{1 \leqslant i \leqslant n} |\lambda_i|$ 为矩阵 $\boldsymbol{B}$ 的谱半径。

例 4.6 设 $\boldsymbol{A} = \begin{bmatrix} 1 & 0 & 1 \\ 2 & 2 & 1 \\ -1 & 0 & 0 \end{bmatrix}$,计算 $\boldsymbol{A}$ 的谱半径。

解 计算 $\boldsymbol{A}$ 的特征值,即求特征方程

$$\det(\lambda \boldsymbol{I} - \boldsymbol{A}) = \begin{vmatrix} \lambda - 1 & 0 & -1 \\ -2 & \lambda - 2 & -1 \\ 1 & 0 & \lambda \end{vmatrix} = (\lambda - 2)(\lambda^2 - \lambda + 1) = 0$$

的根,于是 $\boldsymbol{A}$ 的特征值为

$$\lambda_1 = 2, \lambda_2 = \frac{1}{2} + \frac{\sqrt{3}}{2} i, \lambda_3 = \frac{1}{2} - \frac{\sqrt{3}}{2} i$$

$\boldsymbol{A}$ 的谱半径为 $\rho(\boldsymbol{A}) = \max\{2,1,1\} = 2$。

定理 4.3 设 $\|\boldsymbol{A}\|$ 是由 $\|\boldsymbol{A}\|=\max\limits_{\|\boldsymbol{x}\|=1}\|\boldsymbol{Ax}\|$ 定义的算子范数，$\rho(\boldsymbol{A})$ 是矩阵 $\boldsymbol{A}$ 的谱半径，则

$$\rho(\boldsymbol{A})\leqslant\|\boldsymbol{A}\|$$

即 $\boldsymbol{A}$ 的谱半径不超过 $\boldsymbol{A}$ 的任何一种算子范数。

证 设 λ 是 $\boldsymbol{A}$ 的任一特征值，$\boldsymbol{x}$ 为相应的特征向量，则有

$$\boldsymbol{Ax}=\lambda\boldsymbol{x}$$

利用范数的性质有

$$|\lambda|\,\|\boldsymbol{x}\|=\|\lambda\boldsymbol{x}\|=\|\boldsymbol{Ax}\|\leqslant\|\boldsymbol{A}\|\,\|\boldsymbol{x}\|$$

由于特征向量 $\boldsymbol{x}\neq\boldsymbol{0}$，所以立即可推出

$$|\lambda|\leqslant\|\boldsymbol{A}\|$$

由 λ 的任意性可知定理结论成立。

证毕。

引理 4.1 设 $\boldsymbol{B}\in\boldsymbol{R}^{n\times n}$，则 $\lim\limits_{k\to\infty}\boldsymbol{B}^k=\boldsymbol{O}$（零矩阵）的充分必要条件是矩阵 $\boldsymbol{B}$ 的谱半径 $\rho(\boldsymbol{B})<1$。

定理 4.4（迭代法基本定理） 对任意的初始向量 $\boldsymbol{x}^{(0)}$ 和右端项 $\boldsymbol{g}$，由迭代格式 $\boldsymbol{x}^{(k+1)}=\boldsymbol{Bx}^{(k)}+\boldsymbol{g}$ 产生的向量序列 $\{\boldsymbol{x}^{(k)}\}$ 收敛的充要条件是谱半径 $\rho(\boldsymbol{B})<1$（证明从略）。

推论 1 设方程组 $\boldsymbol{Ax}=\boldsymbol{b}$ 的系数矩阵 $\boldsymbol{A}$ 非奇异，且 $a_{ii}\neq0,i=1,2,\cdots,n$，则雅可比迭代法收敛的充要条件是雅可比迭代矩阵的谱半径 $\rho(\boldsymbol{B_J})<1$。

推论 2 设方程组 $\boldsymbol{Ax}=\boldsymbol{b}$ 的系数矩阵 $\boldsymbol{A}$ 非奇异，且 $a_{ii}\neq0,i=1,2,\cdots,n$，则赛德尔迭代法收敛的充要条件是赛德尔迭代矩阵的谱半径 $\rho(\boldsymbol{B_S})<1$。

例 4.7 设

$$\begin{cases}x_1+2x_2-2x_3=1\\x_1+x_2+x_3=1\\2x_1+2x_2+x_3=1\end{cases}$$

考查用雅可比迭代法和高斯-赛德尔迭代法解此方程组的收敛性。

解

$$\boldsymbol{A}=\begin{bmatrix}1&2&-2\\1&1&1\\2&2&1\end{bmatrix}=\begin{bmatrix}1&&\\&1&\\&&1\end{bmatrix}-\begin{bmatrix}0&&\\-1&0&\\-2&-2&0\end{bmatrix}-\begin{bmatrix}0&-2&2\\&0&-1\\&&0\end{bmatrix}=\boldsymbol{D}-\boldsymbol{L}-\boldsymbol{U}$$

雅可比迭代矩阵为

$$\boldsymbol{B_J}=\boldsymbol{D}^{-1}(\boldsymbol{L}+\boldsymbol{U})=\begin{bmatrix}0&-2&2\\-1&0&-1\\-2&-2&0\end{bmatrix}$$

计算 $\boldsymbol{B_J}$ 的特征值

$$\det(\lambda\boldsymbol{I}-\boldsymbol{B_J})=\lambda^3=0$$

$$\lambda_1=\lambda_2=\lambda_3=0$$

得到 $\rho(\boldsymbol{B_J})=0<1$，因此，用雅可比迭代法解此方程组收敛。

高斯-赛德尔迭代矩阵为

$$\boldsymbol{B}_S=(\boldsymbol{D}-\boldsymbol{L})^{-1}\boldsymbol{U}=\begin{bmatrix}0&-2&2\\0&2&-3\\0&0&2\end{bmatrix}$$

计算 $\boldsymbol{B}_S$ 的特征值

$$\det(\lambda\boldsymbol{I}-\boldsymbol{B}_S)=\lambda(\lambda-2)(\lambda-2)=0$$

$$\lambda_1=0,\lambda_2=\lambda_3=2$$

得到 $\rho(\boldsymbol{B}_S)=2>1$，所以用高斯-赛德尔迭代法解此方程组不收敛。

注：在求赛德尔迭代法的特征方程时，

$$|\lambda\boldsymbol{I}-\boldsymbol{B}_S|=|\lambda\boldsymbol{I}-(\boldsymbol{D}-\boldsymbol{L})^{-1}\boldsymbol{U}|=0\Leftrightarrow|\lambda(\boldsymbol{D}-\boldsymbol{L})-\boldsymbol{U}|=0$$

后式可避免求逆矩阵，因此采用后面的等价公式更简单。

定理 4.2 和定理 4.4 都是基于已求得迭代矩阵 $\boldsymbol{B}$ 这一前提条件的。是否有直接对方程组系数矩阵 $\boldsymbol{A}$ 进行迭代法收敛性判定的方法呢？对于一类比较特殊的方程组是可以有的。

定义 4.3　（严格对角占优阵）设 $\boldsymbol{A}=(a_{ij})_{n\times n}$，如果矩阵 $\boldsymbol{A}$ 满足条件

$$|a_{ii}|>\sum_{\substack{j=1\\j\neq i}}^{n}|a_{ij}|\quad(i=1,2,\cdots,n)$$

即 $\boldsymbol{A}$ 的每一行中，对角元素的绝对值都严格大于同行其他元素绝对值的和，则称 $\boldsymbol{A}$ 为按行严格对角占优的矩阵。类似地，可以定义按列严格对角占优的矩阵。今后，在无须特别指明是按行还是按列严格对角占优时，只简称 $\boldsymbol{A}$ 为严格对角占优阵。

引理 4.2　若 $\boldsymbol{A}=(a_{ij})_{n\times n}$ 为严格对角占优阵，则 $\boldsymbol{A}$ 为非奇异矩阵。

证　先设 $\boldsymbol{A}$ 是主对角线按行严格对角占优，即

$$|a_{ii}|>\sum_{\substack{j=1\\j\neq i}}^{n}|a_{ij}|\quad(i=1,2,\cdots,n)$$

用反证法，设 $\boldsymbol{A}$ 奇异，即 $\det(\boldsymbol{A})=0$，则方程组 $\boldsymbol{Ax}=\boldsymbol{0}$ 有非零解 $\tilde{\boldsymbol{x}}=(\tilde{x}_1,\tilde{x}_2,\cdots,\tilde{x}_n)^{\mathrm{T}}$，存在分量 $\tilde{x}_k$ 使

$$|\tilde{x}_k|=\max_{1\leqslant i\leqslant n}|\tilde{x}_i|\neq 0$$

现考查方程组中的第 k 个方程

$$\sum_{j=1}^{n}a_{kj}\tilde{x}_j=0$$

将非对角元的项移至等式的右端

$$a_{kk}\tilde{x}_k=-\sum_{\substack{j=1\\j\neq k}}^{n}a_{kj}\tilde{x}_j$$

即

$$|a_{kk}||\tilde{x}_k|=\left|\sum_{\substack{j=1\\j\neq k}}^{n}a_{kj}\tilde{x}_j\right|\leqslant\sum_{\substack{j=1\\j\neq k}}^{n}|a_{kj}||\tilde{x}_j|\leqslant|\tilde{x}_k|\sum_{\substack{j=1\\j\neq k}}^{n}|a_{kj}|$$

于是得出

$$|a_{kk}|\leqslant\sum_{\substack{j=1\\j\neq k}}^{n}|a_{kj}|$$

这与 $\boldsymbol{A}$ 按行严格对角占优矛盾，说明 $\boldsymbol{A}$ 为非奇异矩阵。

若 $\boldsymbol{A}$ 按列严格对角占优，则 $\boldsymbol{A}^{\mathrm{T}}$ 为按行对角严格占优，由上述证明可知 $\boldsymbol{A}^{\mathrm{T}}$ 为非奇异矩阵。由行列式性质可知，$\boldsymbol{A}$ 也为非奇异矩阵。

证毕。

定理 4.5 如果方程组 $\boldsymbol{Ax}=\boldsymbol{b}$ 的系数矩阵 $\boldsymbol{A}$ 是严格对角占优阵，则求解此方程组的雅可比迭代法和高斯-赛德尔迭代法均收敛。

证 设 $\boldsymbol{A}$ 为严格对角占优矩阵，只需证明 $\rho(\boldsymbol{B}_J)<1$ 和 $\rho(\boldsymbol{B}_S)<1$ 即可。

雅可比迭代法的迭代矩阵为

$$\boldsymbol{B}_J=\boldsymbol{I}-\boldsymbol{D}^{-1}\boldsymbol{A}=\begin{bmatrix} 0 & -\frac{a_{12}}{a_{11}} & \cdots & -\frac{a_{1n}}{a_{11}} \\ -\frac{a_{21}}{a_{22}} & 0 & \cdots & -\frac{a_{2n}}{a_{22}} \\ \vdots & \vdots & & \vdots \\ -\frac{a_{n1}}{a_{nn}} & -\frac{a_{n2}}{a_{nn}} & \cdots & 0 \end{bmatrix}$$

显然有 $\|\boldsymbol{B}_J\|_\infty<1$，故 $\rho(\boldsymbol{B}_J)<1$，从而证得雅可比迭代法收敛。

考查赛德尔迭代矩阵的特征方程

$$|\lambda\boldsymbol{I}-\boldsymbol{B}_S|=|\lambda\boldsymbol{I}-(\boldsymbol{D}-\boldsymbol{L})^{-1}\boldsymbol{U}|=0\Leftrightarrow|\lambda(\boldsymbol{D}-\boldsymbol{L})-\boldsymbol{U}|=0$$

令 $\boldsymbol{C}=\lambda(\boldsymbol{D}-\boldsymbol{L})-\boldsymbol{U}$，有 $|\boldsymbol{C}|=0$。

现在证明 $|\lambda|<1$。采用反证法，若 $|\lambda|\geqslant1$，则由 $\boldsymbol{A}$ 为严格对角占优矩阵，有

$$|\lambda||a_{ii}|>|\lambda|\left(\sum_{j=1}^{i-1}|a_{ij}|+\sum_{j=i+1}^{n}|a_{ij}|\right)\geqslant\sum_{j=1}^{i-1}|\lambda a_{ij}|+\sum_{j=i+1}^{n}|a_{ij}|$$

由此可知，$\boldsymbol{C}$ 也为严格对角占优矩阵。由引理 4.2 可知 $|\boldsymbol{C}|\neq0$，矛盾，故只能 $|\lambda|<1$，即 $\rho(\boldsymbol{B}_S)<1$，从而证得高斯-赛德尔迭代法收敛。

证毕。

例 4.8 设方程组为

$$\begin{cases}10x_1+x_2+x_3=12\\2x_1+10x_2+x_3=13\\2x_1+2x_2+10x_3=14\end{cases}$$

写出用赛德尔迭代法求解该线性方程组的迭代格式，并证明以上赛德尔迭代法收敛。

解 高斯-赛德尔迭代格式为

$$\begin{cases}x_1^{(k+1)}= & & -0.1x_2^{(k)}-0.1x_3^{(k)}+1.2\\x_2^{(k+1)}=-0.2x_1^{(k+1)} & & -0.1x_3^{(k)}+1.3,\ (k=0,1,2,\cdots)\\x_3^{(k+1)}=-0.2x_1^{(k+1)}-0.2x_2^{(k+1)} & & +1.4\end{cases}$$

因为该线性方程组的系数矩阵为严格对角占优矩阵，所以由定理 4.5 可知，求解该线性方程组的高斯-赛德尔迭代法是收敛的。

有些方程组的系数矩阵不是严格对角占优的，但对它作适当的等价变形后，有可能使新的同解方程组的系数矩阵成为严格对角占优阵。

例如，对于方程组

$$\begin{cases}2x_1-5x_2=1\\10x_1-4x_2=3\end{cases}$$

由于$\rho(\boldsymbol{B}_J)=2.5>1,\rho(\boldsymbol{B}_S)=6.25>1$，所以雅可比迭代法和高斯-赛德尔迭代法均发散。

如果把原方程组中的两个方程交换次序，则得

$$\begin{cases}10x_1-4x_2=3\\2x_1-5x_2=1\end{cases}$$

系数矩阵是主对角线按行严格占优阵，所以用雅可比迭代法和高斯-赛德尔迭代法求解都收敛。这表明改变方程组中方程的次序会改变迭代法的收敛性。

4.3 超松弛迭代法

4.3.1 超松弛迭代格式

逐次超松弛(Successive Over Relaxation)迭代法简称 SOR 方法，它是高斯-赛德尔迭代法的一种加速方法，是解大型稀疏矩阵方程组的有效方法之一，其基本思想是对由高斯-赛德尔迭代法得到的第$k+1$次近似解$\boldsymbol{x}^{(k+1)}$与第k次的近似解$\boldsymbol{x}^{(k)}$作加权平均，当权因子(松弛因子)ω选取适当时，加速效果很显著。

松弛迭代法的向量形式为

$$\boldsymbol{x}^{(k+1)}=(1-\omega)\boldsymbol{x}^{(k)}+\omega\underset{\text{G-S}}{\underline{\boldsymbol{x}^{(k+1)}}}$$

两端乘$\boldsymbol{D}$

$$\boldsymbol{D}\boldsymbol{x}^{(k+1)}=(1-\omega)\boldsymbol{D}\boldsymbol{x}^{(k)}+\omega\boldsymbol{D}\underset{\text{G-S}}{\underline{\boldsymbol{x}^{(k+1)}}}$$

将高斯-赛德尔的迭代公式

$$\boldsymbol{D}\underset{\text{G-S}}{\underline{\boldsymbol{x}^{(k+1)}}}=\boldsymbol{L}\boldsymbol{x}^{(k+1)}+\boldsymbol{U}\boldsymbol{x}^{(k)}+\boldsymbol{b}$$

代入上式中得

$$\boldsymbol{D}\boldsymbol{x}^{(k+1)}=(1-\omega)\boldsymbol{D}\boldsymbol{x}^{(k)}+\omega(\boldsymbol{L}\boldsymbol{x}^{(k+1)}+\boldsymbol{U}\boldsymbol{x}^{(k)}+\boldsymbol{b})$$

$$(\boldsymbol{D}-\omega\boldsymbol{L})\underset{\text{SOR}}{\underline{\boldsymbol{x}^{(k+1)}}}=[(1-\omega)\boldsymbol{D}+\omega\boldsymbol{U}]\boldsymbol{x}^{(k)}+\omega\boldsymbol{b}$$

$$\underset{\text{SOR}}{\underline{\boldsymbol{x}^{(k+1)}}}=(\boldsymbol{D}-\omega\boldsymbol{L})^{-1}[(1-\omega)\boldsymbol{D}+\omega\boldsymbol{U}]\boldsymbol{x}^{(k)}+\omega(\boldsymbol{D}-\omega\boldsymbol{L})^{-1}\boldsymbol{b}$$

超松弛迭代法的迭代矩阵为

$$\boldsymbol{B}_\omega=(\boldsymbol{D}-\omega\boldsymbol{L})^{-1}[(1-\omega)\boldsymbol{D}+\omega\boldsymbol{U}],g_\omega=\omega(\boldsymbol{D}-\omega\boldsymbol{L})^{-1}\boldsymbol{b}$$

超松弛迭代法的分量形式为

$$x_i^{(k+1)}=(1-\omega)x_i^{(k)}+\frac{\omega}{a_{ii}}\left(b_i-\sum_{j=1}^{i-1}a_{ij}x_j^{(k+1)}-\sum_{j=i+1}^{n}a_{ij}x_j^{(k)}\right)$$

或者

$$x_i^{(k+1)}=x_i^{(k)}+\frac{\omega}{a_{ii}}\left(b_i-\sum_{j=1}^{i-1}a_{ij}x_j^{(k+1)}-\sum_{j=i}^{n}a_{ij}x_j^{(k)}\right),(i=1,2,\cdots n,\quad k=0,1,\cdots)$$

注：ω称为松弛因子，当$\omega<1$时，称为低松弛，当$\omega=1$时，称为正好松弛(赛德尔迭代法)，当$\omega>1$时，称为超松弛($\omega<1$可使不收敛的迭代法收敛，$\omega>1$可使收敛速度加快)。

该迭代法可理解为误差补偿思想的一种应用。若补偿得恰到好处，则收敛速度明显加快，反之，也可能使收敛速度变慢。

4.3.2 超松弛法的收敛性

由定理 4.4 可得以下定理。

定理 4.6 设方程组 $\boldsymbol{Ax}=\boldsymbol{b}$ 的系数矩阵 $\boldsymbol{A}$ 非奇异，且 $a_{ii}\neq 0, i=1,2,\cdots,n$，其 SOR 方法收敛的充要条件是谱半径 $\rho(\boldsymbol{B}_\omega)<1$。

由定理 4.2 可得以下定理。

定理 4.7 如果 $\|B_\omega\|<1$，则 SOR 迭代法收敛。

定理 4.8 SOR 方法对任意初始向量 $\boldsymbol{x}^{(0)}$ 都收敛的必要条件是 $0<\omega<2$。

证　设 $\lambda_1,\lambda_2,\cdots,\lambda_n$ 为 $\boldsymbol{B}_\omega$ 的特征值，则

$$\begin{aligned}\lambda_1\lambda_2\cdots\lambda_n &= |\boldsymbol{B}_\omega| = |(\boldsymbol{D}-\omega\boldsymbol{L})^{-1}[(1-\omega)\boldsymbol{D}+\omega\boldsymbol{U}]| \\ &= |\boldsymbol{D}-\omega\boldsymbol{L}|^{-1}\,|[(1-\omega)\boldsymbol{D}+\omega\boldsymbol{U}]| \\ &= (a_{11}a_{22}\cdots a_{nn})^{-1}(1-\omega)a_{11}(1-\omega)a_{22}\cdots(1-\omega)a_{nn} \\ &= (1-\omega)^n\end{aligned}$$

要使超松弛迭代法收敛，必须令

$$|(1-\omega)^n| = |\lambda_1\lambda_2\cdots\lambda_n| \leqslant |(\rho(\boldsymbol{B}_\omega))^n| < 1$$

所以 $0<\omega<2$。

证毕。

定理 4.9 若方程组 $\boldsymbol{Ax}=\boldsymbol{b}$ 的系数矩阵 $\boldsymbol{A}$ 是主对角线按行(或按列)严格占优阵，且 $0<\omega\leqslant 1$，则 SOR 迭代法对任意初始向量 $\boldsymbol{x}^{(0)}$ 均收敛。

证　超松弛迭代法的特征方程为

$$\det\{\lambda\boldsymbol{I}-(\boldsymbol{D}-\omega\boldsymbol{L})^{-1}[(1-\omega)\boldsymbol{D}+\omega\boldsymbol{U}]\}=0$$

$$\Leftrightarrow \det\{\lambda(\boldsymbol{D}-\omega\boldsymbol{L})-[(1-\omega)\boldsymbol{D}+\omega\boldsymbol{U}]\}=0$$

即

$$\det\{(\lambda+\omega-1)\boldsymbol{D}-\lambda\omega\boldsymbol{L}-\omega\boldsymbol{U}\}=0$$

设 λ 是上述方程的任一根，我们只需证明 $|\lambda|<1$。采用反证法，假设 $|\lambda|\geqslant 1$，由已知 $0<\omega\leqslant 1$，则 $\lambda+\omega-1\neq 0$，于是有

$$\det\left\{\boldsymbol{D}-\frac{\lambda\omega}{\lambda+\omega-1}\boldsymbol{L}-\frac{\omega}{\lambda+\omega-1}\boldsymbol{U}\right\}=0$$

令 $\boldsymbol{C}=\boldsymbol{D}-\dfrac{\lambda\omega}{\lambda+\omega-1}\boldsymbol{L}-\dfrac{\omega}{\lambda+\omega-1}\boldsymbol{U}$，有 $\det(\boldsymbol{C})=0$。由于

$$\left|\frac{\omega}{\lambda+\omega-1}\right| \leqslant \frac{|\lambda|\omega}{|\lambda-(1-\omega)|} \leqslant \frac{|\lambda|\omega}{|\lambda|-(1-\omega)} \leqslant \frac{|\lambda|\omega}{|\lambda|-|\lambda|(1-\omega)}=1$$

所以 $\boldsymbol{C}$ 也为严格对角占优矩阵，故 $\det(\boldsymbol{C})\neq 0$，与已知矛盾。因此只能 $|\lambda|<1$，即 $\rho(\boldsymbol{B}_\omega)<1$，于是得超松弛迭代法收敛。

证毕。

定理 4.10 若 A 为对称正定矩阵，则解 $Ax=b$ 的 SOR 迭代法收敛的充要条件是 $0<\omega<2$。

证 设 λ 是 B_ω 的任一特征值(可能是复数)，对应特征向量 x(可能是复向量)。只要证明 $|\lambda|<1$，那么定理即可得证。由

$$B_\omega=(D-\omega L)^{-1}[(1-\omega)D+\omega U],B_\omega x=\lambda x$$

得

$$[(1-\omega)D+\omega U]x=\lambda(D-\omega L)x$$

A 为对称的实矩阵，所以 $L^T=U$。上式两边与 x 作内积，有

$$(1-\omega)(Dx,x)+\omega(Ux,x)=\lambda[(Dx,x)-\omega(Lx,x)]$$

记 $p=(Dx,x)$，因为 A 正定，D 亦正定，故 $p>0$。又记 $(Lx,x)=\alpha+i\beta$，则有

$$(Ux,x)=\bar{x}^TUx=\bar{x}^T(U^T)^Tx=(L\bar{x})^Tx=(\overline{Lx})^Tx=(x,Lx)=\overline{(Lx,x)}=\alpha-i\beta$$

于是

$$\lambda=\frac{(1-\omega)p+\omega\alpha-i\omega\beta}{p-\omega\alpha-i\omega\beta}$$

$$|\lambda|^2=\frac{[p-\omega(p-\alpha)]^2+\omega^2\beta^2}{(p-\omega\alpha)^2+\omega^2\beta^2}$$

而

$$[p-\omega(p-\alpha)]^2-(p-\omega\alpha)^2=p\omega(2-\omega)(2\alpha-p)$$

因为 $0<\omega<2$ 及 $(Ax,x)=p-2\alpha>0$，所以上式小于 0，即 $|\lambda|^2$ 的分子小于分母，$|\lambda|^2<1$，从而 $\rho(B_\omega)<1$，超松弛迭代法收敛。

证毕。

推论 若系数矩阵 A 对称正定，则高斯-赛德尔迭代法收敛。

例 4.9 用超松弛法解方程组 $\begin{bmatrix}-4&1&1&1\\1&-4&1&1\\1&1&-4&1\\1&1&1&-4\end{bmatrix}\begin{bmatrix}x_1\\x_2\\x_3\\x_4\end{bmatrix}=\begin{bmatrix}1\\1\\1\\1\end{bmatrix}$。

解 超松弛法迭代公式为：

$$\begin{cases}x_1^{(k+1)}=x_1^{(k)}+\dfrac{\omega}{-4}(1+4x_1^{(k)}-x_2^{(k)}-x_3^{(k)}-x_4^{(k)})\\x_2^{(k+1)}=x_2^{(k)}+\dfrac{\omega}{-4}(1-x_1^{(k+1)}+4x_2^{(k)}-x_3^{(k)}-x_4^{(k)})\\x_3^{(k+1)}=x_3^{(k)}+\dfrac{\omega}{-4}(1-x_1^{(k+1)}-x_2^{(k+1)}+4x_3^{(k)}-x_4^{(k)})\\x_4^{(k+1)}=x_4^{(k)}+\dfrac{\omega}{-4}(1-x_1^{(k+1)}-x_2^{(k+1)}-x_3^{(k+1)}+4x_4^{(k)})\end{cases}$$

(1) 取松弛因子 $\omega=1.3$，$x^{(0)}=(0.0,0.0,0.0,0.0)^T$ 的计算结果为

$$x^{(11)}=(-0.99999646,-1.00000310,-0.99999995,-0.99999912)^T$$

且 $\|e^{(11)}\|_2=\|x^*-x^{(11)}\|_2\leqslant 0.46\times10^{-5}$，迭代次数 $k=11$。

(2) 取松弛因子 $\omega=1$，计算结果达同样精度迭代次数 $k=22$。

(3) 取松弛因子 $\omega=1.7$，计算结果达同样精度迭代次数 $k=33$。

对于此例，最佳松弛因子是 $\omega_{opt}=1.3$。

最佳松弛因子 ω_{opt} 的选取问题：当 ω 取何值时，收敛速度最快？通常的办法是选取不同的 ω，根据迭代过程收敛的快慢不断修改 ω，直到满意为止。松弛因子的选择充分体现了实践的重要性。

习题 4

1. 已知方程组 $\boldsymbol{Ax}=\boldsymbol{b}$，其中

$$\boldsymbol{A}=\begin{bmatrix}2 & 1 & 1\\ 1 & 2 & 1\\ 1 & 1 & 2\end{bmatrix},\boldsymbol{b}=\begin{bmatrix}1\\ 1\\ 1\end{bmatrix}$$

列出雅可比迭代法和高斯-赛德尔迭代法的分量形式及迭代矩阵。

2. 设有方程组

$$\begin{cases}5x_1+2x_2+1x_3=-12\\ -x_1+4x_2+2x_3=10\\ 2x_1-5x_2+10x_3=1\end{cases}$$

写出雅可比迭代格式，并用雅可比迭代法求解，要求在 $\|\boldsymbol{x}^{(k+1)}-\boldsymbol{x}^{(k)}\|_\infty\leqslant 10^{-4}$ 时迭代终止，并判断迭代过程是否收敛。

3. 计算 $\boldsymbol{A}$ 的谱半径，其中

$$\boldsymbol{A}=\begin{bmatrix}0 & \frac{1}{2} & -\frac{1}{2}\\ 0 & -\frac{1}{2} & -\frac{1}{2}\\ 0 & 0 & -\frac{1}{2}\end{bmatrix}$$

4. 设方程组为

$$\begin{cases}x_1+2x_2+x_3=1\\ 2x_1+x_2+3x_3=1\\ -x_1+3x_2+x_3=1\end{cases}$$

讨论用雅可比迭代法求解是否收敛。

5. 设方程组为

$$\begin{cases}10x_1+x_2+x_3=12\\ 2x_1+10x_2+x_3=13\\ 2x_1+2x_2+10x_3=14\end{cases}$$

写出用高斯-赛德尔迭代法求解该线性方程组的迭代格式，并证明高斯-赛德尔迭代法收敛。

6. 为求解方程组

$$\begin{cases}x_1+2x_2-5x_3=10\\ 10x_1-2x_2=3\\ 2x_1+10x_2-x_3=15\end{cases}$$

试写出一个必收敛的迭代公式，并说明收敛的理由。

7. 试用 SOR 迭代法（取 $\omega=1.25$）求解方程组

$$\begin{cases}4x_1+3x_2 & =16\\ 3x_1+4x_2-x_3=20\\ -x_2+4x_3=-12\end{cases}$$

在 $\|\boldsymbol{x}^{(k)}-\boldsymbol{x}^{(k-1)}\|_\infty\leqslant\frac{1}{2}\times10^{-3}$ 时迭代终止。

8. 试用 SOR 迭代法（取 $\omega=0.9$）求解方程组

$$\begin{cases}5x_1+2x_2+x_3=-12\\ -x_1+4x_2+2x_3=20\\ 2x_1-3x_2+10x_3=3\end{cases}$$

在 $\|\boldsymbol{x}^{(k+1)}-\boldsymbol{x}^{(k)}\|_\infty\leqslant10^{-5}$ 时迭代终止，并证明迭代过程是收敛的。

第 5 章

插值与拟合

公元 600 年，隋朝数学家刘焯在其所著的历法《皇极历》中使用等间距二次插值公式计算“每日迟速数”。“推日迟速数”术就是为了定朔的需要而计算太阳在两个节气之间逐日行度改正数的方法。术文有一份按节气变化的日躔表，转换成现代形式如表 5-1 所示。

表 5-1　节气中日躔迟速表

月份	11		12		1		2		3	
气/t	大雪	冬至	小寒	大寒	立春	雨水	惊蛰	春分	清明	谷雨
迟速数/$f(t)$		速 0	速 50	速 93	速 129	速 165	速 208	速 258	速 208	速 165
陟降率/Δ		陟 50	陟 43	陟 36	陟 36	陟 43	陟 50	陟 50	陟 43	陟 36

刘焯给出了计算每日陟降率的公式为

$$f(nl+t)-f(nl)=\frac{\Delta_1+\Delta_2}{2}\frac{t}{l}+(\Delta_1-\Delta_2)\frac{t}{l}-\frac{1}{2}(\Delta_1-\Delta_2)\left(\frac{t}{l}\right)^2 \tag{5-1}$$

式(5-1)中，l 为一个特定的天文时段，t 为 nl 后的某一时刻，$f(t)$为天体在 t 时段的行度，Δ_1，Δ_2 分别为天体在两个连续时间段内的行度，即

$$\Delta_1=f(nl+l)-f(nl)$$

$$\Delta_2=f(nl+2l)-f(nl+l)$$

其中 n 为零或正整数。令 $l=1$，$n=t_0$ 并对式(5-1)进行整理得

$$f(t_0+t)=f(f_0)+\Delta_1 t+\frac{1}{2}t(t-1)(\Delta_2-\Delta_1)$$

现以在小寒—大寒区间插值为例，由表 5-1 可知，$f(nl)=50$，$\Delta_1=43$，$\Delta_2=36$，将 $t_1=\frac{t}{l}=\frac{11}{160}$代入式(5-1)有

$$\begin{aligned}f(nl+t)-f(nl)&=\frac{43+36}{2}\frac{11}{160}+(43-36)\frac{11}{160}-\frac{1}{2}(43-36)\left(\frac{11}{160}\right)^2\\&=2.7156+0.4813=0.0165\\&=3.1804\end{aligned}$$

即为小寒节后第一日的陟降率 Δ_1。

式(5-1)的推演过程运用了匀变速运动之路程与时间等量的数学关系，这比伽利略对

匀变速运动的研究提前了1000余年。

上面的例子说明，在科学研究与生产实践中常常会遇到这样的问题：得到了一组观测数据，但通过观测所得到的只是有限点上的函数值，对于其他点上的函数值不能直接求出，在这种情况下，我们需要根据已知的观测数据得到一个近似的函数表达式以近似地表示真实的函数关系。本章将要讨论的插值和拟合是处理这类问题的两种常用方法。

5.1　插值问题的基本概念

5.1.1　插值问题的定义

设定义在区间$[a,b]$上的函数$y=f(x)$，已知它在该区间上的$n+1$个互异节点$a\leqslant x_0<x_1<\cdots<x_n\leqslant b$上的函数值为$y_0,y_1\cdots y_n$，记为$f(x_i)=y_i,i=0,1,\cdots,n$。

如果选取简单函数$P(x)$作为函数$y=f(x)$的近似表达式，并满足条件

$$P(x_i)=y_i(i=0,1,2,\cdots) \tag{5-2}$$

则这样的函数近似问题称为插值问题。式(5-2)称为插值条件，满足插值条件的近似函数$P(x)$称为函数$f(x)$的插值函数，$f(x)$称为被插值函数，互异节点$x_0,x_1,\cdots x_n$称为插值节点，区间$[a,b]$称为插值区间。

插值函数有很多种，如代数多项式、三角多项式和有理函数等，本章讨论的就是最常见的多项式插值。

5.1.2　插值多项式存在的唯一性

在$n+1$个互异节点上满足插值条件(5-2)的次数不高于n次的插值多项式为

$$P_n(x)=a_0+a_1x+a_2x^2+\cdots a_nx^n \tag{5-3}$$

称为插值多项式。

定理 5.1　在$n+1$个互异节点上满足插值条件(5-2)的次数不高于n次的插值多项式$P_n(x)=a_0+a_1x+a_2x^2+\cdots a_nx^n$存在且唯一。

证明：如果条件(5-3)的$n+1$个系数可以唯一确定，则该多项式也就存在且唯一。

根据插值条件，插值多项式$P_n(x)$系数满足线性方程组

$$\begin{cases}a_0+a_1x_0+\cdots a_nx_0^n=y_0\\a_0+a_1x_1+\cdots a_nx_1^n=y_1\\\qquad\vdots\\a_0+a_1x_n+\cdots a_nx_n^n=y_n\end{cases} \tag{5-4}$$

其系数行列式V为范德蒙行列式，且

$$V=\begin{vmatrix}1 & x_0 & \cdots & x_0^n\\1 & x_1 & \cdots & x_1^n\\\vdots & \vdots & \vdots & \vdots\\1 & x_n & \cdots & x_n^n\end{vmatrix}=\prod_{n\geqslant i>j\geqslant 0}(x_i-x_j)$$

由于节点互异，即$(x_i\neq x_j)(i\neq j)$，所以$V\neq 0$，从而，方程组(5-4)解$a_0,a_1,\cdots,a_n$存在且唯一，故插值多项式存在且唯一。

定理 5.1 不仅确定了插值多项式存在且唯一，而且也提供了它的一种求法，即可通过解线性方程组(5-4)来确定其系数。

例 5.1 当 $x=1,-1,2$ 时，相应的函数值分别为 $0,-3,4$。试求该函数的二次插值多项式。

解 设插值多项式为 $P_2(x)=a_0+a_1x+a_2x^2$，插值多项式必须满足插值条件 $P(x_i)=y_i(i=0,1,2)$，构成非齐次线性方程组

$$\begin{cases}a_0+a_1+a_2=0\\a_0-a_1+a_2=-3\\a_0+2a_1+4a_2=4\end{cases}$$

方程组的解为 $\left(-\dfrac{7}{3},\dfrac{3}{2},\dfrac{5}{6}\right)^{\mathrm{T}}$，插值多项式为 $P_2(x)=-\dfrac{7}{3}+\dfrac{3}{2}x+\dfrac{5}{6}x^2$。

5.1.3 插值余项

在插值区间 $[a,b]$ 上用插值多项式 $P_n(x)$ 近似代替 $f(x)$，除了在插值节点 x_i 上没有误差外，在其他非插值节点上一般会存在误差。

插值函数 $P_n(x)$ 与被插值函数 $f(x)$ 之间的误差称为插值余项或截断误差。记作

$$R_n(x)=f(x)-P_n(x) \tag{5-5}$$

插值余项的大小可用来衡量插值函数 $P_n(x)$ 与 $f(x)$ 之间的准确程度。插值函数大小的确定由下面的定理给出。

定理 5.2 设 $f(x)$ 在 $[a,b]$ 上有 $n+1$ 阶导数，$x_0,x_1,\cdots x_n$ 为该区间上的 $n+1$ 个互异的节点，$P_n(x)$ 为满足插值条件 $P_n(x_i)=f(x_i)(i=0,1,\cdots,n)$ 的 n 次插值多项式，对于任何 $x\in[a,b]$，有

$$R_n(x)=\frac{f^{(n+1)}(\xi)}{(n+1)!}w_{n+1}(x) \tag{5-6}$$

其中 $w_{n+1}(x)=\prod\limits_{i=0}^{n}(x-x_i)$，$\xi\in(a,b)$ 且依赖于 x。

证明 由插值条件(5-2)可知

$$R_n(x_i)=f(x_i)-P_n(x_i)=0(i=0,1,2,\cdots,n)$$

这表明插值节点都是 $R_n(x)$ 的零点，故可设

$$R_n(x)=K(x)w_{n+1}(x) \tag{5-7}$$

其中，$K(x)$ 为待定函数，对于区间 $[a,b]$ 上异于 x_i 的任意一点 $x\neq x_i$ 作辅助函数

$$F(t)=f(t)-P_n(t)-K(x)w_{n+!}(t)$$

函数 $F(t)$ 有如下特点：

(1) $F(x)=F(x_i)=0(i=0,1,\cdots,n)$；

(2) 在 $[a,b]$ 上有 $n+1$ 阶导数，且

$$F^{(n+1)}(t)=f^{(n+1)}(t)-K(x)\cdot(n+1)! \tag{5-8}$$

根据罗尔定理可知 $F'(t)$ 在开区间 (a,b) 内至少有 $n+1$ 个零点。同理可知 $F^{(n+1)}(t)$ 在开区间 (a,b) 内至少有一个零点，记为 ξ，则 $F^{(n+1)}(\xi)=0$，于是有

$$F^{(n+1)}(\xi)=f^{(n+1)}(\xi)-K(x)\cdot(n+1)!\ =0$$

$$K(x)=f^{(n+1)}(\xi)/(n+1)!$$

将它代入式(5-7)得到式(5-6)。

定理5.2给出了插值余项 $R_n(x)$ 的表达式,在插值余项的表达式中,$\xi\in(a,b)$,但 ξ 的具体数值通常很难确定,从而无法确定插值余项的大小。这时可以通过下面的表达式来估计插值余项。

令 $M=\max\limits_{x\in I}|f^{(n+1)}(x)|$,$I$ 为包含 $n+1$ 个互异节点的最小开区间,则有

$$|R_n(x)|\leqslant\frac{M}{(n+1)!}|(x-x_0)(x-x_1)\cdots(x-x_n)| \tag{5-9}$$

在实际计算过程中,经常采用式(5-9)来估计截断误差。通过分析式(5-6),可以看出截断误差的大小主要受两个因素的影响。

(1) $f^{(n+1)}(\xi)$ 对截断误差有影响。许多函数的高阶导数的绝对值会随着导数阶数的增加而迅速增加,从而使截断误差的绝对值增大。

例如:$f(x)=\dfrac{1}{x}$,$f^{(n)}(x)=(-1)^n n!\ \dfrac{1}{x^{n+1}}$,若 x 固定,则当 n 增加时,$|f^{(n)}(x)|$ 按 $n!$ 的速度增长。

(2) $w_{n+1}(x)$ 对截断误差有影响。由 $w_{n+1}(x)=\prod\limits_{i=0}^{n}(x-x_i)$ 可知,若 x 固定,则当节点的个数很多时,n 很大,互异节点中只有少数节点距离 x 较近,其他大部分节点距离节点 x 较远,距离 x 较远的节点与 x 之差的绝对值较大,最终导致 $|w_{n+1}(x)|=\left|\prod\limits_{i=0}^{n}(x-x_i)\right|$ 很大,从而使截断误差增大,由此可以看出,在进行插值运算时,高次插值并不可取,实际中常用的是低次插值。为了使 $|w_{n+1}(x)|=\left|\prod\limits_{i=0}^{n}(x-x_i)\right|$ 尽可能小,插值节点的选取原则是使 x 尽可能处于包含 x 和插值节点的最小闭区间的中部。

如果被插函数 $f(x)$ 本身是一个不高于 n 次的多项式,则由余项公式可知,$R_n(x)\equiv 0$,因此其 n 次插值多项式 $P_n(x)$ 与 $f(x)$ 精确相等。

5.2 拉格朗日插值多项式

利用待定系数法,我们可以通过求解线性方程组来得到插值多项式。但是当插值节点的个数很多时,求解线性方程组时的计算量就会非常大,所以在实际中几乎很少利用待定系数法求插值多项式。本节将介绍一种简便方法——拉格朗日插值方法。

5.2.1 拉格朗日插值基函数

在 $n+1$ 个互异节点 $x_i(i=0,1,\cdots,n)$ 上,拉格朗日插值基函数 $l_k(x_i)$ 的特点为

$$l_k(x_i)=\begin{cases}1, & i=k\\0, & i\neq k\end{cases} \tag{5-10}$$

根据拉格朗日插值基函数的特点,可以确定拉格朗日插值基函数的具体表达形式。

设 $l_k(x)=A_k(x-x_0)(x-x_1)\cdots(x-x_{k-1})(x-x_{k+1})\cdots(x-x_n)$,其中 A_k 为待定系

数。由条件 $l_k(x_k)=1$ 得

$$A_k=\frac{1}{(x_k-x_0)(x_k-x_1)\cdots(x_k-x_{k-1})(x_k-x_{k+1})\cdots(x_k-x_n)}$$

故

$$l_k(x)=\frac{(x-x_0)(x-x_1)\cdots(x-x_{k-1})(x-x_{k+1})\cdots(x-x_n)}{(x_k-x_0)(x_k-x_1)\cdots(x_k-x_{k-1})(x_k-x_{k+1})\cdots(x_k-x_n)},k=0,1,\cdots,n \tag{5-11}$$

5.2.2 拉格朗日插值多项式

利用插值基函数,我们可以给出拉格朗日插值多项式。在 $n+1$ 个互异节点 $x_i(i=0,1,\cdots,n)$ 上,满足插值条件(5-2)的拉格朗日插值多项式记为 $L_n(x)$,即

$$L_n(x)=y_0l_0(x)+y_1l_1(x)+\cdots y_nl_n(x)=\sum_{k=0}^{n}y_kl_k(x) \tag{5-12}$$

其中 $l_k(x)$ 为式(5-11)。

当节点个数不同时,拉格朗日插值多项式的表达形式也不同。下面分别写出 $n=1,2$ 时的拉格朗日插值多项式的表达形式。

当 $n=1$ 时,一次插值多项式为

$$\begin{aligned}L_1(x)&=y_0l_0(x)+y_1l_1(x)\\&=y_0\frac{x-x_1}{x_0-x_1}+y_1\frac{x-x_0}{x_1-x_0}\end{aligned} \tag{5-13}$$

一次插值是通过两点 (x_0,y_0)、(x_1,y_1) 的直线方程,也称线性插值,如图 5-1 所示。

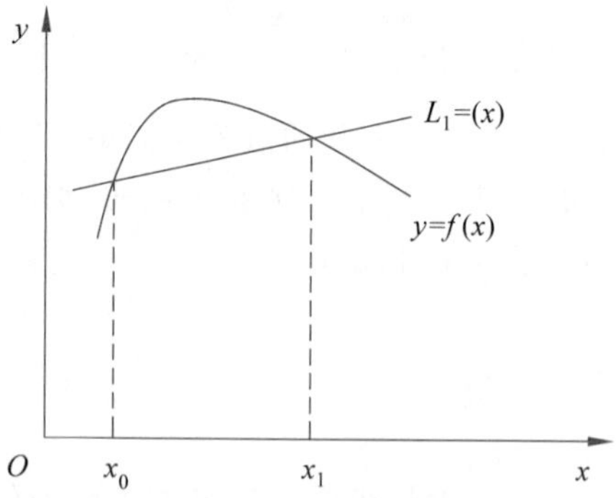

图 5-1 线性插值

当 $n=2$ 时,得到过三点的插值多项式

$$\begin{aligned}L_2(x)&=y_0l_0(x)+y_1l_1(x)+y_2l_2(x)\\&=y_0\frac{(x-x_1)(x-x_2)}{(x_0-x_1)(x_0-x_2)}+y_1\frac{(x-x_0)(x-x_2)}{(x_1-x_0)(x_1-x_2)}+\\&\quad y_2\frac{(x-x_0)(x-x_1)}{(x_2-x_0)(x_2-x_1)}\end{aligned} \tag{5-14}$$

用二次函数 $L_2(x)$ 近似函数 $f(x)$,$L_2(x)$ 为过三点的一条抛物线,所以也称为抛物线插值,如图 5-2 所示。

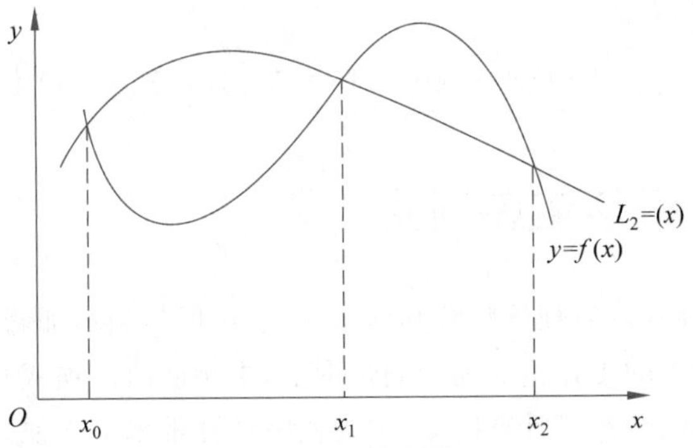

图 5-2　二次插值

例 5.2　已知函数 $y=\sqrt{x}$ 的一组数据为

i	0	1	2
x_i	100	121	144
y_i	10	11	12

试选择合适的节点，分别用线性插值和二次插值求出$\sqrt{115}$的近似值。

解　表中给出了 3 个互异节点，而线性插值只需要 2 个互异节点即可，这时为使截断误差的绝对值较小，选取节点 $x_0=100$，$x_1=121$，相应的有 $y_0=10$，$y_1=11$，即

$$L_1(x)=y_0l_0(x)+y_1l_1(x)=y_0\frac{x-x_1}{x_0-x_1}+y_1\frac{x-x_0}{x_1-x_0}$$

$$=10\times\frac{x-121}{100-121}+11\times\frac{x-100}{121-100}$$

$$L_1(115)\approx 10.714$$

二次插值需要 3 个互异节点，即

$$L_2(x)=y_0l_0(x)+y_1l_1(x)+y_2l_2(x)$$

$$=y_0\frac{(x-x_1)(x-x_2)}{(x_0-x_1)(x_0-x_2)}+y_1\frac{(x-x_0)(x-x_2)}{(x_1-x_0)(x_1-x_2)}+y_2\frac{(x-x_0)(x-x_1)}{(x_2-x_0)(x_2-x_1)}$$

$$=10\times\frac{(x-121)(x-144)}{(100-121)(100-144)}+11\times\frac{(x-100)(x-144)}{(121-100)(121-144)}+12\times\frac{(x-100)(x-121)}{(144-100)(144-121)}$$

$$L_2(115)\approx 10.7228$$

例 5.3　估计例 5.2 中二次插值求$\sqrt{115}$时的截断误差。

解　利用式(5-9)估计误差。

已知

$$f(x)=\sqrt{x},\quad f^{(3)}(x)=\frac{3}{8}x^{-5/2}$$

$$M=\max_{x\in[100,144]}|f^{(3)}(x)|=\max_{x\in[100,144]}\left|\frac{3}{8}x^{-5/2}\right|=\frac{3}{8}\times 10^{-5}$$

得

$$|R_2(115)|\leqslant \frac{M}{3!}|(115-100)(115-121)(115-144)|\leqslant 1.63\times 10^{-3}$$

5.3 差商与牛顿插值多项式

拉格朗日插值多项式具有便于计算和编程等优点，但是当增加新的节点时，插值公式需要重新计算，会带来较大的工作量。而相同情形下，牛顿插值多项式只需在原来的插值多项式的基础上增加一项，既节约了计算时间，也为实际计算带来了方便。在介绍牛顿插值多项式之前，需要先了解差商的概念及性质。

5.3.1 差商的定义与性质

定义 5.1 已知函数 $f(x)$在 $n+1$ 个互异节点 $x_i(i=0,1,2,\cdots,n)$上的函数值分别为 $f(x_0),f(x_1),\cdots,f(x_n)$。

$$f[x_i,x_{i+1}]=\frac{f(x_{i+1})-f(x_i)}{x_{i+1}-x_i}$$

称为 $f(x)$关于节点 x_i,x_{i+1}的一阶差商

$$f[x_i,x_{i+1},x_{i+2}]=\frac{f[x_{i+1},x_{i+2}]-f[x_i,x_{i+1}]}{x_{i+2}-x_i}$$

称为 $f(x)$关于节点 x_i,x_{i+1},x_{i+2}的二阶差商。一般的，称

$$f[x_i,x_{i+1},\cdots x_{i+k}]=\frac{f[x_{i+1},\cdots x_{i+k}]-f[x_i,\cdots x_{i+k-1}]}{x_{i+k}-x_i} \tag{5-15}$$

为 $f(x)$关于节点 $x_i,x_{i+1},\cdots x_{i+k}$的 k 阶差商。当 $k=0$ 时，称之为 $f(x_i)$关于节点 x_i 的零阶差商，记为 $f[x_i]$。

计算差商时常采用表格的形式，如表 5-2 所示。

表 5-2 差商表

x_i	$f(x_i)$	一阶差商	二阶差商	三阶差商
x_0 x_1 x_2 x_3	$f(x_0)$ $f(x_1)$ $f(x_2)$ $f(x_3)$	$f[x_0,x_1]$ $f[x_1,x_2]$ $f[x_2,x_3]$	$f[x_0,x_1,x_2]$ $f[x_1,x_2,x_3]$	$f[x_0,x_1,x_2,x_3]$

差商的性质如下。

性质 1：函数 $f(x)$的 k 阶差商 $f[x_0,x_1,\cdots x_k]$可由函数值

$f(x_0),f(x_1),\cdots,f(x_m)$的线性组合表示，即 $f[x_0,x_1,\cdots x_k]=$

$$\sum_{i=0}^{k}\frac{f(x_i)}{(x_i-x_0)\cdots(x_i-x_{i-1})(x_i-x_{i+1})\cdots(x_i-x_k)} \tag{5-16}$$

性质 2：差商与其所含节点的排列次序无关。

性质 3：$f(x)$在包含互异节点 $x_0,x_1,\cdots,x_n$ 的闭区间$[a,b]$上有 n 阶导数，则 n 阶导数与 n 阶差商之间有如下关系成立，即

$$f[x_0,x_1,\cdots,x_n]=\frac{f^{(n)}(\xi)}{n!},\xi\in(a,b) \tag{5-17}$$

5.3.2 牛顿插值公式

设 $x\in[a,b]$，根据差商的定义，$x_i\in[a,b]$，$f[x,x_0]=\dfrac{f(x)-f(x_0)}{x-x_0}$，

移项整理可得

$$f(x)=f(x_0)+f[x,x_0](x-x_0) \tag{5-18}$$

利用二阶差商的性质

$$f[x,x_0,x_1]=\frac{f[x,x_0]-f[x_0,x_1]}{x-x_1}$$

移项得

$$f[x,x_0]=f[x_0,x_1]+f[x,x_0,x_1](x-x_1)$$

将此式代入式(5-18)得

$$f(x)=f(x_0)+f[x_0,x_1](x-x_0)+f[x,x_0,x_1](x-x_0)(x-x_1)$$

重复以上过程可得

$$\begin{aligned}f(x)=&f(x_0)+f[x_0,x_1](x-x_0)+f[x_0,x_1,x_2](x-x_0)(x-x_1)+\cdots\\&+f[x_0,x_1,\cdots,x_n](x-x_0)(x-x_1)\cdots(x-x_{n-1})\\&+f[x,x_0,x_1,\cdots,x_n](x-x_0)(x-x_1)\cdots(x-x_{n-1})(x-x_n)\end{aligned} \tag{5-19}$$

记

$$\begin{aligned}N_n(x)=&f(x_0)+f[x_0,x_1](x-x_0)+\cdots+f[x_0,x_1,\cdots,x_n]\\&(x-x_0)(x-x_1)\cdots(x-x_{n-1})\end{aligned} \tag{5-20}$$

为牛顿插值多项式。式(5-19)与式(5-20)相比，立即可得其余项公式为

$$R_n(x)=f[x,x_0,x_1,\cdots,x_n]w_{n+1}(x) \tag{5-21}$$

由 $R_n(x_i)=f(x_i)-N_n(x_i)=0(i=0,1,2,\cdots,n)$得 $f(x_i)=N_n(x_i)(i=0,1,2,\cdots,n)$。因此，牛顿插值多项式满足插值条件。同时由插值多项式存在且唯一可知

$$P_n(x)=L_n(x)=N_n(x)$$

且其余项也一定相等，即

$$f[x,x_0,x_1,\cdots,x_n]=\frac{f^{(n+1)}(\xi)}{(n+1)!},\xi\in(a,b)$$

证明了差商的性质 3。

例 5.4 已知函数 $y=3^x$ 的数据如下表。

i	0	1	2	3
x_i	0	1	2	3
y_i	1	3	9	27

试用此组数据构造3次牛顿插值多项式 $N_3(x)$，并计算 $N_3\left(\frac{1}{2}\right)$。

解 利用差商表作牛顿插值多项式

作差商表如下：

x_i	$f(x_i)$	一阶差商	二阶差商	三阶差商
0	1			
		2		
1	3		2	
		6		$\frac{4}{3}$
2	9		6	
		18		
3	27			

$$
\begin{aligned}
N_3(x) &= f(x_0)+f[x_0,x_1](x-x_0)+f[x_0,x_1,x_2](x-x_0)(x-x_1)\\
&\quad +f[x_0,x_1,x_2,x_3](x-x_0)(x-x_1)(x-x_2)\\
&=1+2x+2x(x-1)+\frac{4}{3}x(x-1)(x-2)\\
&=\frac{4}{3}x^3-2x^2+\frac{8}{3}x+1
\end{aligned}
$$

$$N_3\left(\frac{1}{2}\right)=2$$

5.4 差分与等矩节点插值公式

本节给出等矩节点情况下的牛顿插值多项式，并引入差分的概念，将等距节点下的牛顿插值多项式表示为更简洁的形式。

5.4.1 差分及其性质

定义 5.2 设函数 $y=f(x)$ 在等矩节点 $x_i=x_0+ih\ (i=0,1,2,\cdots,n)$ 上的值 $y_i=f(x_i)$ 已知，这里 $h=x_i-x_{i-1}$ 为常数，称为步长，记作

$$\Delta y_i=y_{i+1}-y_i \tag{5-22}$$

$$\nabla y_i=y_i-y_{i-1} \tag{5-23}$$

分别称为函数 $y=f(x)$ 在 x_i 处以 h 为步长的向前差分和向后差分，符号 Δ，∇ 分别称为向前差分运算符、向后差分运算符。

与差商相似，高阶差分可以由低阶差分表示，如二阶差分可表示为

$$\Delta^2 y_i=\Delta(\Delta y_i)=\Delta(y_{i+1}-y_i)=\Delta y_{i+1}-\Delta y_i=y_{i+2}-2y_{i+1}+y_i$$

$$\nabla^2 y_i=\nabla(\nabla y_i)=\nabla(y_i-y_{i-1})=\nabla y_i-\nabla y_{i-1}=y_i-2y_{i-1}+y_{i-2}$$

更高阶的差分可用同样的方法递推得到。

差分的性质如下。

性质 1 差分与差商有以下关系

$$f[x_i,x_{i+1},\cdots,x_{i+m}]=\frac{1}{m!}\,\frac{1}{h^m}\Delta^m y_i \tag{5-24}$$

$$f[x_i,x_{i-1},\cdots,x_{i-m}]=\frac{1}{m!}\frac{1}{h^m}\nabla^m y_i \tag{5-25}$$

性质 2

$$\nabla^i y_n=\Delta^i y_{n-i} \tag{5-26}$$

性质 3 设函数 $y=f(x)$在包含等距节点 $x_i,x_{i+1},\cdots,x_{i+j}$ 的区间 I 上有 j 阶导数，则在该区间上至少存在一点 ξ，使

$$\Delta^j y_i=h^j f^{(j)}(\xi),\xi\in I \tag{5-27}$$

性质 1 可以应用数学归纳法进行证明，性质 2 利用性质 1 即可证明，性质 3 利用式(5-17)与式(5-24)即可得出。

差分的运算通过差分表来进行，可以分别构造向前插分表和向后差分表。由差分的性质 2 可知，当用同一组数据进行差分运算时，向前差分表与向后差分表中的数据是相同的，但该数据所表示的意义有所不同。以向前差分表 5-3 为例。

表 5-3 差分表

y_i	Δy_i	$\Delta^2 y_i$	$\Delta^3 y_i$
y_0	$\Delta y_0=y_1-y_0$	$\Delta^2 y_0=\Delta y_1-\Delta y_0$	$\Delta^3 y_0=\Delta^2 y_1-\Delta^2 y_0$
y_1	$\Delta y_1=y_2-y_1$	$\Delta^2 y_1=\Delta y_2-\Delta y_1$	
y_2	$\Delta y_2=y_3-y_2$		
y_3			

5.4.2 等距节点下的牛顿插值公式

利用差商与差分之间的关系，可以将牛顿插值多项式利用差分来表示，当利用向前差分来表示差商时会得到牛顿向前差分公式，利用向后差分表示差商时会得到牛顿向后差分公式。

首先推导牛顿向前差分公式，如果要计算的插值点 x 靠近 x_0，可以令

$$x=x_0+th(t>0),$$

对等矩节点有

$$x_k=x_0+kh$$

$$N_n(x_0+th)=y_0+t\Delta y_0+\frac{t(t-1)}{2!}\Delta^2 y_0+\cdots+\frac{t(t-1)\cdots(t-n+1)}{n!}\Delta^n y_0 \tag{5-28}$$

这个用向前差分表示的插值多项式称为牛顿向前插值公式，它适用于计算表头 x_0 附近的函数值。如果 x 靠近节点 x_i，则只需将式(5-28)中的 y_0 换成 y_i 即可。

其余项为

$$R_n(x_0+th)=\frac{t(t-1)\cdots(t-n)}{(n+1)!}h^{n+1}f^{(n+1)}(\xi),\xi\in(x_0,x_n) \tag{5-29}$$

当节点的顺序为 $x_n,x_{n-1},\cdots,x_0$ 时，牛顿插值多项式可写成

$N_n(x)=f(x_n)+f[x_n,x_{n-1}](x-x_n)+\cdots+f[x_n,x_{n-1},\cdots,x_0](x-x_n)(x-x_{n-1})\cdots(x-x_1)$。

用向后差分表示差商时，可以得到牛顿向后差分公式。

如果要计算的插值点 x 靠近 x_0，可以令 $x=x_n+th(t<0)$，对等矩节点 $x_k=x_0+kh$，则有

$$N_n(x_n+th)=y_n+t\nabla y_n+\frac{t(t+1)}{2!}\nabla^2 y_n+\cdots+\frac{t(t+1)\cdots(t+n-1)}{n!}\nabla^n y_n \tag{5-30}$$

这个用向后差分表示的插值多项式称为牛顿向后插值公式，它适用于计算表尾 x_n 附近的函数值，其余项为

$$R_n(x_n+th)=\frac{t(t+1)\cdots(t+n)}{(n+1)!}h^{n+1}f^{(n+1)}(\xi),\xi\in(x_0,x_n) \tag{5-31}$$

例 5.5 已知等矩节点及相应点上的函数值如下：

i	0	1	2	3
x_i	0.4	0.6	0.8	1.0
y_i	1.5	1.8	2.2	2.8

试求 $N_3(0.5)$及 $N_3(0.9)$的值。

解　构造向前差分表如下：

y_i	Δy_i	$\Delta^2 y_i$	$\Delta^3 y_i$
1.5	0.3	0.1	0.1
1.8	0.4	0.2	
2.2	0.6		
2.8			

由题意，$x_0=0.4,h=0.2$；当 $x=0.5$ 时，$t=\dfrac{x-x_0}{h}=\dfrac{0.5-0.4}{0.2}=0.5$。将数据导入式(5-28)得

$$N_3(0.5)=1.5+0.5\times0.3+\frac{0.5(-0.5)}{2}\times0.1+\frac{0.5(-0.5)(-1.5)}{6}\times0.1$$

$$=1.64375$$

$$x_3=1.0,h=0.2$$

当 $x=0.9$ 时，$t=\dfrac{x-x_3}{h}=\dfrac{0.9-1.0}{0.2}=-0.5$。将数据导入式(5-30)得

$$N_3(0.9)=2.8+(-0.5)\times0.6+\frac{0.5(-0.5)}{2}\times0.2+\frac{0.5(-0.5)(-1.5)}{6}\times0.1$$

$$=2.46875$$

例 5.6 已知 $f(x)=\sin x$ 的数值如下，利用牛顿向前差分公式求其近似值，并估计误差。

x	0.4	0.5	0.6	0.7
$\sin x$	0.38942	0.47943	0.56464	0.64422

解　作差分表

y_i	Δ	Δ^2	Δ^3
0.38942	0.09001	0.00480	−0.00083
0.47943	0.08521	−0.00563	
0.56464	0.07958		
0.64422			

使用牛顿向前差分公式，取 $x_0=0.5$，$x_1=0.6$，$x_2=0.7$，$x=x_0+th$，$h=0.1$，则 $t=\frac{x-x_0}{h}=\frac{0.57891-0.5}{0.1}=0.7891$，根据式(4-28)有

$$N_2(0.57891)=0.47943+0.7891\times0.08521+\frac{0.7891(0.7891-1)}{2}\times(-0.00563)$$
$$=0.54714$$

故 $\sin 0.57891\approx0.54714$。

截断误差为

$$R_2(0.57891)=\frac{0.1^3}{3!}0.7891(0.7891-1)(0.7891-2)(-\cos\xi),0.5<\xi<0.7$$

则

$$|R_2(0.57891)|\leqslant\frac{0.1^3}{3!}0.7891(0.7891-1)(0.7891-2)|\cos 0.5|=2.95\times10^{-5}$$

5.5 分段低次插值

通过分析截断误差的表达式可以知道，插值次数越高，误差累积的可能性就越大，因此很少采用高次插值。在实际计算中，常用分段低次插值进行计算，即把整个插值区间分成若干小区间，在每个小区间上进行低次插值。

当给定了 $n+1$ 个点 $x_0<x_1<\cdots<x_n$ 上的函数值 $y_0,y_1,\cdots,y_n$ 后，若要计算点 $x\neq x_i$ 处函数值 $f(x)$ 的近似值，可选取两个节点 x_{i-1} 与 x_i，使 $x\in[x_{i-1},x_i]$，然后在小区间 $[x_{i-1},x_i]$ 上作线性插值，即可得

$$f(x)\approx P_1(x)=y_{i-1}\frac{x-x_i}{x_{i-1}-x_i}+y_i\frac{x-x_{i-1}}{x_i-x_{i-1}} \tag{5-32}$$

这种分段低次插值称为分段线性插值。在几何上就是用折线代替曲线，如图 5-3 所示。

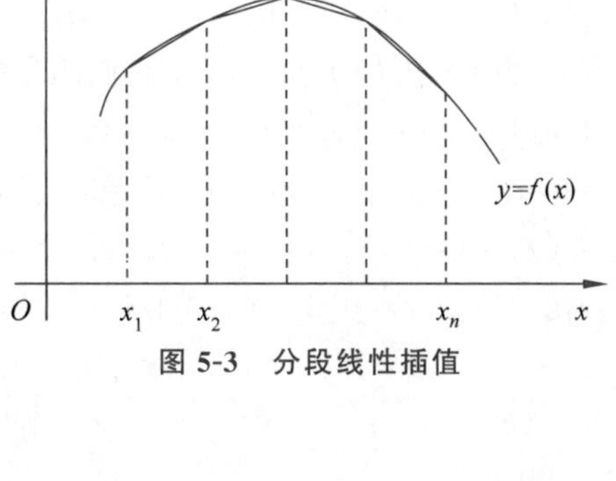

图 5-3 分段线性插值

类似地，为求得近似值，也可选取距点 x 最近的 3 个节点 x_{i-1}, x_i, x_{i+1} 进行二次插值，即取

$$f(x) \approx P_2(x) = \sum_{k=i-1}^{i+1}\left[y_k \prod_{\substack{j=i-1\\ j\neq k}}^{i+1}\left(\frac{x-x_j}{x_k-x_j}\right)\right] \tag{5-33}$$

这种分段低次插值称为分段二次插值。在几何上就是用分段抛物线代替曲线 $y=f(x)$，又称分段抛物插值。

5.6 埃尔米特插值

不少问题不但要求在插值节点上的函数值相等，还要求节点上的导数值相等，有的甚至要求高阶导数值也相等，满足这种要求的插值多项式称为埃尔米特(Hermite)插值多项式。若给出的插值条件有 $m+1$ 个，则可造出 m 次插值多项式。常见的一类带导数插值的问题是在给出节点 $a\leqslant x_0\leqslant x_1\leqslant\cdots\leqslant x_n\leqslant b$ 上已知

$$f(x_i)=f_i,\ f'(x_i)=m_i(i=0,1,\cdots,n)$$

要求 $H_{2n+1}(x)\in H_{2n+1}$，使

$$H_{2n+1}(x_i)=f_i,\ H'_{2n+1}(x_i)=m_i, i=0,1,\cdots,n \tag{5-34}$$

若用基函数方法表示可得

$$H_{2n+1}(x)=\sum_{i=0}^{n}[\alpha_i(x)f_i+\beta_i(x)m_i] \tag{5-35}$$

其中 $\alpha_i(x)$ 及 $\beta_i(x)(i=0,1,\cdots,n)$ 是关于点 $x_0, x_1, \cdots, x_n$ 的 $2n+1$ 次 Hermite 插值基函数，它们为 $2n+1$ 次多项式且满足条件

$$\alpha_i(x)=\delta_{ik}=\begin{cases}0, & i\neq k\\ 1, & i=k\end{cases}, \alpha'_i(x)=0$$

$$\beta_i(x_k)=0, \beta'_i(x_k)=\delta_{ik}, k=0,1,\cdots,n \tag{5-36}$$

若 $f(x)$ 在 $[a,b]$ 上存在 $2n+2$ 阶导数 $f^{(2n+2)}(x)$，则其插值余项为

$$R_{2n+1}(x)=f(x)-H_{n+1}(x)=\frac{f^{(2n+2)}(\xi)}{(2n+2)!}\omega_{n+1}^2(x) \tag{5-37}$$

其中 $\xi\in[a,b]$ 与 x 有关，其中

$$\omega_n(x)=(x-x_0)(x-x_1)\cdots(x-x_n)$$

下面对 $n=1$ 的情形具体给出 $H_3(x)$ 的表达式。若插值节点为 x_k 及 x_{k+1}，要求 $H_3(x)\in H_3$，使

$$\begin{cases}H_3(x_k)=f_k, & H_3(x_{k+1})=f_{k+1}\\ H'_3(x_k)=m_k, & H'_3(x_{k+1})=m_{k+1}\end{cases} \tag{5-38}$$

相应的插值基函数为 $\alpha_k(x), \alpha_{k+1}(x), \beta_k(x), \beta_{k+1}(x)$，它们满足条件

$$\alpha_k(x_k)=1, \alpha_k(x_{k+1})=0, \alpha'_k(x_k)=\alpha'_k(x_{k+1})=0$$

$$\alpha_{k+1}(x_k)=0, \alpha_{k+1}(x_{k+1})=1, \alpha'_{k+1}(x_k)=\alpha'_{k+1}(x_{k+1})=0$$

$$\beta_k(x_k)=\beta_k(x_{k+1})=0, \beta'_k(x_k)=1, \beta'_k(x_{k+1})=0$$

$$\beta_{k+1}(x_k)=\beta_{k+1}(x_{k+1})=0, \beta'_{k+1}(x_k)=1, \beta'_{k+1}(x_{k+1})=1$$

根据给出的条件，可令

$$\alpha_k(x)=(ax+b)\left(\frac{x-x_{k+1}}{x_k-x_{k+1}}\right)^2$$

显然

$$\alpha_k(x_{k+1})=\alpha_k'(x_{k+1})=0$$

再由

$$\alpha_k(x_k)=ax_k+b=1\text{ 及 }\alpha_k'(x)=a+\frac{2}{x_k-x_{k+1}}(ax_k+b)=0$$

解得

$$a=-\frac{2}{x_k-x_{k+1}},b=1+\frac{2x_k}{x_k-x_{k+1}}$$

于是可得

$$\alpha_k(x)=\left(1+2\frac{x-x_k}{x_{k+1}-x_k}\right)\left(\frac{x-x_{k+1}}{x_{k+1}-x_k}\right)^2 \tag{5-39}$$

同理,可求得

$$\begin{cases}\alpha_{k+1}(x)=\left(1+2\dfrac{x-x_{k+1}}{x_k-x_{k+1}}\right)\left(\dfrac{x-x_k}{x_{k+1}-x_k}\right)^2\\ \beta_k(x)=(x-x_k)\left(\dfrac{x-x_{k+1}}{x_k-x_{k+1}}\right)^2\\ \beta_{k+1}(x)=(x-x_{k+1})\left(\dfrac{x-x_k}{x_{k+1}-x_k}\right)^2\end{cases} \tag{5-40}$$

于是满足条件(5-38)的 Hermite 插值多项式为

$$H_3(x)=\alpha_k(x)f_k+\alpha_{k+1}(x)f_{k+1}+\beta_k(x)m_k+\beta_{k+1}(x)m_{k+1} \tag{5-41}$$

它的插值余项为

$$R_3(x)=f(x)-H_3(x)=\frac{1}{4!}f^{(4)}(\xi)(x-x_k)^2 \tag{5-42}$$

ξ 在 x_k 与 x_{k+1}之间。

下面再给出一个典型的例子。

例 5.7 求 $p(x)\in H_3$,使 $p(x_i)=f(x_i),i=0,1,2$ 及 $p'(x_1)=f'(x_1)$的插值多项式及其余项表达式。

解 这里给出了 4 个条件,故可求得 3 次插值多项式,$p(x)\in H_3$,由 $p(x_i)=f(x_i)$,$i=0,1,2$,可用牛顿插值,令

$$\begin{aligned}p(x)=&f(x_0)+f[x_0,x_1](x-x_0)+f[x_0,x_1,x_2](x-x_0)(x-x_1)\\&+a(x-x_0)(x-x_1)(x-x_2)\end{aligned} \tag{5-43}$$

显然它满足条件 $p(x_i)=f(x_i),i=0,1,2,a$ 为待定参数。

由 $p'(x_1)=f'(x_1)$可得

$$p'(x_1)=f[x_0,x_1]+f[x_0,x_1,x_2](x_1-x_0)+a(x_1-x_0)(x_1-x_2)=f'(x_1)$$

解得

$$a=\frac{1}{x_1-x_0}\left\{\frac{f'(x_1)-f[x_0,x_1]}{x_1-x_0}-f[x_0,x_1,x_2]\right\} \tag{5-44}$$

于是得到的插值多项式为式(5-8)的 $p(x)$,其中 a 由式(5-44)给出,它的余项表达式是

$$R_3(x)=f(x)-p(x)=\frac{1}{4!}f^{(4)}(\xi)(x-x_0)(x-x_1)^2(x-x_2) \tag{5-45}$$

其中 ξ 在 x_0 与 x_2 之间，$a\leqslant x_0\leqslant x_1\leqslant x_2\leqslant b$。

5.7 三次样条插值

5.7.1 三次样条函数

分段低次插值的优点是具有收敛性与稳定性，缺点是光滑性较差，不能满足实际需要。例如高速飞机的机翼形线、船体放样形值线、精密机械加工等都要求有二阶光滑度，即二阶导数连续，通常三次样条(Spline)函数即可满足要求。

定义 5.3 设$[a,b]$上给出一组节点 $a\leqslant x_0\leqslant\cdots\leqslant x_n\leqslant b$，若函数 $s(x)$满足条件

(1) $S(x)\in C^2[a,b]$；

(2) $S(x)$在每个小区间$[x_i,x_{i+1}]$$(i=0,1,\cdots,n)$上是三次多项式；

则称 $S(x)$是节点 $x_0,x_1,\cdots,x_n$ 上的三次样条函数。

若 $S(x)$在节点上还满足插值条件

(3) $S(x_i)=f_i,\ i=0,1,\cdots,n$ (5-46)

则称 $S(x)$为$[a,b]$上的三次样条插值函数。

例 5.8 设

$$S(x)=\begin{cases}x^2+x^3 & x\in[0,1]\\ 2x^3+ax^2+bx+c & x\in(1,2]\end{cases}$$

是以 0,1,5 为样条节点的三次样条函数，则 a,b,c 应取何值？

解 因 $S(x)\in C^2[0,2]$，故在 $x_1=1$ 处有 $S(1)$，$S'(1)$及 $S''(1)$连续，可得

$$\begin{cases}a+b+c+2=2\\ 2a+b+6=5\\ 2a+12=8\end{cases}$$

解得 $a=-5,b=3,c=-1$。此时 $S(x)$是$[0,5]$上的三次样条函数。

例 5.9 已知 $f(-1)=1,f(0)=0,f(1)=1$，求在插值区间$[-1,1]$上的三次自然插值函数 $S(x)$。

解 $S(x)=\begin{cases}a_{10}+a_{11}x+a_{12}x^2+a_{13}x^3 & x\in[-1,0]\\ a_{20}+a_{21}x+a_{22}x^2+a_{23}x^3 & x\in(0,1]\end{cases}$

$S(x)$在 $x=0$ 处连续：$S(0-0)=S(0+0)$，即 $a_{10}=a_{20}$。 ①

$$S'(x)=\begin{cases}a_{11}+2a_{12}x+3a_{13}x^2 & x\in[-1,0]\\ a_{21}+2a_{22}x+3a_{23}x^2 & x\in(0,1]\end{cases}$$

$S'(x)$在 $x=0$ 处连续：$S'(0-0)=S'(0+0)$，即 $a_{11}=a_{21}$。 ②

$$S''(x)=\begin{cases}2a_{12}+6a_{13}x & x\in[-1,0]\\ 2a_{22}+6a_{23}x & x\in(0,1]\end{cases}$$

$S''(x)$在 $x=0$ 处连续：$S''(0-0)=S''(0+0)$，即 $a_{12}=a_{22}$。 ③

$S(x)$满足 3 个插值条件，有

$$a_{10}-a_{11}+a_{12}-a_{13}=1(x=-1\text{ 时})\qquad ④$$

$$a_{10}=a_{20}=0(x=0\text{ 时})\qquad ⑤$$

$$a_{20}+a_{21}+a_{22}+a_{23}=1(x=1\text{ 时})\qquad ⑥$$

另有两个自然边界条件

$$S''(-1)=0\Rightarrow 2a_{12}-6a_{13}=0\qquad ⑦$$

$$S''(1)=0\Rightarrow 2a_{22}+6a_{23}=0\qquad ⑧$$

联立式①～⑧，可得 $a_{10}=a_{11}=a_{20}=a_{21}=0$，$a_{12}=a_{22}=\frac{3}{2}$，$a_{13}=-a_{23}=\frac{1}{2}$。

故所求三次自然样条插值函数为

$$S(x)=\begin{cases}\frac{3}{2}x^2+\frac{1}{2}x^3 & x\in[-1,0]\\ \frac{3}{2}x^2-\frac{1}{2}x^3 & x\in(0,1]\end{cases}$$

由定义 5.3 可知若 $s(x)$ 满足：

(1) 在每个小区间 $[x_i,x_{i+1}]$ 上是不高于三次的多项式；

(2) 在每个内结点 $x_i(i=1,\cdots,n-1)$ 上具有二阶连续导数(称 $S(x)$ 为三次样条函数)；

(3) 满足插值条件 $S(x_i)=y_i$(称 $S(x)$ 为三次样条插值函数)；

则称 $S(x)$ 为三次样条插值函数。

在第 i 个子区间上 $s(x_i)=a_{i0}+a_{i1}x+a_{i2}x^2+a_{i3}x^3$，$s(x)$ 共有 $4n$ 个待定系数 a_{ij}(因为节点有 $n+1$ 个，子区间有 n 个，每个子区间 4 个系数)，由定义中的(2)(3)可得待定系数 $a_{i0},a_{i1},a_{i2},a_{i3}$ 满足以下 $4n-2$ 个方程。

$$\begin{cases}s(x_i-0)=s(x_i+0) & (i=1,2,\cdots,n-1)\\ s'(x_i-0)=s'(x_i+0) & (i=1,2,\cdots,n-1)\\ s''(x_i-0)=s''(x_i+0) & (i=1,2,\cdots,n-1)\\ s(x_i)=f_i & (i=0,1,\cdots,n)\end{cases}$$

$$((n-1)+(n-1)+(n-1)+(n+1)=4n-2)\qquad(5\text{-}47)$$

要确定 $4n$ 个待定系数还缺少两个方程(条件)，这两个条件通常在插值区间 $[a,b]$ 的两个端点处给出，称为边界条件。边界条件的类型很多，常见的如下。

问题Ⅰ　第一种边界条件：$S'(x_0)=f'_0$，$S'(x_n)=f'_n$。(5-48)

问题Ⅱ　第二种边界条件：$S''(x_0)=f''_0$，$S''(x_n)=f''_n$。(5-49)

特别地，称 $S''(x_0)=S''(x_n)=0$ 为自然边界条件，满足自然边界条件的三次样条插值函数称为自然样条插值函数。

问题Ⅲ　第三种边界条件：当 $f(x)$ 是周期为 $b-a$ 的函数时，要求 $S(x)$ 及其导数都是以 $b-a$ 为周期的函数，相应的边界条件为

$$\begin{cases}s(x_0+0)=s(x_n-0)\\ s'(x_0+0)=s'(x_n-0)\\ s''(x_0+0)=s''(x_n-0)\end{cases}$$

($S(x_i)=y_i(i=0,1,\cdots,n)$ 中缺少一个方程，所以边界条件多出一个方程)。满足此条

件的三次样条插值函数称为周期样条函数。

由此看到，针对不同类型的问题，补充相应的边界条件后完全可以求得三次样条插值函数 $s(x)$。下面我们只就问题Ⅰ及问题Ⅱ介绍三弯矩方程及其解法。

5.7.2 弯矩方程

设 $s(x)$在节点 $a\leqslant x_0\leqslant\cdots\leqslant x_n\leqslant b$ 上的二阶导数值 $S''(x_i)=M_i(i=0,1,\cdots,n)$，$h_i=x_{i+1}-x_i$ 在$[x_i,x_{i+1}]$上是三次多项式，故 $s''(x)$在$[x_i,x_{i+1}]$上是一次函数，可表示为

$$s''(x)=M_i\frac{x_{i+1}-x}{h_i}+M_{i+1}\frac{x-x_i}{h_i}$$

对此式积分两次，并利用 $s_i(x_i)=f_i$，$s_{i+1}(x_{i+1})=f_{i+1}$可确定积分常数，从而得到

$$s(x)=M_i\frac{(x_{i+1}-x)^3}{6h_i}+M_{i+1}\frac{(x-x_i)^3}{6h_i}+\frac{x_{i+1}-x}{h_i}\left(f_i-\frac{h_i^2}{6}M_i\right)+\frac{x-x_i}{h_i}\left(f_{i+1}-\frac{h_i^2}{6}M_{i+1}\right)$$

$$x\in[x_i,x_{i+1}] \tag{5-50}$$

这里的 $M_i(i=0,1,\cdots,n)$是未知量，但它可利用条件(5-47)中的

$$s''(x_i-0)=s''(x_i+0)(i=1,2,\cdots,n-1)$$

得到关于 $M_0,M_1,\cdots,M_n$ 的方程组。由式(5-50)对 $s(x)$求导得

$$s'(x)=M_i\frac{(x_{i+1}-x)^2}{2h_i}+M_{i+1}\frac{(x-x_i)^2}{2h_i}+\frac{f_{i+1}-f_i}{h_i}-\frac{h_i}{6}(M_{i+1}-M_i)$$

$$x\in[x_i,x_{i+1}] \tag{5-51}$$

由此可得

$$s'(x_i+0)=\frac{h_i}{2}M_i+\frac{f_{i+1}-f_i}{h_i}-\frac{h_i}{6}(M_{i+1}-M_i) \tag{5-52}$$

当 $x\in[x_{i-1},x_i]$时，可得

$$s'(x)=M_{i-1}\frac{(x_i-x)^2}{2h_{i-1}}+M_i\frac{(x-x_{i-1})^2}{2h_{i-1}}+\frac{f_i-f_{i-1}}{h_{i-1}}-\frac{h_{i-1}}{6}(M_i-M_{i-1})$$

于是

$$s'(x_i-0)=\frac{h_{i-1}}{2}M_i+\frac{f_i-f_{i-1}}{h_{i-1}}-\frac{h_{i-1}}{6}(M_i-M_{i-1}) \tag{5-53}$$

由 $s'(x_i-0)=s'(x_i+0)$，可得

$$\mu_iM_{i-1}+2M_i+\lambda_iM_{i+1}=d_i,i=1,2,\cdots,n-1 \tag{5-54}$$

其中

$$\begin{cases}\mu_i=\dfrac{h_{i-1}}{h_{i-1}+h_i}\\ \lambda_i=1-\mu_i=\dfrac{h_i}{h_{i-1}+h_i}\\ d_i=6f[x_{i-1},x_i,x_{i+1}]\end{cases},(i=1,2,\cdots,n-1) \tag{5-55}$$

式(5-54)是关于 $M_0,M_1,\cdots,M_{n+1}$的 $n-1$ 个方程，对问题Ⅰ，可由式(5-48)补充两个方程，它们可由式(5-52)当 $i=0$ 时及式(5-53)当 $i=n$ 时得到，即

$$\begin{cases}2M_0+M_1=\dfrac{6}{h_0}(f[x_0,x_1]-f'_0)=d_0\\ M_{n-1}+2M_n=\dfrac{6}{h_{n-1}}(f'_n-f[x_{n-1},x_n])=d_n\end{cases}\tag{5-56}$$

将式(5-54)与式(5-56)合并则得到关于 $M_0,M_1,\cdots,M_n$ 的线性方程组，用矩阵形式表示为

$$\begin{bmatrix}2 & 1 & & & \\ \mu_1 & 2 & \lambda_1 & & \\ & \ddots & \ddots & \ddots & \\ & & \mu_{n-1} & 2 & \lambda_{n-1}\\ & & & 1 & 2\end{bmatrix}\begin{bmatrix}M_0\\ M_1\\ \vdots\\ M_{n-1}\\ M_n\end{bmatrix}=\begin{bmatrix}d_0\\ d_1\\ \vdots\\ d_{n-1}\\ d_n\end{bmatrix}\tag{5-57}$$

这是关于 $M_0,M_1,\cdots,M_n$ 的三对角方程组。

对于问题Ⅱ，可直接由条件(5-49)得到

$$M_0=f''_0,M_n=f''_n$$

将它代入式(5-54)，并用矩阵形式表示为

$$\begin{bmatrix}2 & \lambda_1 & & & \\ \mu_2 & 2 & \lambda_2 & & \\ & \ddots & \ddots & \ddots & \\ & & \mu_{n-2} & 2 & \lambda_{n-2}\\ & & & \mu_{n-1} & 2\end{bmatrix}\begin{bmatrix}M_1\\ M_2\\ \vdots\\ M_{n-2}\\ M_{n-1}\end{bmatrix}=\begin{bmatrix}d_1-\mu_1 f''_0\\ d_2\\ \vdots\\ d_{n-2}\\ d_{n-1}-\lambda_{n-1}f''_n\end{bmatrix}\tag{5-58}$$

它是关于 $M_1,M_2,\cdots,M_{n-1}$ 的三对角方程组，不论是方程(5-57)还是方程(5-58)，它们中的每个方程只与 3 个相邻的 M_i 相联系，而 M_i 在力学上表示细梁在 x_i 上的截面弯矩，故称方程(5-57)及方程(5-58)为三弯矩方程。方程(5-57)及方程(5-58)的系数矩阵都是严格对角占优矩阵，它们可用追赶法求解。得到 $M_0,M_1,\cdots,M_n$ 后，代入式(5-50)，则得到$[a,b]$上的三次样条插值函数 $s(x)$。

例 5.10 设 $f(x)$为定义在$[0, 3]$上的函数，插值节点为 $x_i=i,i=0,1,2,3$，且 $f(x_0)=0$，$f(x_1)=0.5,f(x_2)=2.0,f(x_3)=1.5$。当 $f'(x_0)=0.2,f'(x_3)=-1$ 时，试求三次样条插值函数 $s(x)$，使其满足问题Ⅰ的边界条件(5-48)。

解 根据三弯矩方程(5-58)，首先要求系数矩阵及右端项 $d_i(i=0,1,2,3)$，由式(5-55)及式(5-56)可得

$$h_i=1,i=0,1,2 \qquad \mu_1=\lambda_1=\mu_2=\lambda_2=\frac{1}{2}$$

$$d_1=6f[x_0,x_1,x_2]=3 \qquad d_2=6f[x_1,x_2,x_3]=-6$$

$$d_0=\frac{6}{h_0}(f[x_0,x_1]-f'(x_0))=1.8 \quad d_3=\frac{6}{h_2}(f'(x_3)-f[x_2,x_3])=-3$$

于是由方程(5-58)得三弯矩方程为

$$\begin{bmatrix}2 & 1 & & \\ 0.5 & 2 & 0.5 & \\ & 0.5 & 2 & 0.5\\ & & 1 & 2\end{bmatrix}\begin{bmatrix}M_0\\ M_1\\ M_2\\ M_3\end{bmatrix}=\begin{bmatrix}1.8\\ 3\\ -6\\ -3\end{bmatrix}\tag{5-59}$$

解得 $M_1=2.52, M_2=-3.72, M_0=-0.36, M_3=0.36$。将 M_0, M_1, M_2, M_3 的值代入式(5-50)可得三次样条函数

$$s(x)=\begin{cases}0.48x^3-0.18x^2+0.2x, & x\in[0,1]\\ -1.04(x-1)^3+1.25(x-1)^2+1.28(x-1)+0.5, & x\in[1,2]\\ 0.68(x-2)^3-1.86(x-2)^2+0.68(x-2)+2.0, & x\in[2,3]\end{cases}$$

$y=s(x)$ 的图形见图 5-4。

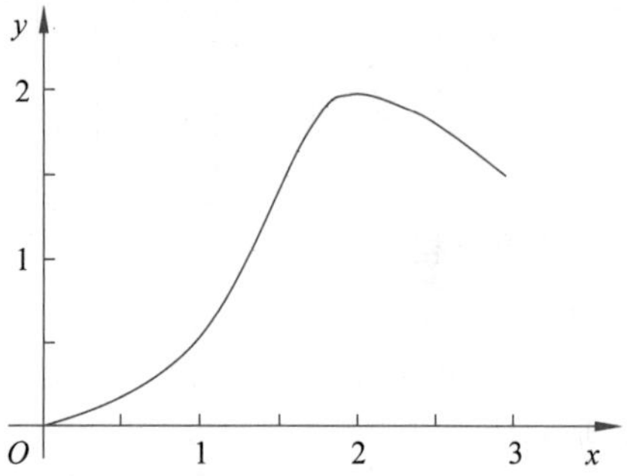

图 5-4 样条插值

例 5.11 求函数 $f(x)=\sqrt{x}$ 关于点 $x_0=5, x_1=7, x_2=9, x_3=10$ 的三次样条插值多项式 $s(x)$，并计算 $f(6)$ 的近似值。

x_i	5	7	9	10
$f(x_i)$	2.2361	2.6458	3.0000	3.1623

解 用第一种边界条件：$s'(5)=f'(5)=\left[\dfrac{1}{2\sqrt{x}}\right]_{x=5}=0.2236$，

$s'(10)=f'(10)=0.1581, h_1=7-5=2, h_2=9-7=2, h_3=10-9=1, \mu_1=\dfrac{h_1}{h_1+h_2}=\dfrac{1}{2}, \lambda_1=1-\mu_1=\dfrac{1}{2}, \mu_2=\dfrac{h_2}{h_2+h_3}=\dfrac{2}{3}, \lambda_2=1-\mu_2=\dfrac{1}{3}, d_1=6f[x_0,x_1,x_2]=-0.0414$，$d_2=6f[x_1,x_2,x_3]=-0.0294$。

在第一种边界条件下，$d_0=\dfrac{6}{h_1}(f[x_0,x_1]-y_0')=-0.0563, d_3=\dfrac{6}{h_3}(y_3'-f[x_2,x_3])=-0.0252$，写出确定 M_i 的线性方程组

$$\begin{bmatrix}2 & 1 & 0 & 0\\ 0.5 & 2 & 0.5 & 0\\ & 0.6667 & 2 & 0.3333\\ & & 1 & 2\end{bmatrix}\begin{bmatrix}M_0\\ M_1\\ M_2\\ M_3\end{bmatrix}=\begin{bmatrix}-0.0563\\ -0.0414\\ -0.0294\\ -0.0252\end{bmatrix}$$

解得 $M_0=-0.0218, M_1=-0.0128, M_2=-0.0091, M_3=-0.0081$，则

$$s(x)=\begin{cases}0.0018\,(x-7)^3-0.0011\,(x-5)^3-1.1253(x-7)+1.327(x-5) & x\in[5,7]\\ 0.0011\,(x-9)^3-0.00076\,(x-7)^3-1.3272(x-9)+1.5032(x-7) & x\in[7,9]\\ 0.0015\,(x-10)^3-0.00135\,(x-9)^3-3.0015(x-10)+3.16365(x-9) & x\in[9,10]\end{cases}$$

所以 $f(6)\approx S(6)=2.4494$(具有5位有效数字)。

5.7.3　三次样条插值收敛性

定理 5.3　设 $f(x)\in C^4[a,b]$,$s(x)$为问题Ⅰ或问题Ⅱ的三次样条函数,则有估计式

$$\| f^{(k)}(x)-s^{(k)}(x)\| \leqslant C_k \| f^{(4)}(x)\|_{\infty} h^{4-k},k=0,1,2 \tag{5-60}$$

其中

$$h=\max_{0\leqslant i\leqslant n-1} h_i,h_i=x_{i+1}-x_i(i=0,1,\cdots,n-1)$$

$$C_0=\frac{5}{384},C_1=\frac{1}{24},C_2=\frac{3}{8},\| f(x)\|_{\infty}=\max_{a\leqslant x\leqslant b} | f(x)|$$

定理表明当 $h\to 0(n\to\infty)$时,$s(x)$,$s'(x)$,$s''(x)$分别一致收敛于 $f(x)$,$f'(x)$,$f''(x)$。

5.8　最小二乘法

多项式插值虽然在一定程度上解决了由函数表求函数的近似表达式问题,但多项式插值必须满足插值条件(5-2),所求出的曲线通过每一个观察点。但是,实验提供的数据通常带有测量误差,如果要求近似曲线 $y=\varphi(x)$严格地通过所给的每个数据点(x_i,y_i),就会使曲线保留原有的测试误差,尤其是当个别数据误差较大时,插值效果不理想。

曲线拟合的最小二乘法总的说来也是用较简单的函数逼近一组已知数据(x_i,y_i),但它并不要求该函数的图形通过每一个已知点,而是要求偏差的平方和为最小,如图5-5所示。

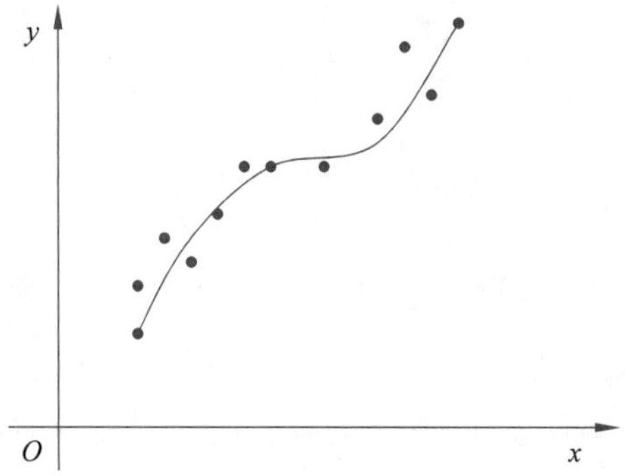

图 5-5　拟合曲线

5.8.1　偏差的定义

函数 $\varphi(x)$在节点 x_i 处的函数值与观测值 y_i 之间的插值称为偏差,记为

$$\delta_i=\varphi(x_i)-y_i(i=0,1,2,\cdots,m) \tag{5-61}$$

按偏差平方和最小的原则选择拟合曲线的方法称为最小二乘法。

偏差的平方和最小即

$$\min\left(\sum_{i=0}^{n}\delta_i\right)=\min\left(\sum_{i=0}^{m}[\varphi(x_i)-y_i]^2\right) \tag{5-62}$$

对于给定的一组数据$(x_i,y_i)(i=1,2,\cdots,m)$，在函数类

$$\phi=\{\varphi_0(x),\varphi_1(x),\cdots,\varphi_n(x)\}(n<m)$$

中寻求一个函数

$$\varphi^*(x)=a_0^*\varphi_0(x)+a_1^*\varphi_1(x)+\cdots+a_n^*\varphi_n(x) \tag{5-63}$$

使$\varphi^*(x)$满足条件

$$\sum_{i=0}^{m}[\varphi^*(x_i)-y_i]^2=\min_{\varphi(x)\in\phi}\sum_{i=0}^{m}[\varphi(x_i)-y_i]^2 \tag{5-64}$$

$\varphi(x)=a_0\varphi_0(x)+a_1\varphi_1(x)+\cdots+a_n\varphi_n(x)$是函数类$\phi$中的任一函数，满足式(5-64)的函数$\varphi^*(x)$为最小二乘问题的最小二乘解。

5.8.2 最小二乘解的求法

由最小二乘解式(5-63)应满足式(5-64)可知，点$(a_0^*,a_1^*,\cdots,a_n^*)$是多元函数$R(a_0,a_1,\cdots,a_n)=\sum_{i=1}^{m}[a_0\varphi_0(x_i)+a_1\varphi_1(x_i)+\cdots+a_n\varphi_n(x_i)-y_i]^2$的极小点，由多元函数求极值的必要条件可得

$$\frac{\partial R}{\partial a_k}=0\ (k=0,1,\cdots,n)$$

即

$$\sum_{i=0}^{m}\varphi_k(x_i)[a_0\varphi_0(x_i)+a_1\varphi_1(x_i)+\cdots+a_n\varphi_n(x_i)-y_i]=0(k=0,1,\cdots,n)$$

亦即

$$a_0\sum_{i=0}^{m}\varphi_k(x_i)\varphi_0(x_i)+a_1\sum_{i=0}^{m}\varphi_k(x_i)\varphi_1(x_i)+\cdots+a_n\sum_{i=0}^{m}\varphi_k(x_i)\varphi_n(x_i)$$
$$=\sum_{i=0}^{m}\varphi_k(x_i)y_i(k=0,1,\cdots,n)$$

为表达方便，引入记号$(e,g)=\sum_{i=0}^{m}e(x_i)g(x_i)$，其中$e$和$g$分别表示函数$e(x)$和$g(x)$，则上述方程组可以表示成

$$a_0(\varphi_k,\varphi_0)+a_1(\varphi_k,\varphi_1)+\cdots+a_n(\varphi_k,\varphi_n)=(\varphi_k,f)(k=0,1,\cdots,n)$$

构成方程组

$$\begin{bmatrix}(\varphi_0,\varphi_0) & (\varphi_0,\varphi_1) & \cdots & (\varphi_0,\varphi_n)\\(\varphi_1,\varphi_0) & (\varphi_1,\varphi_1) & \cdots & (\varphi_1,\varphi_n)\\ \vdots & \vdots & \cdots & \vdots\\(\varphi_n,\varphi_0) & (\varphi_n,\varphi_1) & \cdots & (\varphi_n,\varphi_n)\end{bmatrix}\begin{bmatrix}a_0\\a_1\\ \vdots\\a_n\end{bmatrix}=\begin{bmatrix}(\varphi_0,f)\\(\varphi_1,f)\\ \vdots\\(\varphi_n,f)\end{bmatrix} \tag{5-65}$$

方程组(5-65)称为法方程组。当$\varphi_0(x),\varphi_1(x),\cdots,\varphi_n(x)$线性无关时，该方程组的解存在且唯一。$a_0=a_0^*,a_1=a_1^*,\cdots,a_n=a_n^*$，相应的函数式(5-63)就是满足条件(5-64)的最小二乘解。

定理 5.4 对于给定的一组实验数据(x_i,y_i)(x_i互异，$i=1,2,\cdots,m$)，在函数类$\phi=$

$\{\varphi_0(x),\varphi_1(x),\cdots,\varphi_n(x)\}\{n<m$ 且 $\varphi_0(x),\varphi_1(x),\cdots,\varphi_n(x)$线性无关$\}$中,存在唯一的函数 $\varphi^*(x)=a_0^*\varphi_0(x)+a_1^*\varphi_1(x)+\cdots a_n^*\varphi_n(x)$使关系式(5-64)成立,并且其系数 $a_k^*(k=0,1,\cdots,n)$可通过求解方程组(5-65)得到。

若讨论的是代数多项式拟合,函数类 ϕ 可取 $\varphi_0(x)=1,\varphi_1(x)=x,\cdots,\varphi_n(x)=x^n$,则其对应的法方程组为

$$\begin{bmatrix} m & \sum_{i=1}^{m}x_i & \cdots & \sum_{i=1}^{m}x_i^n \\ \sum_{i=1}^{m}x_i & \sum_{i=1}^{m}x_i^2 & \cdots & \sum_{i=1}^{m}x_i^{n+1} \\ \vdots & \vdots & \cdots & \vdots \\ \sum_{i=1}^{m}x_i^n & \sum_{i=1}^{m}x_i^{n+1} & \cdots & \sum_{i=1}^{m}x_i^{2n} \end{bmatrix}\begin{bmatrix} a_0 \\ a_1 \\ \vdots \\ a_n \end{bmatrix}=\begin{bmatrix} \sum_{i=1}^{m}y_i \\ \sum_{i=1}^{m}x_iy_i \\ \vdots \\ \sum_{i=1}^{m}x_i^ny_i \end{bmatrix} \tag{5-66}$$

由上可知,用最小二乘法解决实际问题包含两个环节:现根据所给数据点的变化趋势与问题的实际背景确定函数类 ϕ,即确定 $\varphi(x)$所具有的形式;然后按法方程组(5-65)求解$(a_0^*,a_1^*,\cdots,a_n^*)$,确定 $\varphi^*(x)$。

另外,对于同一组数据(x_i,y_i)(x_i 互异,$i=1,2,\cdots,m$),可能确定不同的函数类 ϕ,通过法方程组求解后,所确定的 $\varphi^*(x)$也就不同,即同一组数据可以确定不同的拟合曲线。这时,可以通过比较拟合曲线的最大偏差或均方误差来衡量曲线拟合的好坏。

对于一组数据(x_i,y_i)(x_i 互异,$i=1,2,\cdots,m$),若拟合曲线的偏差为 $\delta_i(i=1,2,\cdots,m)$,则其均方误差记为

$$\sqrt{\sum_{i=1}^{m}\delta_i^2} \tag{5-67}$$

最大偏差记为

$$\max_{1\leqslant i\leqslant m}|\delta_i| \tag{5-68}$$

例 5.12 已知一组实验数据如下,试用最小二乘法建立 x 与 y 之间的经验公式,及其均方误差、最大偏差。

i	1	2	3	4	5
x_i	1	2	3	4	5
y_i	4	5.5	6	8	8.5

解 根据前面的讨论,解决问题的过程如下:

(1) 将表中数据描述在坐标系上,如图 5-5 所示。

(2) 确定拟合曲线的形式,由图 5-6 可以看出,5 个点位于直线附近,故用直线来拟合这组数据,其函数类 $\phi=\{1,x\}$,$\varphi_0(x)=1,\varphi_1(x)=x$,所求函数表达式为 $\varphi(x)=a_0+a_1x$,a_0,a_1 为待定常数。

(3) 利用法方程组(5-66)求解。

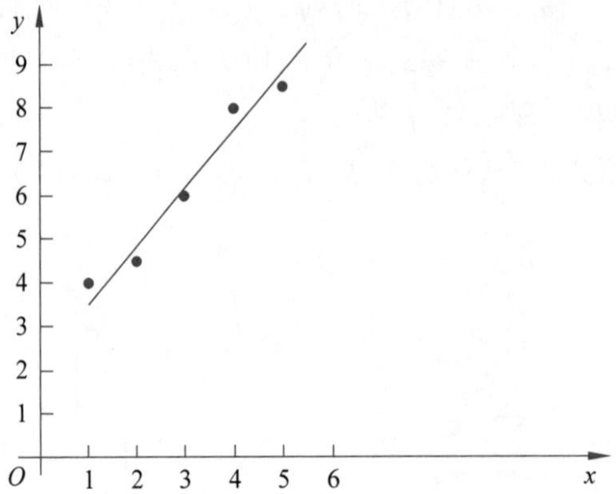

图 5-6 拟合

$$\begin{bmatrix} 5 & \sum_{i=1}^{5} x_i \\ \sum_{i=1}^{5} x_i & \sum_{i=1}^{5} x_i^2 \end{bmatrix} \begin{bmatrix} a_0 \\ a_1 \end{bmatrix} = \begin{bmatrix} \sum_{i=1}^{5} y_i \\ \sum_{i=1}^{5} x_i y_i \end{bmatrix}$$

$$\begin{bmatrix} 5 & 15 \\ 15 & 55 \end{bmatrix} \begin{bmatrix} a_0 \\ a_1 \end{bmatrix} = \begin{bmatrix} 31 \\ 105.5 \end{bmatrix}$$

解此方程组得

$$a_0 = 2.45, a_1 = 1.25$$

经验直线为 $y = 2.45 + 1.25x$。

均方误差为 $\sqrt{\sum_{i=1}^{5} (2.45 + 1.25x_i - y_i)^2} = \sqrt{0.6975} \approx 0.835$。

最大偏差为 $\max_{1 \leqslant i \leqslant m} |\delta_i| = \max_{1 \leqslant i \leqslant 5} |2.45 + 1.25x_i - y_i| = 0.55$。

有些实验数据在坐标纸上描出的点集虽不呈直线趋势，但通过某种变换后可以化为直线拟合的情况。这里主要介绍以下情形。

(1) 指数型：$s(t) = a e^{bt}$。

(2) 幂函数型：$s(t) = at^{\beta}$。

(3) 对数型：$s(t) = a_0 + a_1 \ln t$。

(4) 双曲型：$s(t) = \dfrac{t}{at + b}$。

以指数型为例，对两边取对数得 $\ln s(t) = \ln a + bt$，令 $y = \ln s(t)$，$a_0 = \ln a$，$a_1 = b$，$x = t$，则指数方程即可转换为直线方程 $y = a_0 + a_1 x$。

例 5.13 求一个形如 $y = a e^{bx}$（a，b 为常数）的经验函数，使它与以下给出的数据相拟合。

i	1	2	3	4	5	6	7	8
x_i	1	2	3	4	5	6	7	8
y_i	15.3	20.5	27.4	36.6	49.1	65.6	87.8	117.6

解　对经验公式两边取对数得 $\ln y=\ln a+bx$，令 $Y=\ln y$，$a_0=\ln a$，$a_1=b$，$X=x$，则指数方程即可转换为直线方程 $Y=a_0+a_1X$，将数据表中的函数值变为对数值，即

y_i	15.3	20.5	27.4	36.6	49.1	65.6	87.8	117.6
$\ln y_i$	2.7280	3.020	3.3105	3.6000	3.9000	5.1840	5.4751	5.7673

将数据带入法方程组(5-66)求解得

$$\begin{cases}8a_0+36a_1=29.9849\\36a_0+204a_1=147.1676\end{cases}$$

$$a_0=2.4373, a_1=0.2913 \text{ 又 } a_0=\ln a$$

所以 $a=e^{a_0}=e^{2.4373}=11.3859$，则 $y=11.3859e^{0.2913x}$。

幂函数可采用两端取对数的方法进行运算。双曲函数可采用对两端同时取倒数的方法进行运算。

为了方便最小二乘法在计算机上的实现，可将法方程组(5-66)改写成

$A^{\mathrm{T}}A\alpha=A^{\mathrm{T}}y$ 的形式，其中

$$A=\begin{bmatrix}1 & x_0 & x_0^2 & \cdots & x_0^n\\1 & x_1 & x_1^2 & \cdots & x_1^n\\\vdots & \vdots & \vdots & \cdots & \vdots\\1 & x_m & x_m^2 & \cdots & x_m^n\end{bmatrix}\alpha=\begin{bmatrix}a_0\\a_1\\\vdots\\a_n\end{bmatrix}y=\begin{bmatrix}y_0\\y_1\\\vdots\\y_n\end{bmatrix} \tag{5-69}$$

内插法的历史简介

我国古代的科学家很早就应用了内插法的公式。早在东汉时期，刘洪在《乾象历》里就使用了一次内插公式来计算月行度数。隋唐时期，由于历法的需要，天算学家刘焯创立了二次函数的内插法，丰富了中国古代数学的内容。张遂在他修订的《大衍历》一书中采用不等间距二次内插法推算出每两个节气之间黄经差相同，而时间距却不同。到了宋元时代，出现了高次内插法。最先获得一般高次内插公式的数学家是朱世杰(公元 1300 年前后)。朱世杰的代表著作有《算学启蒙》(1299 年)和《四元玉鉴》(1303 年)。《算学启蒙》是一部通俗数学名著，《四元玉鉴》则是中国宋元数学高峰的又一个标志，其中最突出的数学创造有"招差术"(高次内插法)，"垛积术"(高阶等差级数求和)以及"四元术"(多元高次联立方程组与消元解法)等。元代天文学家王恂、郭守敬等在《授时历》中解决了三次函数的内插值问题。秦九韶在"缀术推星"题，朱世杰在《四元玉鉴》"如象招数"题中都提到内插法(他们称为招差术)，朱世杰得到一个四次函数的内插公式，即现在所说的"高次内插法"，使这一问题得到解决，直到 400 年之后，大名鼎鼎的牛顿才得到同样的"牛顿插值公式"。我国的内插法是从天文学的需要中发展起来的，是在修改历法中逐渐完善的，它的应用比欧洲早 1000 年。

刘焯(544—610)，字士元，信都昌亭(今河北衡水冀州)人，隋代著名的天文学家、经学家，刘献之三传弟子，与刘炫齐名，时称"二刘"。刘焯一生着力研习《九章算术》

《周髀》《七曜历书》等，著有《稽极》《历书》各 10 卷，编有《五经述义》《皇极历》。创建使用“等间距二次内插法”来计算相邻两节气之间太阳运行的速度。唐朝天文学家、数学家僧一行在刘焯内插法的基础上编著《大衍历》，发明了二次不等间距插值法，且有意识地应用了三次差内插法近似公式，使天体的计算方法更加进步和科学。清马国翰《玉函山房辑佚书》中辑有《尚书刘氏义疏》一卷。唐魏征《隋书》“儒林”中介绍刘焯时说：“论者以为数百年以来，博学通儒，无能出其右者。”现代历史学家范文澜在《中国通史》第 3 册中写到“隋朝最著名的儒生只有刘焯、刘炫二人。”

习题 5

1. 在某处测得海洋不同深处的水温如下表所示，试分别用线性插值和二次插值计算在深度 1000m 处的水温。

深度/m	466	714	950	142.2	163.4
水温/℃	7.04	5.28	3.40	2.55	2.13

2. 设 $x_i(i=0,1,2,3,4)$ 为互异节点，$l_i(x)$ 为对应的 4 次拉格朗日插值基函数，求 $\sum\limits_{i=0}^{4} x_i^4 l_i(0)$ 及 $\sum\limits_{i=0}^{4}(x_i^4+x_i)l_i(x)$ 的值。

3. 已知 $f(x)=x^7+x+5$，求 $f[2^0,2^1,\cdots,2^7]$ 及 $f[2^0,2^1,\cdots,2^8]$。

4. 设 $x_i(i=0,1,\cdots,n)$ 为互异节点，请证明：

(1) 若 $f(x)$ 为不高于 n 次的多项式，则 $f(x)$ 关于这组节点的 n 次插值多项式就是它本身；

(2) 若 $l_k(x)(k=0,1,\cdots,n)$ 是关于这组节点的 n 次基本插值多项式，则有恒等式 $\sum\limits_{k=0}^{n} x_k^m l_k(x) \equiv x^m(k=0,1,\cdots,n)$。

5. 已知数表如下：

x_i	0	1	2	3
y_i	1	2	17	64

试写出 3 次牛顿插值公式，并计算 $x=0.8$ 时函数的近似值。

6. 已知函数 $y=f(x)$ 在以下节点处的函数值：

x_i	2	4	6	12
y_i	8	2	0	2

求该函数的 3 次牛顿插值多项式，并写出插值余项 $R_3(x)$。

7. 已知一组实验数据如下，求它的拟合曲线 $y=a+bx+cx^2$。

x_i	1	3	4	5	6	7	8	9	10
f_i	10	5	4	2	1	1	2	3	4

8. 已知一组数据如下，用最小二乘法求经验直线 $y=a+bx$，并给出最大偏差（要求计算结果精确到小数点后 2 位）。

x_i	2	4	6	8
y_i	2	6	12	2

9. 用最小二乘法求经验公式 $y=a+bx^2$，使其与下列数据相拟合，并给出最大偏差（要求计算结果精确到小数点后 2 位）。

x_i	2	3	4	6
y_i	3	5	7	15

10. 在某个低温过程中，函数 y 依赖于温度 θ（℃）的实验数据为

θ_i	1	2	3	4
y_i	0.6	1.2	1.8	2.0

已知经验公式的形式为 $y=a+b\theta$，试用最小二乘法求出 a 和 b。

11. 用最小二乘法求形如 $y=a+bx^2$ 的经验公式并拟合以下数据。

x_i	19	25	31	38
y_i	19.0	32.3	49.0	73.3

第6章 数值积分与数值微分

6.1 求积公式

在科学技术和工程计算中，经常需要求区间$[a,b]$上的定积分

$$I(f)=\int_a^b f(x)\mathrm{d}x$$

从理论上可以使用牛顿-莱布尼茨公式

$$\int_a^b f(x)\mathrm{d}x=F(b)-F(a)$$

其中$F(x)$是被积函数$f(x)$的某个原函数。但对很多实际问题，计算定积分时常会遇到以下困难：

(1) 被积函数$f(x)$的原函数$F(x)$形式复杂，不易求出；

(2) $f(x)$没有给出解析表达式，只给出了经测量得到的数据表格，无法得到原函数$F(x)$的具体形式；

(3) 被积函数$f(x)$的原函数$F(x)$无法用初等函数的有限形式表示，如$\frac{\sin x}{x}$，e^{-x^2}，$\frac{1}{\ln x}$，$\sin x^2$，$\cos x^2$，$\sqrt{1+x^3}$。

在这些情况下，要计算积分的准确值是十分困难的，这就要求我们建立积分的近似计算方法。所谓数值积分，就是积分的近似计算，就是用一个容易求积分的函数来近似代替原来的被积函数，所得的积分值作为原函数积分的近似值。本章主要介绍利用插值多项式构造数值求积公式的方法。

6.1.1 机械求积公式

从几何上看，$\int_a^b f(x)\mathrm{d}x$ 为曲边梯形面积的代数和。由积分中值定理可知：对$f(x)\in C[a,b]$，存在$\xi\in[a,b]$，使

$$\int_a^b f(x)\mathrm{d}x=(b-a)f(\xi)$$

这表明，定积分所表示的曲边梯形的面积等于以$b-a$为底、$f(\xi)$为高的矩形面积，如图6-1所示。

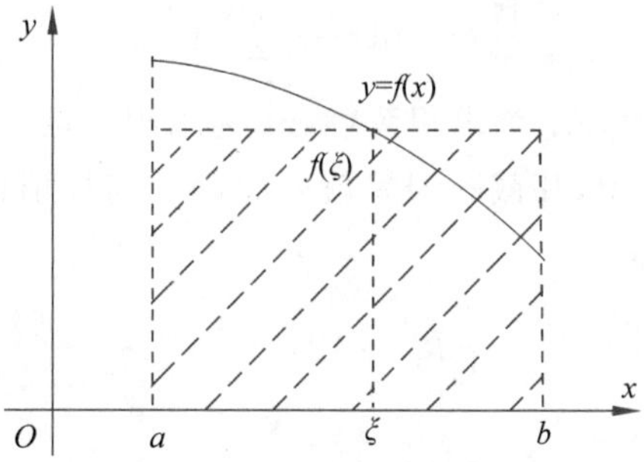

图 6-1 积分中值定理示意图

由于 ξ 的具体位置一般很难确定，因此难以准确求出 $f(\xi)$。如果将 $f(\xi)$称为函数 $f(x)$在 $[a,b]$上的平均高度，则只需设计出平均高度的近似方法，就能得到计算定积分的数值方法。例如，取区间中点的函数值 $f\left(\frac{a+b}{2}\right)$近似平均高度 $f(\xi)$，即可得到中点矩形公式

$$\int_a^b f(x)\mathrm{d}x \approx (b-a)f\left(\frac{a+b}{2}\right)$$

取区间端点的函数值 $f(a)$或 $f(b)$近似平均高度 $f(\xi)$，即可分别得到矩形公式

$$\int_a^b f(x)\mathrm{d}x \approx (b-a)f(a)$$

$$\int_a^b f(x)\mathrm{d}x \approx (b-a)f(b)$$

一般地，如果在区间$[a,b]$上选取某些节点 x_i，用 $f(x_i)$的加权平均值近似平均高度 $f(\xi)$，即可得到数值求积公式

$$I(f)=\int_a^b f(x)\mathrm{d}x \approx \sum_{i=0}^{n} A_i f(x_i) \tag{6-1}$$

其中 $x_i \in [a,b]$为求积节点，A_i 为求积系数，称式(6-1)为**机械求积公式**。A_i 仅与节点的选取有关，与函数值无关。

机械求积公式(6-1)是用积分区间上的节点处的函数值的线性组合来计算定积分的近似值，从而避免了牛顿-莱布尼茨公式中原函数的计算。式(6-1)中的关键是确定求积节点 x_i 和求积系数 A_i。节点选取的个数和选择方式将决定求积公式的精度。

6.1.2 插值型求积公式

在积分区间$[a,b]$上取 $n+1$ 个节点 $a\leqslant x_0<x_1<\cdots<x_n\leqslant b$，构造 $f(x)$的 n 次插值多项式 $L_n(x)=\sum\limits_{k=0}^{n} y_k l_k(x)$，其中 $l_k(x)$为 n 次插值基函数，$y_k=f(x_k)(k=0,1,\cdots,n)$。用 $L_n(x)$在$[a,b]$上的积分来代替 $f(x)$在该区间上的积分得

$$\int_a^b f(x)\mathrm{d}x \approx \int_a^b L_n(x)\mathrm{d}x=\int_a^b \sum_{k=0}^{n} y_k l_k(x)\mathrm{d}x=\sum_{k=0}^{n} y_k \int_a^b l_k(x)\mathrm{d}x \tag{6-2}$$

若记

$$A_k=\int_a^b l_k(x)\mathrm{d}x(k=0,1,\cdots,n) \tag{6-3}$$

则得求积公式

$$\int_a^b f(x)\mathrm{d}x \approx \sum_{k=0}^{n} A_k y_k \tag{6-4}$$

称式(6-4)为插值型求积公式，A_k 为求积系数，x_k 为求积节点。

对于插值型求积公式来说，其截断误差就是原函数与插值函数之间的截断误差在$[a,b]$上的积分，记为 $R_n[f]$，即

$$R_n[f]=\int_a^b (f(x)-L_n(x))\mathrm{d}x=\int_a^b R_n(x)\mathrm{d}x=\int_a^b \frac{f^{(n+1)}(\xi)}{(n+1)!}\omega_{n+1}(x)\mathrm{d}x,\quad \xi\in(a,b) \tag{6-5}$$

6.1.3 求积公式的代数精度

求积公式是一种近似方法，应该要求它对尽可能多的被积函数 $f(x)$都准确成立，在数值分析中常用代数精度这个概念来描述它。

定义 6.1 若求积公式 $\int_a^b f(x)\mathrm{d}x \approx \sum_{k=0}^{n} A_k y_k$ 对所有次数不高于 m 次的代数多项式都准确成立，而对于某一个 $m+1$ 次多项式不能准确成立，则称该求积公式的代数精度为 m。

代数精度的确定方法可以利用积分的线性性质，只要 $f(x)$分别取 $1,x,x^2,\cdots,x^m$ 时求积公式(6-4)都精确成立，则对于 $f(x)$为任何次数不高于 m 的多项式(6-4)都精确成立。但对于 $f(x)$取 x^{m+1}的式(6-4)不精确成立，这样就可以确定求积公式具有 m 次代数精度。

例 6.1 确定下列求积公式的待定参数，使其代数精度尽量高。

$$\int_0^2 f(x)\mathrm{d}x \approx A_0 f(0)+A_1 f(1)+A_2 f(2)$$

解 求积公式中含有 3 个待定参数，分别令 $f(x)=1,x,x^2$ 并代入求积公式，令其左右两端相等，得

$$\begin{cases} A_0+A_1+A_2=2 \\ A_1+2A_2=2 \\ A_1+4A_2=\dfrac{8}{3} \end{cases}$$

解得 $A_0=\dfrac{1}{3},A_1=\dfrac{4}{3},A_2=\dfrac{1}{3}$，求积公式至少具有 2 次代数精度。此时求积公式为

$$\int_0^2 f(x)\mathrm{d}x \approx \frac{1}{3}f(0)+\frac{4}{3}f(1)+\frac{1}{3}f(2)$$

再令 $f(x)=x^3$，此时求积公式左端$=\int_0^2 x^3\mathrm{d}x=4$，右端$=\dfrac{4}{3}+\dfrac{8}{3}=4$，

左端=右端，

再令 $f(x)=x^4$，此时求积公式左端$=\int_0^2 x^4\mathrm{d}x=\dfrac{32}{5}$，右端$=\dfrac{4}{3}+\dfrac{16}{3}=\dfrac{20}{3}$，

左端≠右端，

故该求积公式具有 3 次代数精度。

显然，一个求积公式的代数精度越高，它就越能对更多的被积函数 $f(x)$准确成立，从

而具有更好的实际计算意义。

对含有 $n+1$ 个互异节点的插值型求积公式(6-4)，当被积函数 $f(x)$ 的最高项次数小于或等于 n 次时，式(6-4)至少具有 n 次代数精度，此时 $f^{(n+1)}(x)=0$，故 $R[f]\equiv 0$。

定理 6.1　具有 $n+1$ 个节点的机械求积公式(6-1)至少具有 n 次代数精度的充分必要条件是：它是插值型求积公式。

证　必要性　设求积公式(6-1)至少具有 n 次代数精度，则对于 n 次多项式 $f(x)$ 准确成立，令 $f(x)$ 为 n 次拉格朗日插值基函数 $l_k(x)$，则

$$\int_a^b l_k(x)\mathrm{d}x=\sum_{i=0}^{n}A_i l_k(x_i)=A_k$$

上式为插值型求积公式的求积系数，因此式(6-1)是插值型求积公式。

充分性　对于最高项次数不超过 n 次多项式 $f(x)$ 有 $f^{(n+1)}(x)=0$，由插值型求积公式的截断误差可知，求积公式的代数精度至少为 n。

推论　对于插值型求积公式(6-4)，有 $\int_a^b \mathrm{d}x=\sum_{i=0}^{n}A_i=b-a$。

6.1.4　求积公式的收敛性和稳定性

定义 6.2　在式(6-1)中，若

$$\lim_{n\to\infty}\sum_{i=0}^{n}A_i f(x_i)=\int_a^b f(x)\mathrm{d}x$$

则称机械求积公式(6-1)是收敛的。定义中的 $n\to\infty$ 包含 $\max\limits_{0\leqslant i\leqslant n-1}(x_{i+1}-x_i)\to 0$。通常求积公式的收敛性是通过截断误差分析判断的。

稳定性是研究计算当 $f(x_i)$ 有误差 δ_i 时 $I_n(f)=\sum\limits_{i=0}^{n}A_i f(x_i)$ 的误差是否增加。假设 $\tilde{f}(x_i)$ 为 $f(x_i)$ 的近似值，误差 $\delta_i=|f(x_i)-\tilde{f}(x_i)|\quad(i=0,1,2,\cdots,n)$。

定义 6.3　对任给 $\varepsilon>0$，若存在 $\delta>0$，使 $|f(x_i)-\tilde{f}(x_i)|\leqslant\delta\ (i=0,1,2,\cdots,n)$ 有

$$|I_n(f)-I_n(\tilde{f})|=\left|\sum_{i=0}^{n}A_i[f(x_i)-\tilde{f}(x_i)]\right|\leqslant\varepsilon$$

成立，则称式(6-1)是稳定的。

定理 6.2　若机械求积公式(6-1)中的系数 $A_i>0\ (i=0,1,2,\cdots,n)$，则求积公式是稳定的。

证　对任给 $\varepsilon>0$，取 $\delta=\dfrac{\varepsilon}{b-a}$，有 $|f(x_i)-\tilde{f}(x_i)|\leqslant\delta\ (i=0,1,2,\cdots,n)$ 成立，则

$$\begin{aligned}|I_n(f)-I_n(\tilde{f})|&=\left|\sum_{i=0}^{n}A_i[f(x_i)-\tilde{f}(x_i)]\right|\\&\leqslant\sum_{i=0}^{n}|A_i||f(x_i)-\tilde{f}(x_i)|\leqslant\delta\sum_{i=0}^{n}|A_i|\end{aligned}$$

由 $A_i>0\ (i=0,1,2,\cdots,n)$ 且 $\sum\limits_{i=0}^{n}A_i=b-a$，则有

$$|I_n(f)-I_n(\tilde{f})|\leqslant\delta\sum_{i=0}^{n}A_i=\frac{\varepsilon}{b-a}\sum_{i=0}^{n}A_i=\varepsilon$$

即式(6-1)是稳定的。

6.2 牛顿-柯特斯求积公式

插值型求积公式没有对节点间的距离进行限制。为了方便计算,常将积分区间等分,取分点为节点,这样构造出来的在等距节点情况下的插值型求积公式称为牛顿-柯特斯求积公式。

6.2.1 牛顿-柯特斯求积公式的定义

若将积分区间$[a,b]$ n 等分,则节点可表示为 $x_k=a+kh(k=0,1,2,\cdots,n)$,$h=\dfrac{b-a}{n}$,$x_0=a$,$x_n=b$。若将 x 表示为 $x=a+th$,则式(6-4)中的 A_k 可表示为

$$\begin{aligned}A_k&=\int_a^b l_k(x)\mathrm{d}x\\&=\frac{(-1)^{n-k}h}{k!\,(n-k)!}\int_0^n\frac{t(t-1)\cdots(t-n)}{t-k}\mathrm{d}t\\&=(b-a)\frac{(-1)^{n-k}}{nk!\,(n-k)!}\int_0^n\frac{t(t-1)\cdots(t-n)}{t-k}\mathrm{d}t\end{aligned}$$

记

$$C_k^{(n)}=\frac{(-1)^{n-k}}{nk!\,(n-k)!}\int_0^n\frac{t(t-1)\cdots(t-n)}{t-k}\mathrm{d}t \tag{6-6}$$

则 $A_k=(b-a)C_k^{(n)}$,式(6-4)可写成

$$\int_a^b f(x)\mathrm{d}x\approx\sum_{k=0}^{n}A_ky_k=(b-a)\sum_{k=0}^{n}C_k^{(n)}y_k \tag{6-7}$$

则称式(6-7)为牛顿-柯特斯求积公式,$C_k^{(n)}$ 称为柯特斯系数。由式(6-6)可以看出,柯特斯系数与积分区间$[a,b]$无关,只要知道区间的等分数 n,就可以求出柯特斯系数。由式(6-7)可以看出,当取 $n+1$ 个互异节点时,若被积函数的最高项次数小于或等于 n 次,则求积公式(6-7)精确成立,即

$$\int_a^b f(x)\mathrm{d}x=\sum_{k=0}^{n}A_ky_k=(b-a)\sum_{k=0}^{n}C_k^{(n)}y_k \tag{6-8}$$

特别地,当 $f(x)\equiv1$ 时,有 $\sum\limits_{j=0}^{n}C_j^{(n)}=1,\sum\limits_{j=0}^{n}A_k=b-a$ 。

定理 6.3 当 n 为偶数时,牛顿-柯特斯公式(6-7)至少具有 $n+1$ 次代数精度。

证 只需验证当 $f(x)=x^{n+1}$ 时积分余项 $R_n[f]$为 0 即可。此时 $f^{(n+1)}(x)=(n+1)!$,所以

$$R_n[f]=\int_a^b\omega_{n+1}(x)\mathrm{d}x$$

令 $x=a+th$,$0\leqslant t\leqslant n$,注意到 $x_i=a+ih$,则

$$R_n[f]=h^{n+2}\int_a^b \prod_{i=0}^{n}(t-i)\mathrm{d}t$$

因为 n 为偶数，再令 $t=u+\frac{n}{2}$，则被积函数

$$\prod_{i=0}^{n}(t-i)=\prod_{i=0}^{n}\left(u+\frac{n}{2}-i\right)=\prod_{i=-n/2}^{n/2}(u-i)$$

为奇函数，即

$$R_n[f]=h^{n+2}\int_{-\frac{n}{2}}^{\frac{n}{2}}\prod_{i=0}^{n}\left(u+\frac{n}{2}-i\right)\mathrm{d}u=h^{n+2}\int_{-\frac{n}{2}}^{\frac{n}{2}}\prod_{i=-n/2}^{n/2}(u-i)\mathrm{d}u=0$$

证毕。

由第 4 章的学习可以知道，低阶插值的误差较小，同理，低阶的牛顿-柯特斯求积公式的数值稳定性较好，更具有实用价值。

6.2.2　几个低阶的求积公式

当牛顿-柯特斯求积公式中的 $n=1,2,4$ 时，分别称其为梯形公式、辛普森公式、柯特斯公式。

1. 梯形公式

当 $n=1$ 时，取积分区间 $[a,b]$ 的两个端点为插值节点，则由式(6-6)可知

$$C_0^{(1)}=-\int_0^1(t-1)\mathrm{d}t=\frac{1}{2}$$

$$C_1^{(1)}=\int_0^1 t\,\mathrm{d}t=\frac{1}{2}$$

由式(6-7)得

$$\int_a^b f(x)\mathrm{d}x\approx\frac{(b-a)}{2}[f(a)+f(b)]$$

记

$$T=\frac{(b-a)}{2}[f(a)+f(b)] \tag{6-9}$$

称式(6-9)为梯形求积公式，简称梯形公式。梯形公式实际上就是计算在区间 $[a,b]$ 上用线性插值得到的近似函数 $L_1(x)$ 在该区间上的定积分，以近似代替函数 $f(x)$ 在 $[a,b]$ 上的定积分。线性插值实际上就是一条直线，梯形公式的几何意义可表示为图 6-2，即求阴影部分的梯形面积。

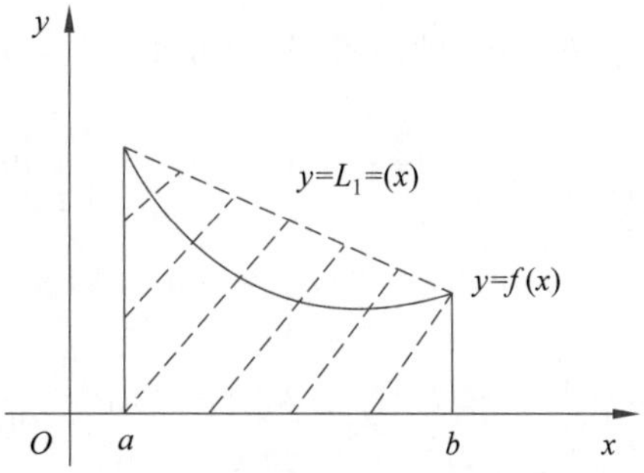

图 6-2　梯形公式的几何意义

2. 辛普森(Simpson)公式

当 $n=2$ 时,取积分区间$[a,b]$的两个端点和区间中点$\frac{a+b}{2}$为插值节点,则由式(6-6)可知

$$C_0^{(2)}=\frac{1}{4}\int_0^2(t-1)(t-2)\mathrm{d}t=\frac{1}{6}$$

$$C_1^{(2)}=-\frac{1}{2}\int_0^2 t(t-2)\mathrm{d}t=\frac{4}{6}$$

$$C_2^{(2)}=\frac{1}{4}\int_0^2(t-1)t\,\mathrm{d}t=\frac{1}{6}$$

由式(6-7)得

$$\int_a^b f(x)\mathrm{d}x\approx\frac{(b-a)}{6}\left[f(a)+4f\left(\frac{a+b}{2}\right)+f(b)\right]$$

记

$$S=\frac{(b-a)}{6}\left[f(a)+4f\left(\frac{a+b}{2}\right)+f(b)\right] \tag{6-10}$$

称式(6-10)为辛普森求积公式,简称辛普森公式。辛普森公式实际上就是计算在区间$[a,b]$上用二次插值得到的近似函数 $L_2(x)$在该区间上的定积分,以近似代替函数 $f(x)$在$[a,b]$上的定积分。二次插值实际上就是一条二次曲线,辛普森公式的几何意义可表示为图 6-3,即求阴影部分的面积。

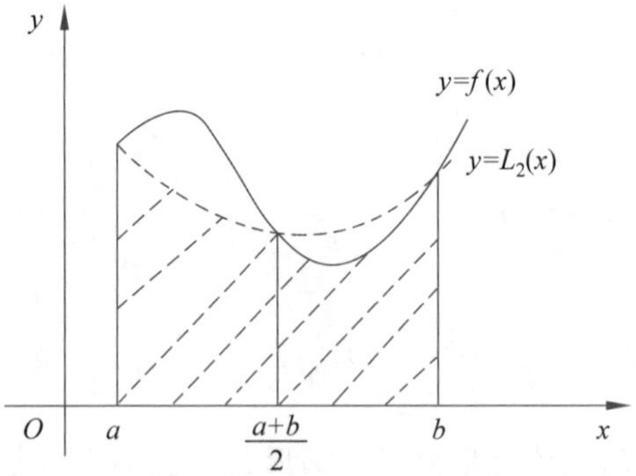

图 6-3 辛普森公式的几何意义

3. 柯特斯公式

当 $n=4$ 时,将积分区间$[a,b]$四等分,插值节点为区间端点 a,b 和点 c,d,e,其中 $c=\frac{a+b}{2}$,$d=a+\frac{b-a}{4}$,$e=a+\frac{3}{4}(b-a)$,则由式(6-6)可知

$$C_0^{(4)}=\frac{1}{4\times4!}\int_0^4 t(t-1)(t-2)(t-3)\mathrm{d}t=\frac{7}{90}$$

$$C_1^{(4)}=-\frac{1}{4!}\int_0^4 t(t-2)(t-3)(t-4)\mathrm{d}t=\frac{32}{90}$$

$$C_2^{(4)}=\frac{1}{16}\int_0^4(t-1)t(t-3)(t-4)\mathrm{d}t=\frac{12}{90}$$

经计算可知 $C_0^{(4)}=C_4^{(4)}, C_1^{(4)}=C_3^{(4)}$。

由式(6-7)得

$$\int_a^b f(x)\mathrm{d}x \approx \frac{(b-a)}{90}[7f(a)+32f(d)+12f(c)+32f(e)+7f(b)]$$

记

$$C=\frac{(b-a)}{90}[7f(a)+32f(d)+12f(c)+32f(e)+7f(b)] \tag{6-11}$$

为柯特斯公式。

6.2.3 求积公式的截断误差

由 6.1 节可知，插值型求积公式的截断误差为 $R_n[f]$，牛顿-柯特斯求积公式的截断误差表达式与其相同，为

$$R_n[f]=\int_a^b R_n(x)\mathrm{d}x=\int_a^b \frac{f^{(n+1)}(\xi)}{(n+1)!}w_{n+1}(x)\mathrm{d}x, \xi\in(a,b)\text{ 并依赖于 } x \tag{6-12}$$

由式(6-12)可以分别计算出梯形公式、辛普森公式、柯特斯公式的截断误差。

定理 6.4 若 $f''(x)$在$[a,b]$上连续，则梯形公式(6-9)的余项为

$$R_1[f]=-\frac{(b-a)^3}{12}f''(\xi) \tag{6-13}$$

若 $f^{(4)}(x)$在$[a,b]$上连续，则辛普森公式(6-10)的余项为

$$R_2[f]=-\frac{(b-a)^5}{2880}f^{(4)}(\xi) \tag{6-14}$$

若 $f^{(6)}(x)$在$[a,b]$上连续，则柯特斯公式(6-11)的余项为

$$R_4[f]=-\frac{8}{945}\left(\frac{b-a}{4}\right)^7 f^{(6)}(\xi) \tag{6-15}$$

其中，$\xi\in[a,b]$。由余项表达式可知，梯形公式的代数精度至少为 1，辛普森公式的代数精度至少为 3，柯特斯公式的代数精度至少为 5。

证 这里仅就梯形公式的余项进行证明。

$$R_1[f]=\int_a^b R_1(x)\mathrm{d}x=\int_a^b \frac{f''(\xi)}{2!}(x-a)(x-b)\mathrm{d}x, \xi\text{ 与 } x \text{ 有关}, \xi\in[a,b]$$

根据定积分第一中值定理可知，如果 $f''(x)$在$[a,b]$上连续，且$(x-a)(x-b)<0$，在$[a,b]$上不变号，则在$[a,b]$上必存在一点 η，使得

$$\begin{aligned}\int_a^b f''(\xi)(x-a)(x-b)\mathrm{d}x &= f''(\eta)\int_a^b (x-a)(x-b)\mathrm{d}x \\ &= -\frac{(b-a)^3}{6}f''(\eta), a\leqslant\eta\leqslant b\end{aligned}$$

即

$$R_1[f]=-\frac{(b-a)^3}{12}f''(\eta), a\leqslant\eta\leqslant b$$

积分第一中值定理：若 $f(x)$在$[a,b]$上连续，$g(x)$在$[a,b]$上不变号且在$[a,b]$上可积，则在$[a,b]$上至少存在一点 ξ，使 $\int_a^b f(x)g(x)=f(\xi)\int_a^b g(x)\mathrm{d}x$。

例 6.2 用 $n=1,\cdots,4$ 的牛顿-柯特斯求积公式计算以下定积分的近似值 $\int_{0.5}^{1}\sqrt{x}\,\mathrm{d}x$（计算结果保留 6 位有效数字）。

解 当 $n=1$ 时，$\int_{0.5}^{1}\sqrt{x}\,\mathrm{d}x \approx \frac{0.5}{2}(\sqrt{0.5}+1)\approx 0.426776$；

当 $n=2$ 时，$\int_{0.5}^{1}\sqrt{x}\,\mathrm{d}x \approx \frac{0.5}{6}(\sqrt{0.5}+4\sqrt{0.75}+1)\approx 0.430934$；

当 $n=3$ 时，$\int_{0.5}^{1}\sqrt{x}\,\mathrm{d}x \approx \frac{0.5}{8}(\sqrt{0.5}+3\sqrt{0.666667}+3\sqrt{0.833333}+1)\approx 0.430951$；

当 $n=4$ 时，$\int_{0.5}^{1}\sqrt{x}\,\mathrm{d}x \approx \frac{0.5}{90}(7\sqrt{0.5}+32\sqrt{0.625}+12\sqrt{0.75}+32\sqrt{0.875}+7)\approx$ 0.430964；

积分的标准值 $\int_{0.5}^{1}\sqrt{x}\,\mathrm{d}x=\frac{2}{3}x^{\frac{3}{2}}\Big|_{0.5}^{1}\approx 0.430964$，计算结果表明，柯特斯公式的精度最高，辛普森公式次之，梯形公式精度较差。

例 6.3 推导以下矩形求积公式

$$\int_a^b f(x)\mathrm{d}x=(b-a)f(a)+\frac{f'(\xi)}{2}(b-a)^2$$

解 将 $f(x)$ 在 $x=a$ 处泰勒展开，得 $f(x)=f(a)+f'(\eta)(x-a)$，$\eta\in[a,x]$，两端同时在 $[a,b]$ 上积分，得

$$\begin{aligned}\int_a^b f(x)\mathrm{d}x&=\int_a^b f(a)\mathrm{d}x+\int_a^b f'(\eta)(x-a)\mathrm{d}x=(b-a)f(a)+\int_a^b f'(\eta)(x-a)\mathrm{d}x\\&=(b-a)f(a)+f'(\xi)\int_a^b(x-a)\mathrm{d}x=(b-a)f(a)+\\&\quad\frac{1}{2}f'(\xi)(b-a)^2,\ \xi\in[a,b]\end{aligned}$$

6.3 复化求积公式及其误差

由定理 6.4 可以看出，当积分区间 $[a,b]$ 较小时，牛顿-柯特斯求积公式的精度较好，但是当积分区间较大时，牛顿-柯特斯求积公式的精度很难保证。为了保证数值积分有一定的精确性，可将积分区间 $[a,b]$ 等分为 n 个小区间，在每个小区间上应用牛顿-柯特斯求积公式计算积分值，然后把 n 个结果相加，这样得出的公式称为复合求积公式。

一般地，将积分区间 $[a,b]$ 等分为 n 个子区间，分点记为 $x_k=a+kh\ (k=0,1,\cdots,n)$，其中 $h=\frac{b-a}{n}$ 称为步长，然后在每个小区间 $[x_{k-1},x_k]$ 上应用相应的求积公式计算后求和，即

$$\int_a^b f(x)\mathrm{d}x=\sum_{k=1}^{n}\int_{x_{k-1}}^{x_k}f(x)\mathrm{d}x$$

6.3.1 复化求积公式

1. 复化梯形公式

在每个小区间$[x_{k-1},x_k]$上应用梯形公式,然后把每个区间上的梯形公式求和,即

$$\int_a^b f(x)\mathrm{d}x=\sum_{k=1}^{n}\int_{x_{k-1}}^{x_k} f(x)\mathrm{d}x\approx\sum_{k=1}^{n}\frac{h}{2}[f(x_{k-1})+f(x_k)]$$

$$\approx\frac{h}{2}\left[f(a)+2\sum_{k=1}^{n-1}f(x_k)+f(b)\right]$$

记

$$T_n=\frac{h}{2}\left[f(a)+2\sum_{k=1}^{n-1}f(x_k)+f(b)\right]\tag{6-16}$$

称式(6-16)为复合梯形公式,一般用T_n表示。

2. 复化辛普森公式

在每个小区间$[x_{k-1},x_k]$上应用辛普森公式,此时在每个区间上增加一个节点$x_{k-\frac{1}{2}}$,$x_{k-\frac{1}{2}}=x_k-\frac{1}{2}h(k=1,\cdots,n)$为小区间的中点,然后对每个区间上的辛普森公式求和,即

$$\int_a^b f(x)\mathrm{d}x=\sum_{k=1}^{n}\int_{x_{k-1}}^{x_k} f(x)\mathrm{d}x$$

$$\approx\sum_{k=1}^{n}\frac{h}{6}[f(x_{k-1})+4f(x_{k-\frac{1}{2}})+f(x_k)]$$

$$\approx\frac{h}{6}\left[f(a)+4\sum_{k=1}^{n}f(x_{k-\frac{1}{2}})+2\sum_{k=1}^{n-1}f(x_k)+f(b)\right]$$

记

$$S_n=\frac{h}{6}\left[f(a)+4\sum_{k=1}^{n}f(x_{k-\frac{1}{2}})+2\sum_{k=1}^{n-1}f(x_k)+f(b)\right]\tag{6-17}$$

称式(6-17)为复化辛普森公式,一般用S_n表示。

3. 复化柯特斯公式

在每个小区间$[x_{k-1},x_k]$上应用柯特斯公式,此时应将每个小区间四等分,新增节点分别记为$x_{k-\frac{3}{4}},x_{k-\frac{1}{2}},x_{k-\frac{1}{4}}$,$x_{k-\frac{3}{4}}=x_k-\frac{3}{4}h$,$x_{k-\frac{1}{2}}=x_k-\frac{1}{2}h$,$x_{k-\frac{1}{4}}=x_k-\frac{1}{4}h(k=1,\cdots,n)$,然后把每个区间上的柯特斯公式求和,即

$$\int_a^b f(x)\mathrm{d}x=\sum_{k=1}^{n}\int_{x_{k-1}}^{x_k} f(x)\mathrm{d}x$$

$$\approx\frac{h}{90}\Big[7f(a)+32\sum_{k=1}^{n}f(x_{k-\frac{3}{4}})+12\sum_{k=1}^{n}f(x_{k-\frac{1}{2}})+$$

$$32\sum_{k=1}^{n}f(x_{k-\frac{1}{4}})+14\sum_{k=1}^{n-1}f(x_k)+7f(b)\Big]$$

记

$$C_n=\frac{h}{90}\Big[7f(a)+32\sum_{k=1}^{n}f(x_{k-\frac{3}{4}})+12\sum_{k=1}^{n}f(x_{k-\frac{1}{2}})+$$

$$32\sum_{k=1}^{n} f(x_{k-\frac{1}{4}}) + 14\sum_{k=1}^{n-1} f(x_k) + 7f(b)\Big] \tag{6-18}$$

称式(6-18)为复化柯特斯公式，一般用 C_n 表示。

6.3.2 复化求积公式的余项

与复化求积公式的求法相似，对 n 个小区间 $[x_{k-1}, x_k]$ 上的求积公式的余项求和，即为复化求积公式的余项。

定理 6.5 若 $f(x)$ 在积分区间 $[a,b]$ 上分别具有二阶、四阶和六阶连续导数，则复化求积公式(6-16)～式(6-18)的余项分别为

$$\int_a^b f(x)\mathrm{d}x - T_n = -\frac{b-a}{12}h^2 f''(\xi) \tag{6-19}$$

$$\int_a^b f(x)\mathrm{d}x - S_n = -\frac{b-a}{2880}h^4 f^{(4)}(\xi) \tag{6-20}$$

$$\int_a^b f(x)\mathrm{d}x - C_n = -\frac{2(b-a)}{945}\left(\frac{h}{4}\right)^6 f^{(6)}(\xi) \tag{6-21}$$

证　这里仅就式(6-16)进行证明，式(6-17)、式(6-18)的证明与式(6-16)方法相似。

由梯形公式的余项式(6-12)可知，在区间 $[x_{k-1}, x_k]$ 上的余项为 $-\frac{h^3}{12}f''(\xi_k)(x_{k-1} \leqslant \xi_k \leqslant x_k)$，对 n 个余项求和即为复合梯形公式的余项，即

$$R_n[f] = -\frac{h^3}{12}[f''(\xi_1) + \cdots + f''(\xi_k) + \cdots + f''(\xi_n)]$$

由于 $f''(x)$ 在积分区间 $[a,b]$ 上连续，故存在最大值 M 和最小值 m，使不等式 $m \leqslant f''(x) \leqslant M$ 成立，一定有 $m \leqslant \frac{1}{n}[f''(\xi_1) + \cdots + f''(\xi_k) + \cdots f''(\xi_n)] \leqslant M$，那么在 $[a,b]$ 上一定存在一点 ξ 使等式 $f''(\xi) = \frac{1}{n}[f''(\xi_1) + \cdots + f''(\xi_k) + \cdots f''(\xi_n)]$ 成立。于是有

$$R_n[f] = -\frac{b-a}{12}h^2 f''(\xi)$$

由定理 6.5 可以看出，在步长 h 较小的情况下，复化柯特斯公式的余项的绝对值小于复化辛普森公式的余项的绝对值，复化辛普森公式的余项的绝对值小于复化梯形公式的余项的绝对值，即复化柯特斯公式的精度高于复化辛普森公式的精度，复化辛普森公式的精度高于复化梯形公式的精度。

例 6.4 利用 9 点函数值，用复化梯形公式和复化辛普森公式计算 $\int_0^1 \frac{\sin x}{x}\mathrm{d}x$ 的近似值。

解　$x_i = \frac{i}{8}, i = 0, 1, \cdots, 8$，经计算得 $T_8 = 0.945691$，$S_4 = 0.946083$，与积分准确值 0.9460831 相比，复化辛普森公式的结果更准确一些。

例 6.5 利用 $n=5$ 的复化辛普森公式计算积分 $I = \int_0^1 \frac{1}{1+x}\mathrm{d}x$，并估计截断误差。

解 区间长度为 $b-a=1$，步长 $h=\frac{b-a}{n}=\frac{1}{5}=0.2$，节点 $x_k=kh(k=0,\cdots,5)$，

区间中点为 $x_{k-\frac{1}{2}}=x_k-\frac{1}{2}h(k=1,\cdots,5)$，$f(x)=\frac{1}{x+1}$，得

$$
\begin{aligned}
S_5 &= \frac{h}{6}\left[f(0)+4\sum_{k=1}^{5}f(x_{k-\frac{1}{2}})+2\sum_{k=1}^{4}f(x_k)+f(1)\right] \\
&= \frac{0.2}{6}[f(0)+4(f(0.1)+f(0.3)+f(0.5)+f(0.7)+f(0.9)) \\
&\quad +2(f(0.2)+f(0.4)+f(0.6)+f(0.8))+f(1)] \\
&= 0.69315
\end{aligned}
$$

截断误差为

$$
|R_n(f)|=\left|\frac{b-a}{2880}h^4 f^{(4)}(\xi)\right|\leqslant\frac{b-a}{2880}h^4\max_{0\leqslant x\leqslant 1}|f^{(4)}(x)|
$$

$$
f^{(4)}(x)=\frac{24}{(1+x)^5},\ \max_{0\leqslant x\leqslant 1}|f^{(4)}(x)|=24
$$

故

$$
|R_5(f)|\leqslant\frac{1}{2880}h^4 24=1.3333\times 10^{-5}
$$

为了便于编制程序，将复化辛普森公式(6-20)改写成

$$
S_n=\frac{b-a}{3n}\left\{\frac{f(a)-f(b)}{2}+\sum_{k=1}^{n}[2f(x_{k-\frac{1}{2}})+f(x_k)]\right\}
$$

例 6.6 当用复化梯形公式计算积分 $\int_0^1 \mathrm{e}^{-x}\mathrm{d}x$ 时，若要求截断误差的绝对值不超过 0.5×10^{-4}，试问 n 至少应取多少？

解 设将积分区间分成 n 等份，则步长 $h=\frac{b-a}{n}=\frac{1}{n}$。

由式(6-19)可知

$$
R_n[f]=-\frac{b-a}{12}h^2 f''(\xi),\ |R_n[f]|=\frac{b-a}{12}h^2|f''(\xi)|
$$

已知 $f(x)=\mathrm{e}^{-x}$，则 $f''(x)=\mathrm{e}^{-x}$，令 $M=\max\limits_{0\leqslant x\leqslant 1}|f''(x)|=1$，则有

$$
|R_n[f]|\leqslant\frac{b-a}{12}h^2 M=\frac{1}{12}\left(\frac{1}{n}\right)^2\leqslant 0.5\times 10^{-4}
$$

得 $n\geqslant 41$，至少应取 41。

6.3.3 截断误差事后估计与步长的自动选择

为使计算结果达到预定的精度要求，必须对误差进行估计，从而确定区间的等分数，进而确定步长。通过定理 6.2 中给出的截断误差表达式，可以分析误差的大小。但是在实际使用时，由于余项公式中包含被积函数 $f(x)$ 的高阶导数，当被积函数 $f(x)$ 的表达式比较复杂时，被积函数的高阶导数就很难求出，这时利用定理 6.2 很难估计余项的大小。因此在实际应用时，常常利用截断误差的事后估计法来估计近似值的误差，做法是将积分区间逐次分半进行计算，计算每一次分半后的求积公式的值，利用相邻两次分半后的求积公式的值来估计截断误差的大小。下面详细介绍复化梯形公式的截断误差的事后估计法，复化辛普森

公式、复化柯特斯公式截断误差的事后估计法与复化梯形公式截断误差的事后估计方法相似。

将积分区间$[a,b]$分成 n 等份，积分近似值为 T_n，准确值为 I，则有

$$I-T_n=-\frac{b-a}{12}\left(\frac{b-a}{n}\right)^2 f''(\xi_1),\xi_1\in[a,b]$$

再把每个小区间对分，即将积分区间$[a,b]$分成 $2n$ 等份，积分近似值为 T_{2n}，则

$$I-T_{2n}=-\frac{b-a}{12}\left(\frac{b-a}{2n}\right)^2 f''(\xi_2),\xi_2\in[a,b]$$

设 $f''(x)$在积分区间$[a,b]$上变化不大，有 $f''(\xi_1)\approx f''(\xi_2)$，则有

$$\frac{I-T_{2n}}{I-T_n}\approx\frac{1}{4}$$

整理得

$$I-T_{2n}\approx\frac{1}{3}(T_{2n}-T_n) \tag{6-22}$$

若把 T_{2n} 作为 I 的近似值，则其截断误差约为$\frac{1}{3}(T_{2n}-T_n)$，故在将区间逐次分半进行计算的过程中，可以用$\frac{1}{3}|T_{2n}-T_n|$来估计截断误差与确定步长。

具体做法是：先计算出 T_n 和 T_{2n}，若$\frac{1}{3}|T_{2n}-T_n|<\varepsilon$（$\varepsilon$ 为计算允许的误差），则停止计算，并取 T_{2n} 作为积分的近似值；否则，再将区间分半后计算出新的近似值 T_{4n}，并检查$\frac{1}{3}|T_{4n}-T_{2n}|<\varepsilon$ 是否成立，反复计算直到得到满足精度要求的结果为止。此时，最后一次分半后的复化梯形公式的值即为满足精度要求的近似值。

若 $f^{(4)}(x)$在积分区间$[a,b]$上连续且变化不大，对于复化辛普森公式，则有

$$\frac{I-S_{2n}}{I-S_n}\approx\frac{1}{16}$$

整理得

$$I-S_{2n}\approx\frac{1}{15}(S_{2n}-S_n) \tag{6-23}$$

若把 S_{2n} 作为 I 的近似值，则其截断误差约为$\frac{1}{15}(S_{2n}-S_n)$。

若 $f^{(6)}(x)$在积分区间$[a,b]$上连续且变化不大，对于复化辛普森公式，则有

$$\frac{I-C_{2n}}{I-C_n}\approx\frac{1}{16}$$

整理得

$$I-C_{2n}\approx\frac{1}{63}(C_{2n}-C_n) \tag{6-24}$$

若把 C_{2n} 作为 I 的近似值，则其截断误差约为$\frac{1}{63}(C_{2n}-C_n)$。

利用事后估计法进行计算的过程是先计算数值积分的值，然后估计误差，当误差满足要

求时，即得到满足精度要求的近似值。

若利用定理 6.4 中的余项公式进行计算，则是先估计误差，当误差满足精度要求时，进而确定步长，再求出满足精度要求的近似值。

6.3.4　复化梯形公式的递推算式

上面介绍了步长选择的计算方案，提供了误差估计与步长选取的方法，但是并没有考虑同一节点处重复计算函数值的问题，因此可以进行进一步的改进。

对于复化梯形公式，在使用式(6-16)计算 T_n 时，需要计算 $n+1$ 个节点处的函数值。计算 T_{2n} 的值时，将 n 个小区间进行对分，对分后的节点个数为 $2n+1$，相对计算 T_n 时增加了 n 个节点，这新增的 n 个节点为 n 个小区间的中点，共需要计算 $2n+1$ 个节点处的函数值。由于 T_n 已经求出，故为了避免函数值的重复计算，可以利用计算 T_n 时的节点处的函数值与新增的节点处的函数值计算 T_{2n}。下面找出 T_n 与 T_{2n} 之间的联系。

由式(6-16)有

$$T_{2n}=\frac{b-a}{4n}\left[f(a)+2\sum_{k=1}^{2n-1}f(x_k)+f(b)\right]$$

其中 $x_k=a+k\dfrac{b-a}{2n}(k=0,1,2,\cdots,2n)$，$h_{2n}=\dfrac{b-a}{2n}$，当 k 为偶数时，为 T_n 中的节点，当 k 为奇数时，为新增加的节点，将新增节点处的函数值从求和记号中分离出来，有

$$\begin{aligned}T_{2n}&=\frac{b-a}{4n}\left\{f(a)+2\sum_{k=1}^{n-1}f\left(a+2k\frac{b-a}{2n}\right)+2\sum_{k=1}^{n}f\left[a+(2k-1)\frac{b-a}{2n}\right]+f(b)\right\}\\&=\frac{b-a}{4n}\left[f(a)+2\sum_{k=1}^{n-1}f\left(a+2k\frac{b-a}{2n}\right)+f(b)\right]+\frac{b-a}{2n}\sum_{k=1}^{n}f\left[a+(2k-1)\frac{b-a}{2n}\right]\end{aligned}$$

即

$$T_{2n}=\frac{1}{2}T_n+\frac{b-a}{2n}\sum_{k=1}^{n}f\left[a+(2k-1)\frac{b-a}{2n}\right] \tag{6-25}$$

由式(6-25)可以看出，在计算 T_{2n} 时，只要计算 n 个新增节点上的函数值就可以了，减少了计算量。

例 6.7　利用复化梯形公式的递推算式计算 $\pi=\int_0^1\dfrac{4}{1+x^2}\mathrm{d}x$ 的近似值，要求 $\varepsilon\leqslant 10^{-6}$。

解　初始时，在区间[0,1]试用梯形公式 $T_1=\dfrac{1}{2}[f(0)+f(1)]=3$。将区间对分，新增节点是 $x=\dfrac{1}{2}$，利用式(6-25)得

$$T_2=\frac{1}{2}T_1+\frac{1}{2}f\left(\frac{1}{2}\right)=3.1$$

再将每个小区间对分，新增两个节点 $x=\dfrac{1}{4}$ 和 $x=\dfrac{3}{4}$，由递推公式(6-25)有

$$T_4=\frac{1}{2}T_2+\frac{1}{4}\left[f\left(\frac{1}{4}\right)+f\left(\frac{1}{4}\right)\right]=3.131176$$

这样不断将个小区间对分，依次计算出 T_8，T_{16}，计算结果见表 6-1。利用事后估计法

进行验证，即满足 $\frac{1}{3}|T_{2n}-T_n|<\varepsilon$ 时计算结束，得 $T_{512}=3.14159202$ 为满足要求的近似值。

表 6-1 复化梯形公式递推算式

k	T_{2^k}	k	T_{2^k}
0	3	5	3.14142989
1	3.1	6	3.14155196
2	3.13117647	7	3.14158248
3	3.13898849	8	3.14159011
4	3.14094161	9	3.14159202

为了便于上机编程计算，可将积分区间 $[a,b]$ 的等分数依次取为 $2^0,2^1,\cdots,2^{n-1}$（表 6-1），将递推公式(6-25)改写成

$$\begin{cases} T_1=\dfrac{b-a}{2}[f(a)+f(b)] \\ T_{2^k}=\dfrac{1}{2}T_{2^{k-1}}+\dfrac{b-a}{2^k}\sum_{i=1}^{2^{k-1}}f\left[a+(2i-1)\dfrac{b-a}{2^k}\right] \end{cases} \quad (k=1,2,3,\cdots) \tag{6-26}$$

对于复化辛普森公式与复化柯特斯公式，也可按照上述方法构造相应的递推算式。下面将要介绍的龙贝格方法得出的近似值 S_{2n}，C_{2n} 更为简便，故不再讨论它们。

6.4 龙贝格方法

复化梯形公式虽然计算简单，但是收敛速度缓慢，为了加快其收敛速度，把 T_n 和 T_{2n} 按某种线性组合生成比它精度高的复化辛普森公式 S_n，然后把复化辛普森公式 S_n 和 S_{2n} 按某种线性组合生成比它精度高的复化柯特斯公式 C_n 和 C_{2n}，最后将 C_n 和 C_{2n} 按照某种线性组合生成更高精度的求积公式——龙贝格公式，这种加速方法称为龙贝格方法。

6.4.1 复化梯形公式精度的提高

在复化梯形公式截断误差的事后估计的讨论中已经得到式(6-22)

$$I\approx T_{2n}+\frac{1}{3}(T_{2n}-T_n)$$

记

$$\overline{T}=T_{2n}+\frac{1}{3}(T_{2n}-T_n)=\frac{4}{3}T_{2n}-\frac{1}{3}T_n$$

将 T_n 与 T_{2n} 的表达式带入 $\overline{T}$ 得

$$\begin{aligned}\overline{T}&=\frac{4}{3}\sum_{k=1}^{n}\frac{h}{4}[f(x_{k-1})+2f(x_{k-\frac{1}{2}})+f(x_k)]-\frac{1}{3}\sum_{k=1}^{n}\frac{h}{2}[f(x_{k-1})+f(x_k)]\\&=\sum_{k=1}^{n}\frac{h}{6}[f(x_{k-1})+4f(x_{k-\frac{1}{2}})+f(x_k)]=S_n\end{aligned}$$

即

$$S_n = \frac{4}{3}T_{2n} - \frac{1}{3}T_n \tag{6-27}$$

复化梯形公式按照式(6-27)可以生成精度更高的复化辛普森公式。

6.4.2　复化辛普森公式精度的提高

由式(6-20)得到 $I - S_{2n} \approx \frac{1}{15}(S_{2n} - S_n)$，即 $I \approx \frac{16}{15}S_{2n} - \frac{1}{15}S_n$。

记 $\overline{S} = \frac{16}{15}S_{2n} - \frac{1}{15}S_n$，将 S_n 与 S_{2n} 的表达式代入 $\overline{S}$ 得

$$\frac{16}{15}S_{2n} - \frac{1}{15}S_n \doteq C_n \tag{6-28}$$

复化辛普森公式按照式(6-28)可以生成精度更高的复化柯特斯公式。

6.4.3　复化柯特斯公式精度的提高

由式(6-24)得到 $I \approx \frac{64}{63}C_{2n} - \frac{1}{63}C_n$，记 $\overline{C} = \frac{64}{63}C_{2n} - \frac{1}{63}C_n$，将 C_{2n} 与 C_n 代入 $\overline{C}$ 得

$$\frac{64}{63}C_{2n} - \frac{1}{63}C_n = R_n \tag{6-29}$$

式(6-29)称为龙贝格公式。

由上可知，在将积分区间逐次分半的过程中，利用式(6-27)～式(6-29)可将精度较低的近似值 T_n 逐步加工成精度越来越高的 S_n、C_n、R_n，这种加速方法称为龙贝格方法。

具体步骤如下。

第一步：计算 T_1，将积分区间分半，根据式(6-25)算出 T_2，根据式(6-27)算出 S_1。

第二步：将每个小区间对分，根据式(6-25)算出 T_4，根据式(6-27)算出 S_2，根据式(6-28)算出 C_1。

第三步：将每个小区间对分，算出 T_8，S_4，C_2，根据式(6-29)算出 R_1。

第四步：将小区间不断对分，算出 T_{16}，T_{32}，…，通过以上步骤求出 R_2，R_4，…，一直计算到前后两个 R 值之差不超过给定的误差 ε 为止，即当 $|R_{2k} - R_k| \leqslant \varepsilon$ 时停止计算，否则继续第四步计算，如表 6-2 所示。

表 6-2　龙贝格方法的计算过程

k	T_{2^k}	$S_{2^{k-1}}$	$C_{2^{k-2}}$	$R_{2^{k-3}}$
0	T_1			
1	T_2	S_1		
2	T_4	S_2	C_1	
3	T_8	S_4	C_2	R_1
4	T_{16}	S_8	C_4	R_2
5	T_{32}	S_{16}	C_8	R_4
⋮	⋮	⋮	⋮	⋮

例 6.8　用龙贝格方法计算积分 $\pi = \int_0^1 \frac{4}{1+x^2}\mathrm{d}x$ 的近似值，要求 $\varepsilon \leqslant 10^{-5}$。

计算结果如表 6-3 所示。

表 6-3 龙贝格方法的计算结果

k	T_{2^k}	$S_{2^{k-1}}$	$C_{2^{k-2}}$	$R_{2^{k-3}}$
0	3.00000			
1	3.10000	3.13333		
2	3.13118	3.14157	3.14212	
3	3.13899	3.14159	3.14159	3.14158
4	3.14094	3.14159	3.14159	3.14159

因 $|R_2 - R_1| \leqslant \varepsilon$，故 $\int_0^1 \frac{4}{1+x^2}\mathrm{d}x \approx 3.14159$。

6.5 高斯型求积公式

6.5.1 高斯型求积公式的定义

高斯型求积公式是一种高精度的求积公式。6.2 节介绍的牛顿-柯特斯求积公式的求积节点是等距的，这种方法简化了计算，但降低了所得公式的代数精度。

例如，在构造形如 $\int_{-1}^1 f(x)\mathrm{d}x \approx A_0 f(x_0) + A_1 f(x_1)$ 的两点公式时，如果限定求积节点 $x_0 = -1, x_1 = 1$，那么所得插值型求积公式为 $\int_{-1}^1 f(x)\mathrm{d}x \approx f(-1) + f(1)$，但该公式的代数精度为 1。但如果对节点不加限制，所得求积公式的代数精度将大于 1。若该求积公式对 $f(x) = 1, x, x^2, x^3$ 都准确成立，则有

$$\begin{cases} A_0 + A_1 = 2 \\ A_0 x_0 + A_1 x_1 = 0 \\ A_0 x_0^2 + A_1 x_1^2 = \dfrac{2}{3} \\ A_0 x_0^3 + A_1 x_1^3 = 0 \end{cases}$$

解得 $A_0 = A_1 = 1, x_0 = -\frac{\sqrt{3}}{3}, x_1 = \frac{\sqrt{3}}{3}$，则求积公式为

$$\int_{-1}^1 f(x)\mathrm{d}x \approx f\left(-\frac{\sqrt{3}}{3}\right) + f\left(\frac{\sqrt{3}}{3}\right)$$

该公式的代数精度为 3。

研究更具一般性的带权积分 $\int_a^b \rho(x) f(x)\mathrm{d}x$ 的数值积分公式，设有 $n+1$ 个互异节点 $x_i (i = 0, 1, 2, \cdots, n)$ 的机械求积公式为

$$\int_a^b \rho(x) f(x)\mathrm{d}x \approx \sum_{k=0}^n A_k f(x_k) \tag{6-30}$$

其中，非负函数 $\rho(x)$ 为权函数。

若式(6-30)具有 m 次代数精度，则取 $f(x) = x^i (i = 0, 1, 2, \cdots, m)$，式(6-30)精确成

立，即

$$\int_a^b \rho(x)x^i \mathrm{d}x = \sum_{k=0}^{n} A_k x_k^i,\ i=0,1,2,\cdots,m \tag{6-31}$$

式(6-31)为含有 $2n+2$ 个未知数的 $m+1$ 阶的非线性方程组。给定 $\rho(x)$后，只要 $m+1\leqslant 2n+2$，即 $m\leqslant 2n+1$ 时方程组有解，这表明 $n+1$ 个节点的求积公式的代数精度可达到 $2n+1$。

此外，这 $n+1$ 个节点的代数精度不可能超过 $2n+1$。因取 $2n+2$ 次多项式

$$P_{2n+2}(x)=\omega_{n+1}^2(x)=(x-x_0)^2(x-x_1)^2\cdots(x-x_n)^2$$

时，有 $\int_a^b \rho(x)P_{2n+2}(x)\mathrm{d}x>0$，而 $\sum_{k=0}^{n} A_k P_{2n+2}(x_k)=\sum_{k=0}^{n} A_k \omega_{n+1}^2(x_k)=0$。

定义 6.4　如果求积公式(6-30)具有 $2n+1$ 次代数精度，则称这组节点 $x_i(i=0,1,2,\cdots,n)$为高斯型节点(或高斯点)，相应公式(6-30)称为带权 $\rho(x)$的高斯型求积公式。

6.5.2　高斯型求积公式的构造

对于形如 $\int_a^b \rho(x)f(x)\mathrm{d}x\approx\sum_{k=0}^{n} A_k f(x_k)$ 的高斯型求积公式，我们可以分别令 $f(x)$ 取 $1,x,x^2,\cdots x^{2n+1}$，构造方程组，通过求解非线性方程组确定未知系数 A_k 及高斯点 x_k。但这种做法需要求解一个含有 $2n+2$ 个未知系数的方程组，计算量相当大。所以，一般不通过求解方程组(6-31)构造高斯型求积公式，而是分析高斯点的特性来构造。一个比较简单的方法是：

(1) 利用区间$[a,b]$上的 $n+1$ 次正交多项式确定高斯点 $x_k\in[a,b](k=0,1,2,\cdots,n)$；

(2) 利用高斯点确定求积系数 $A_k(k=0,1,\cdots,n)$。

定理 6.6　插值型求积公式的节点 $a\leqslant x_0<x_1<\cdots<x_n\leqslant b$ 是高斯点的充分必要条件是以这些节点为零点的多项式

$$\omega_{n+1}(x)=(x-x_0)(x-x_1)\cdots(x-x_n)$$

与任何次数不超过 n 次的多项式 $P(x)$带权正交，即

$$\int_a^b \rho(x)P(x)\omega_{n+1}(x)\mathrm{d}x=0 \tag{6-32}$$

证　必要性　设 $x_i(i=0,1,2,\cdots,n)$是高斯点，$P(x)$为次数不超过 n 次的多项式，则 $f(x)=P(x)\omega_{n+1}(x)$为最高项次数不超过 $2n+1$ 次的多项式，因该高斯型求积公式的代数精度为 $2n+1$ 次，当 $f(x)=P(x)\omega_{n+1}(x)$时精确成立，即

$$\int_a^b \rho(x)P(x)\omega_{n+1}(x)\mathrm{d}x=\sum_{k=0}^{n} A_k P(x)\omega_{n+1}(x_k)=0$$

故式(6-32)成立。

充分性　对于任意次数不超过 $2n+1$ 次的多项式 $f(x)$，用 $\omega_{n+1}(x)$除以 $f(x)$，商 $P(x)$和余式 $q(x)$均为次数不超过 n 次的多项式，$f(x)=P(x)\omega_{n+1}(x)+q(x)$，由式(6-32)得

$$\int_a^b \rho(x)f(x)\mathrm{d}x=\int_a^b \rho(x)(P(x)\omega_{n+1}(x)+q(x))\mathrm{d}x=\int_a^b \rho(x)q(x)\mathrm{d}x$$

由于插值型求积公式的代数精度至少为 n，且 $f(x_k)=q(x_k)$，则得

$$\int_a^b \rho(x)f(x)\mathrm{d}x=\int_a^b \rho(x)q(x)\mathrm{d}x=\sum_{k=0}^{n} A_k q(x_k)=\sum_{k=0}^{n} A_k f(x_k)$$

可见求积公式(6-30)对一切次数不超过 n 的多项式均精确成立，因此 $x_i(i=0,1,2,\cdots,n)$是高斯点。

由式(6-32)可知，若 $\omega_{n+1}(x)$为最高项次数为 $2n+1$ 次的正交多项式，则该正交多项式的零点即为高斯点。

定理 6.7 高斯型求积公式是数值稳定的。

证 由定理 6.2 可知，仅需证明系数 $A_i\geqslant 0(i=0,1,\cdots,n)$。

对于高斯点 $x_i(i=0,1,2,\cdots,n)$，构造多项式函数

$$f(x)=l_i^2(x)=\left(\prod_{\substack{j=0\\j\neq i}}^{n}\frac{x-x_j}{x_i-x_j}\right)^2$$

求积公式对 $f(x)=l_i^2(x)$精确成立，即

$$\int_a^b\rho(x)l_i^2(x)\mathrm{d}x=\sum_{k=0}^{n}A_k l_i^2(x_k)=A_i>0\quad(i=0,1,2,\cdots,n)$$

故高斯型求积公式是稳定的。

下面给出当积分区间是$[-1,1]$时，2 点至 5 点的高斯型求积公式的节点、系数和余项，其中 $\xi\in[-1,1]$，需要时可以查用，如表 6-4 所示。

利用表 6-4 可以方便地写出相应的高斯型求积公式，例如，当 $n=2$ 时，$x_{0,1}=\pm 0.57735027$，$A_0=A_1=1$，故两点高斯型求积公式为

$$\int_{-1}^{1}f(x)\mathrm{d}x\approx f(-0.57735027)+f(0.57735027)$$

如果积分区间是$[a,b]$，则可通过变量代换。$x=\frac{b-a}{2}t+\frac{a+b}{2}$将区间$[a,b]$上的积分转换为区间$[-1,1]$的积分 $\int_a^b f(x)\mathrm{d}x=\frac{b-a}{2}\int_{-1}^{1}f\left(\frac{b-a}{2}t+\frac{a+b}{2}\right)\mathrm{d}t$，如果是在$[a,b]$上的 n 阶高斯型求积公式

$$\int_a^b f(x)\mathrm{d}x\approx\frac{b-a}{2}\sum_{j=1}^{n}A_j f\left(\frac{b-a}{2}t_j+\frac{a+b}{2}\right)\tag{6-33}$$

则 A_j 和 t_j 可在表 6-4 中查得。

表 6-4 3 点到 5 点的高斯型求积公式的系数

节点数 n	节点 x_k	系数 A_k	余项 $R[f]$
2	± 0.5773503	1.0000000	$f^{(4)}(\xi)/135$
3	± 0.77459667 0	0.55555556 0.88888889	$f^{(6)}(\xi)/15750$
4	± 0.86113631 ± 0.33998104	0.34785485 0.65214515	$f^{(8)}(\xi)/34872875$
5	± 0.90617985 ± 0.53846931 0	0.23692689 0.47862867 0.56888889	$f^{(10)}(\xi)/1237732650$

例 6.9 用 2 点、3 点高斯型求积公式计算 $I=\int_0^1\frac{\sin x}{x}\mathrm{d}x$ 的近似值。

解 作变量代换，令 $x=\frac{b-a}{2}t+\frac{a+b}{2}=\frac{1}{2}+\frac{1}{2}t$，其中 $a=0,b=1$，则有

$$I=\frac{1}{2}\int_{-1}^{1}\frac{\sin\left(\frac{1}{2}+\frac{t}{2}\right)}{\frac{1}{2}+\frac{1}{2}t}\mathrm{d}t$$

用 2 点高斯型求积公式得

$$\begin{aligned}I&\approx\frac{\sin\frac{1}{2}(-0.5773503+1)}{-0.5773503+1}+\frac{\sin\frac{1}{2}(0.5773503+1)}{0.5773503+1}\\&=0.946041136\end{aligned}$$

用 3 点高斯型求积公式得

$$I\approx 0.946083133$$

本例若用复化梯形公式计算，对区间[0,1]二分 11 次，用 2049 个函数值才取值为 0.9460831。若用龙贝格公式，须将区间对分 3 次，用 9 个函数值才得到相同结果，但高斯型求积公式仅用 3 个函数值即可得相同结果，说明高斯型求积公式是高精度求积公式。

高斯型求积公式的明显缺点是当 n 改变时，系数和节点几乎都在改变，虽然可以通过其他资料查到较大 n 值时的系数和节点，但应用却十分不便。同时，表 6-4 中给出的余项的表达式都涉及被积函数的高阶导数，要利用它们来控制精度也十分困难。因此，在实际计算中较多采用复化求积的方法。例如先把积分区间 $[a,b]$ 分成 m 个等长的小区间 $[x_{i-1},x_i]$ $(i=1,2,\cdots,m)$，然后在每个小区间上使用同一低阶（如 2 点的、3 点的）高斯型求积公式算出积分的近似值，将它们相加即得积分 $\int_a^b f(x)\mathrm{d}x$ 的近似值，即

$$G_m=\frac{h}{2}\sum_{i=1}^{m}\sum_{k=0}^{n}A_k f\left[a+\left(i-\frac{1}{2}\right)h+ht_k\right] \tag{6-34}$$

并且还常用到相邻两次计算结果 G_m 与 G_{m+1} 的关系式

$$\Delta=\frac{|G_{m+1}-G_m|}{|G_{m+1}|+1} \tag{6-35}$$

来控制运算（当 $|G_{m+1}|\leqslant 1$ 时，Δ 相当于绝对误差，当 $|G_{m+1}|>1$ 时，Δ 相当于相对误差），即在算出 G_m 与 G_{m+1} 后，观察不等式 $\Delta<\varepsilon$（ε 为指定的精确度）是否满足。若满足此不等式，则停止计算，并把 G_{m+1} 记为待求的积分近似值；否则计算 G_{m+2}，并观察不等式 $\Delta=\frac{|G_{m+2}-G_{m+1}|}{|G_{m+2}|+1}<\varepsilon$ 是否满足，直到得到满足精度要求的近似值为止。最后，我们指出高斯型求积公式是稳定的。

6.5.3 几种常用的高斯型求积公式

1. 高斯-勒让德（Gauss-Legendre）求积公式

在高斯求积公式 $\int_a^b\rho(x)f(x)\mathrm{d}x\approx\sum_{k=0}^{n}A_k f(x_k)$ 中，取权函数 $\rho(x)=1$，区间为 $[-1,1]$，节点 $x_i(i=0,1,\cdots,n)$ 取勒让德（Legendre）正交多项式

$$P_{n+1}(x)=\frac{1}{2^{n+1}(n+1)!}\frac{\mathrm{d}^{n+1}}{\mathrm{d}x^{n+1}}[(x^2-1)^{n+1}]$$

的零点，系数 $A_k=\dfrac{2}{(n+1)P'_{n+1}(x_k)P_n(x_k)}$，得

$$\int_{-1}^{1}f(x)\mathrm{d}x\approx\sum_{k=0}^{n}A_kf(x_k) \tag{6-36}$$

称式(6-36)为高斯-勒让德求积公式。

2. 高斯-拉盖尔(Gauss-Laguerre)求积公式

$$\int_{0}^{+\infty}\mathrm{e}^{-x}f(x)\mathrm{d}x\approx\sum_{k=0}^{n}A_kf(x_k) \tag{6-37}$$

其中得高斯点 $x_i(i=0,1,\cdots,n)$是正交多项式

$$L_{n+1}(x)=\mathrm{e}^{x}\frac{\mathrm{d}^{n+1}}{\mathrm{d}x^{n+1}}(x^{n+1}\mathrm{e}^{-x})$$

的零点，系数 $A_k=\dfrac{(n!)^2}{L'_{n+1}(x_k)L_n(x_k)}$。

3. 高斯-切比雪夫(Gauss-Chebyshev)求积公式

$$\int_{-1}^{1}\frac{1}{\sqrt{1-x^2}}f(x)\mathrm{d}x\approx\frac{\pi}{n+1}\sum_{k=0}^{n}A_kf(x_k) \tag{6-38}$$

其中高斯点 $x_i(i=0,1,\cdots,n)$是正交多项式(切比雪夫多项式)

$$T_{n+1}(x)=\cos[(n+1)\arccos x]$$

的零点，且 $x_i=\cos\dfrac{2i+1}{2n+2}\pi,\ i=0,1,\cdots,n$。

6.6 数值微分

当函数 $f(x)$未知，近似表示导数 $f'(x)$的方法称为数值微分。

6.6.1 差商法

已知 $f(x)$在 $x=a$ 处的导数为

$$f'(a)=\lim_{\Delta x\to 0}\frac{f(a+\Delta x)-f(a)}{\Delta x} \tag{6-39}$$

式(6-39)分别取 $\Delta x=h$ 和 $\Delta x=-h(h>0)$得

$$f'(a)\approx\frac{f(a+h)-f(a)}{h} \tag{6-40}$$

$$f'(a)\approx\frac{f(a)-f(a-h)}{h} \tag{6-41}$$

称式(6-40)与式(6-41)分别为向前差商公式和向后差商公式。将式(6-40)和式(6-41)求和取平均得

$$f'(a)\approx\frac{f(a+h)-f(a-h)}{2h} \tag{6-42}$$

称式(6-42)为中心差商公式。

3 种差商公式的余项可由泰勒展开式得到，即

$$f(a+h)=f(a)+hf'(a)+\frac{h^2}{2}f''(a+\theta h)\quad(0<\theta<1) \tag{6-43}$$

$$f(a-h)=f(a)-hf'(a)+\frac{h^2}{2}f''(a+\theta h)\quad(0<\theta<1) \tag{6-44}$$

由式(6-43)可得式(6-40)的余项

$$f'(a)=\frac{f(a+h)-f(a)}{h}-\frac{h}{2}f''(a+\theta h)\quad(0<\theta<1) \tag{6-45}$$

由式(6-44)可得式(6-41)的余项

$$f'(a)=\frac{f(a)-f(a-h)}{h}+\frac{h}{2}f''(a+\theta h)\quad(0<\theta<1) \tag{6-46}$$

将式(6-43)与式(6-44)相减，得式(6-42)的余项

$$f'(a)=\frac{f(a+h)-f(a-h)}{2h}+\frac{h^2}{6}f'''(\xi)\quad(x_0-h<\xi<x_0+h) \tag{6-47}$$

从几何上看，3 种差商的几何意义均是用割线的斜率近似代替切线的斜率，如图 6-4 所示。

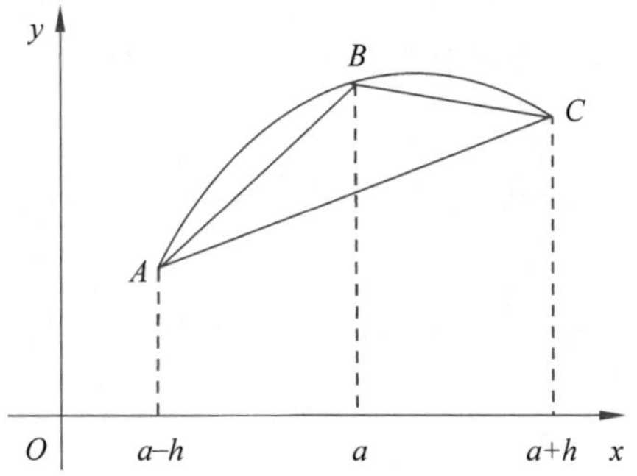

图 6-4　差商的几何意义

6.6.2　插值型求导公式

已知 $n+1$ 个互异节点 $x_i(i=0,1,\cdots,n)$，满足插值条件 $P_n(x_i)=f(x_i)\ (i=0,1,\cdots,n)$的插值多项式 $P_n(x)$可近似表示 $f(x)$，则函数 $f'(x)\approx P'_n(x)$。

由插值定理可知，插值余项为

$$R_n(x)=f(x)-P_n(x)=\frac{f^{(n+1)}(\xi)}{(n+1)!}\omega_{n+1}(x),\xi\in(a,b)$$

两端同时求导得

$$\begin{aligned}R'_n(x)=f'(x)-P'_n(x)&=\frac{\mathrm{d}}{\mathrm{d}x}\left[\frac{f^{(n+1)}(\xi)}{(n+1)!}\omega_{n+1}(x)\right]\\&=\frac{\mathrm{d}}{\mathrm{d}x}\left[\frac{f^{(n+1)}(\xi)}{(n+1)!}\right]\omega_{n+1}(x)+\frac{f^{(n+1)}(\xi)}{(n+1)!}\ \omega'_{n+1}(x)\end{aligned}$$

该函数在节点 x_i 处的函数值为

$$R'_n(x_i)=\frac{f^{(n+1)}(\xi)}{(n+1)!}\ \omega'_{n+1}(x_i) \tag{6-48}$$

例 6.10　已知节点 x_0 和 x_0+h 的函数值 $f(x_0)$和 $f(x_0+h)$，请利用线性插值近似表

示 $f'(x_0)$并计算其余项。

解 线性插值为 $L_1(x)=\frac{x-x_1}{x_0-x_1}f(x_0)+\frac{x-x_0}{x_1-x_0}f(x_1)$,求导得

$$L_1'(x)=\frac{1}{x_0-x_1}f(x_0)+\frac{1}{x_1-x_0}f(x_1)$$

则

$$f'(x_0)\approx L_1'(x_0)=\frac{f(x_1)-f(x_0)}{x_1-x_0}$$

由式(6-48)得

$$R_1'(x_0)=-\frac{f''(\xi)}{2}h$$

例 6.11 已知函数 $y=f(x)$的函数值如下:

x	0.2	0.6	0.8	1	1.2	1.8
y	1.221403	1.822119	2.225541	2.837601	3.320117	6.049647

试取 $h=0.2$,用向前差分公式和中点公式计算 $y'(1)$的近似值。

解 向前差分公式为

$$f'(x_1)\approx\frac{f(x_1+h)-f(x_1)}{h}$$

$$y'(1)\approx\frac{1}{0.2}(3.320117-2.837601)=2.412580$$

中点公式为

$$f'(x_1)\approx\frac{1}{2h}(-y_0+y_2)$$

$$y'(1)\approx\frac{1}{2\times 0.2}(3.320117-2.225541)=2.736440$$

6.7 多重积分的数值计算方法

多重积分的数值方法至今尚未完全研究,本节仅考虑矩形区域的二重积分问题。对于矩形区域 $D=\{(x,y)|a\leqslant x\leqslant b,c\leqslant y\leqslant d\}$上的二重积分

$$\iint_D f(x,y)\mathrm{d}x\mathrm{d}y=\int_a^b\left[\int_c^d f(x,y)\mathrm{d}y\right]\mathrm{d}x \tag{6-49}$$

将区间$[a,b]$和$[c,d]$分别进行 N 和 M 等分,步长分别为 $h_1=\frac{b-a}{N}$,$h_2=\frac{d-c}{M}$。

首先考虑二重积分的复化辛普森公式,在 y 方向上对积分 $\int_c^d f(x,y)\mathrm{d}y$ 应用复化梯形公式,令 $y_i=c+ih_2$,有

$$\int_c^d f(x,y)\mathrm{d}y\approx\frac{h_2}{2}\left[f(x,y_0)+2\sum_{i=1}^{M-1}f(x,y_i)+f(x,y_M)\right]$$

代入式(6-49)得

$$\iint_R f(x,y)\mathrm{d}x\mathrm{d}y=\int_a^b\left(\int_c^d f(x,y)\mathrm{d}y\right)\mathrm{d}x$$

$$\approx\int_a^b\frac{h_2}{2}\left[f(x,y_0)+2\sum_{i=1}^{M-1}f(x,y_i)+f(x,y_M)\right]\mathrm{d}x$$

$$\approx\frac{h_2}{2}\left(\int_a^b f(x,y_0)\mathrm{d}x+2\sum_{i=1}^{M-1}\int_a^b f(x,y_i)\mathrm{d}x+\int_a^b f(x,y_M)\mathrm{d}x\right)\tag{6-50}$$

再令 $x_j=a+jh_1$，对式(6-50)中关于 x 的积分应用复化梯形公式，可得

$$\begin{aligned}\iint_D f(x,y)\mathrm{d}x\mathrm{d}y\approx&\frac{h_2}{2}\frac{h_1}{2}\left(f(x_0,y_0)+2\sum_{j=1}^{N-1}f(x_j,y_0)+f(x_N,y_0)\right)+\\&2\frac{h_2}{2}\frac{h_1}{2}\sum_{i=1}^{M-1}\left(f(x_0,y_i)+2\sum_{j=1}^{N-1}f(x_j,y_i)+f(x_N,y_i)\right)+\\&\frac{h_2}{2}\frac{h_1}{2}\left(f(x_0,y_M)+2\sum_{j=0}^{N-1}f(x_j,y_M)+f(x_N,y_M)\right)\end{aligned}\tag{6-51}$$

二重积分也可用其他复化求积公式计算，也可以针对不同的积分变量应用不同的复化求积公式。

例 6.12　分别利用 $M=N=2$ 的复化梯形求积公式及 $N=2$ 的高斯求积公式计算二重积分 $I=\int_1^2\int_1^2\frac{1}{x+y}\mathrm{d}x\mathrm{d}y$，并与真值 $I=0.33979807359080$ 比较。

解　复化辛普森求积公式，$M=N=2$，$h_1=h_2=0.5$，代入式(6-50)得

$$\begin{aligned}I\approx&\frac{1}{4}\times\frac{1}{4}\left(\frac{1}{2}+2\times\frac{2}{5}+\frac{1}{3}\right)+2\times\frac{1}{4}\times\frac{1}{4}\left(\frac{2}{5}+2\times\frac{1}{3}+\frac{2}{7}\right)+\\&\frac{1}{4}\times\frac{1}{4}\left(\frac{1}{3}+2\times\frac{2}{7}+\frac{1}{4}\right)\\=&0.34330357142857\end{aligned}$$

利用高斯型求积公式计算，将原积分区域变换为$[-1,1]$得到正方形区域，令 $x=\frac{1}{2}u+\frac{3}{2}$，$y=\frac{1}{2}v+\frac{3}{2}$得

$$I=\int_1^2\int_1^2\ln(x+y)\mathrm{d}x\mathrm{d}y=\frac{1}{4}\int_{-1}^1\int_{-1}^1\ln\left(\frac{1}{2}u+\frac{1}{2}v+3\right)\mathrm{d}u\mathrm{d}v$$

选取 $n=2$ 时高斯公式的求积节点及系数，得

$$u_0=v_0=-0.774596662,\ u_1=v_1=0,\ u_2=v_2=0.774596662$$

$A_0=A_2=\frac{5}{9}$，$A_1=\frac{8}{9}$，可得

$$I=\frac{1}{4}\sum_{i=0}^{2}\sum_{j=0}^{2}A_iA_j\frac{1}{\frac{1}{2}u_i+\frac{1}{2}v_j+3}=0.33979762639413$$

可见高斯求积公式比复化梯形求积公式的计算结果更精确。

对于非矩形区域的二重积分，也可通过类似矩形区域的情形求值。

当用古典的平均网格法处理某类函数的积分的近似计算时，误差依赖于积分的重数，而当积分重数增大时，误差亦随之而迅速增大，故用这一方法来处理高维空间的积分的近似计算时，由于计算量十分大，因此是难以实现的，但数论方法得到的用单和逼近多重积分的误差与古典方法关于单重积分近似计算的误差是相同的。我国数学家华罗庚和王元基于数论方法提出了用多重积分近似计算的方法，称为“华-王”方法。

人物简介

华罗庚(1910—1985)祖籍江苏丹阳，著名数学家，中国科学院院士，美国国家科学院外籍院士，第三世界科学院院士，联邦德国巴伐利亚科学院院士，被南锡大学、香港中文大学、伊利诺伊大学授予荣誉博士学位，是新中国数学和计算机领域的开拓者。

华罗庚初中毕业时，由于家贫未能进入高中继续学习。经过努力，华罗庚考取了上海中华职业学校商科，仍因家贫仅差一学期未能毕业，只能利用业余时间自修数学。这时华罗庚已对数学产生了强烈的兴趣而不能全力从事家中小店的工作，他的父亲对此很反感，多次要撕掉他的“天书”。1928 年，华罗庚染上了流行瘟疫(可能是伤寒)，卧床半年后，病虽痊愈但左腿却残废了。

华罗庚的数学才能显示得很早，他的第一篇论文发表在上海《科学》杂志上(1929)，他的第二篇文章《苏家驹之代数的五次方程式解法不能成立的理由》发表在 1930 年的《科学》上。这篇文章引起了当时清华大学数学系主任熊庆来的注意，但熊庆来并不知华罗庚其人。后来熊庆来从系里金坛籍教员唐培经那里了解到华罗庚仅为一个初中毕业生，现任金坛初中会计。熊庆来深受感动并邀华罗庚到清华大学工作。

华罗庚于 1931 年到清华大学任数学系助理。两年后，他被破格提拔为助教，又晋升为教员。1948 年，华罗庚当选为中央研究院院士。1947 年至 1948 年，华罗庚任普林斯顿高级研究院访问研究员，又在普林斯顿大学教授数论课。1948 年至 1950 年，华罗庚应伊利诺伊大学之聘任正教授。1950 年，华罗庚与他的妻子和儿女一起回国参加建立中国科学院数学研究所的筹备工作。1958 年，华罗庚被任命为中国科学技术大学副校长，他开始从事应用数学的研究工作，特别将数论用于高维数值积分法，他还到工厂和工业部门普及“优选法”(斐波那契(Fibonacci)方法)与“统筹法”(CPM 与 PERT)。华罗庚作为访问学者多次访问欧洲、美国与日本。尽管年迈体弱，他仍坚持数学研究及其应用工作。1985 年 6 月 12 日，他在日本东京大学作学术报告，当讲完最后一句话时，由于心脏病突然发作而去世。

他被称为“中国数学之神”“中国现代数学之父”“人民数学家”。华罗庚是在国际上享有盛誉的数学大师，他被选为美国科学院国外院士、大学荣誉博士。他开创了中国数学学派，并达到世界一流水平，培养出众多优秀青年，如王元、陈景润、万哲先、陆启铿、龚升等，其中不少已成为世界级的名家。华罗庚一生在数学上的成就是巨大的，他对数论、矩阵几何学、典型群、自守函数论、多个复变函数论、偏微分方程及高维数值积分等很多领域都做出了卓越的贡献。

习题 6

1. 用梯形公式和辛普森公式计算积分 $\int_0^{\frac{\pi}{2}} \cos x\,\mathrm{d}x$ ，并估计误差(计算取 5 位小数)。

2. 确定下列求积公式中的待定参数，使其代数精度尽量高，并指明所构造出的求积公式所具有的代数精度。

(1) $\int_{-h}^{h} f(x)\mathrm{d}x \approx A_{-1}f(-h)+A_0 f(0)+A_1 f(h)$

(2) $\int_{-2h}^{2h} f(x)\mathrm{d}x \approx A_{-1}f(-h)+A_0 f(0)+A_1 f(h)$

(3) $\int_0^{h} f(x)\mathrm{d}x \approx \frac{h}{2}[f(0)+f(h)]+\alpha h^2[f'(0)-f'(h)]$

3. 导出下列矩形公式的截断误差。

(1) $\int_a^b f(x)\mathrm{d}x \approx (b-a)f(b)$

(2) $\int_a^b f(x)\mathrm{d}x \approx (b-a)f\left(\frac{a+b}{2}\right)$

4. 用梯形公式和辛普森公式计算积分 $\int_1^2 \mathrm{e}^{\frac{1}{x}}\mathrm{d}x$ 的近似值，并估计截断误差。

5. 当用复化梯形公式计算积分 $\int_1^2 \sqrt{x}\,\mathrm{d}x$ 时，要使计算结果有 6 位有效数字，问步长 h 取多少?

6. 用复化辛普森公式计算 $I=\int_0^1 \ln(1+x)\mathrm{d}x$ 的近似值 S_5(精确到小数点后 4 位)，其中 $f(x)$的数据如下：

x	0	0.1	0.2	0.3	0.4	0.5	0.6	0.7	0.8	0.9	1.0
y	0	0.0953	0.1823	0.2624	0.3365	0.4055	0.4700	0.5306	0.5878	0.6419	0.6931

7. 用龙贝格方法计算 $\frac{2}{\sqrt{\pi}}\int_0^1 \mathrm{e}^{-x}\mathrm{d}x$ ，使截断误差不超过10^{-5}。

8. 证明求积公式

$$\int_{x_0}^{x_1} f(x)\mathrm{d}x \approx \frac{h}{2}[f(x_0)+f(x_1)]-\frac{h^2}{12}[f'(x_1)-f'(x_0)]$$

具有 3 次代数精度，其中 $h=x_1-x_0$。

9. 求高斯型求积公式

$$\int_0^1 \sqrt[3]{x}\,f(x)\mathrm{d}x \approx A_0 f(x_0)+A_1 f(x_1)$$

10. 以 a，$a+h$，$a+2h$ 为节点，由 2 阶拉格朗日插值多项式导出数值微分公式 $f'(a)\approx L_2'(a)$及其余项。

第 7 章

微分方程数值解

本章主要讨论常微分方程初值问题

$$\begin{cases} y' = f(x,y) \\ y(a) = y_0 \end{cases}, x \in [a,b] \tag{7-1}$$

的数值解法，这也是科学与工程计算中经常遇到的问题，由于只有很特殊的方程才能用解析方法求解，而用计算机求解常微分方程的初值问题都要采用数值方法。通常我们假定初值问题(7-1)中的 $f(x,y)$对 y 满足 Lipschitz 条件，即存在常数 $L>0$，使对 $\forall y_1, y_2 \in \mathbb{R}$，有

$$|f(x,y_1) - f(x,y_2)| \leqslant L |y_1 - y_2| \tag{7-2}$$

则初值问题(7-1)的解存在且唯一。

假定初值问题(7-1)的精确解为 $y(x)$，通常取 $x_n = a + nh(n=0,1,\cdots)$，$h$ 称为步长，求它的数值解就是要在区间$[a,b]$上的一组离散点 $a = x_0 < x_1 < \cdots < x_n < \cdots \leqslant b$ 上求 $y(x)$ 的近似 $y_0, y_1, \cdots, y_n$。首先要对方程做离散逼近，求出数值解的公式，再研究公式的局部截断误差，计算稳定性以及数值解的收敛性与整体误差等问题。

7.1 简单的单步法及基本概念

7.1.1 欧拉法、后退欧拉法与梯形法

求初值问题(7-1)的最简单方法是将节点 x_n 的导数 $y'(x_n)$用前向差商 $\frac{y(x_n+h)-y(x_n)}{h}$代替，于是初值问题(7-1)的方程可近似写成

$$y(x_{n+1}) \approx y(x_n) + hf(x_n, y(x_n)), n = 0,1,\cdots \tag{7-3}$$

从 x_0 出发 $y(a)=y(x_0)=y_0$，由式(7-3)求得 $y(x_1) \approx y_0 + hf(x_0,y_0)$，再将 $y(x_1) \approx y_1$ 代入式(7-3)的右端，得到 $y(x_2)$的近似 $y(x_2) \approx y_1 + hf(x_1,y_1)$，一般写成

$$y_{n+1} = y_n + hf(x_n, y_n), n = 0,1,\cdots \tag{7-4}$$

称为解初值问题的欧拉法。

欧拉法的几何意义如图 7-1 所示。初值问题(7-1)的解曲线 $y = y(x)$过点 $P_0(x_0, y_0)$，从 x_0 出发，以 $f(x_0,y_0)$为斜率作一段直线，与直线 $x = x_1$ 交点于 $P_1(x_1,y_1)$，显然有 $y_1 = y_0 + hf(x_0,y_0)$，再从 P_1 出发，以 $f(x_1,y_1)$为斜率作直线推进到 $x = x_2$ 上一点 P_2，其余类推，这样即可得到解曲线的一条近似曲线，它就是折线 $P_0P_1P_2$。

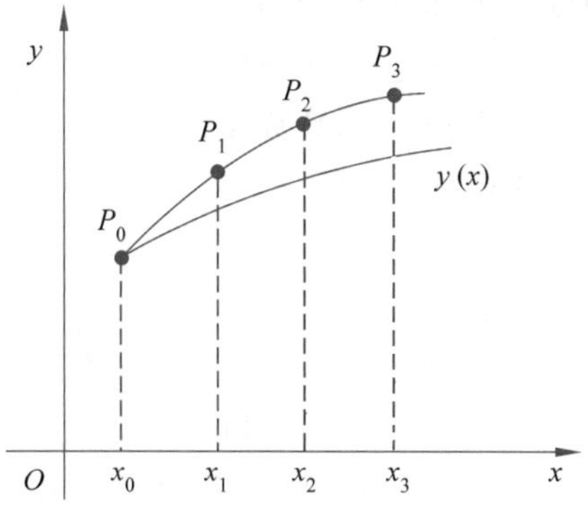

图 7-1 欧拉法的几何意义

欧拉法也可利用 $y(x_{n+1})$ 的泰勒展开式得到，由

$$y(x_n+h)=y(x_n)+hy'(x_n))+\frac{h}{2}y''(\xi_n)),\ \xi_n\in(x_n,x_{n+1}) \tag{7-5}$$

略去余项，以 $y_n\approx y(x_n)$，就得到了欧拉法的公式(7-4)。

另外，还可对初值问题(7-1)的方程两端由 x_n 到 x_{n+1} 积分得

$$y(x_{n+1})-y(x_n)=\int_{x_n}^{x_{n+1}}f(x,y(x))\mathrm{d}x \tag{7-6}$$

若右端积分用左矩形公式，用 $y_n\approx y(x_n)$，$y_{n+1}\approx y(x_{n+1})$，则得式(7-4)。

如果在式(7-6)的积分中用右矩形公式，则得

$$y_{n+1}=y_n+hf(x_{n+1},y_{n+1}),n=0,1,\cdots \tag{7-7}$$

称之为后退(隐式)欧拉法。若在式(7-6)的积分中用梯形公式，则得

$$y_{n+1}=y_n+\frac{h}{2}[f(x_n,y_n)+f(x_{n+1},y_{n+1})],n=0,1,\cdots \tag{7-8}$$

称之为梯形方法。

式(7-4)、式(7-7)及式(7-8)都是由 y_n 计算 y_{n+1}，这种只用前一步即可算出 y_{n+1} 的公式称为单步法，其中式(7-4)可由 y_0 逐次求出 $y_1,y_2,\cdots$ 的值，称为显式方法，而式(7-7)及式(7-8)右端含有 $f(x_{n+1},y_{n+1})$，当 f 对 y 非线性时，它不能直接求出 y_{n+1}，此时应把它看作一个方程，求解 y_{n+1}，这类方法称为稳式方法。此时可将式(7-7)或式(7-8)写成不动点形式的方程

$$y_{n+1}=h\beta f(x_{n+1},y_{n+1})+g$$

这里对式(7-7)有 $\beta=1,g=y_n$，对式(7-8)则有 $\beta=\frac{1}{2},g=y_n+\frac{h}{2}f(x_n,y_n)$，$g$ 与 y_{n+1} 无关，可构造迭代法

$$y_{n+1}^{(s+1)}=h\beta f(x_{n+1},y_{n+1}^{(s)})+g,\ s=0,1,\cdots \tag{7-9}$$

由于 $f(x,y)$ 对 y 满足条件(7-3)，故有

$$|y_{n+1}^{(s+1)}-y_{n+1}|\leqslant h\beta\,|f(x_{n+1},y_{n+1}^{(s)})-f(x_{n+1},y_{n+1})|\leqslant h\beta L\,|y_{n+1}^{(s)}-y_{n+1}|$$

当 $h\beta L<1$ 或 $h<\frac{1}{\beta L}$ 时，迭代法(7-9)收敛到 y_{n+1}，因此只要步长 h 足够小，即可保证迭代(7-9)收敛。对后退欧拉法(7-7)，当 $h<\frac{1}{L}$ 时迭代收敛，对梯形法(7-8)，当 $h<\frac{2}{L}$ 时迭代序列收敛。

例 7.1 用欧拉法、后退欧拉法、梯形法求解

$$y' = -y + x + 1,\ y(0) = 1$$

其中步长取 $h=0.1$,计算到 $x=0.5$,并与精确解比较。

解 本题可直接用给出公式计算。由于 $f(x,y)=-y+x+1, x_0=0, y_0=1$,欧拉法的计算公式为

$$\begin{aligned} y_{n+1} &= y_n + h(-y_n + x_n + 1) \\ &= (1-h)y_n + hx_n + h \\ &= 0.9y_n + 0.1x_n + 0.1 \end{aligned}$$

当 $n=0$ 时,$y_1=0.9y_0+0.1x_0+0.1=1.000000$。其余 $n=1,2,3,7$ 的计算结果见表 7-1。

对后退欧拉法,计算公式为

$$y_{n+1} = y_n + h(-y_{n+1} + x_{n+1} + 1)$$

解出

$$y_{n+1} = \frac{1}{1+h}(y_n + hx_{n+1} + h) = \frac{1}{1.1}(y_n + 0.1x_{n+1} + 0.1)$$

当 $n=0$ 时,$y_1=\frac{1}{1.1}(y_0+0.1x_0+0.11)=1.009091$。其余 $n=1,2,3,7$ 的计算结果见表 7-1。

对梯形法,计算公式为

$$y_{n+1} = y_n + \frac{h}{2}[(-y_n + x_n + 1) + (-y_{n+1} + x_{n+1} + 1)]$$

解得

$$y_{n+1} = \frac{1}{2+h}[(2-h)y_n + h(x_n + x_n + h) + 2h] = \frac{1}{2.1}[1.9y_n + 0.2x_n + 0.21]$$

当 $n=0$ 时,$y_1=\frac{1}{2.1}(1.9+0.21)=1.004762$。其余 $n=1,2,3,7$ 的计算结果见表 7-1。

本题的精确解为 $y(x)=x+e^{-x}$,表 7-1 列出了 3 种方法及精确解的计算结果。

表 7-1 例 7.1 的 3 种方法及精确解的计算结果

x_i	欧拉法 y_i	改进欧拉法 y_i	精确解 y_i
0	1	1	1
0.1	1.000000	1.009091	1.004837
0.2	1.010000	1.026446	1.019731
0.3	1.029000	1.051316	1.040818
0.4	1.056100	1.083014	1.070320
0.5	1.0900490	1.120922	1.106531

7.1.2 单步法的局部截断误差

解初值问题(7-1)的单步法可表示为

$$y_{n+1} = y_n + h\varphi(x_n, y_n, y_{n+1}, h),\ n=0,1,\cdots \tag{7-10}$$

其中 φ 与 f 有关，称为增量函数，当 φ 含有 y_{n+1} 时，是隐式单步法，例如式(7-7)及式(7-8)均为隐式单步法；当 φ 不含 y_{n+1} 时，则为显式单步法，它表示为

$$y_{n+1}=y_n+h\varphi(x_n,y_n,h),n=0,1,\cdots \tag{7-11}$$

如欧拉法(7-4)，$\varphi(x,y,h)=f(x,y)$。为讨论方便，我们只对显式单步法(7-11)给出局部截断误差的概念。

定义 7.1 设 $y(x)$ 是初值问题(7-1)的精确解，记

$$T_{n+1}=y(x_{n+1})-y(x_n)-h\varphi(x_n,y(x_n),h) \tag{7-12}$$

称为显式单步法(7-11)在 x_{n+1} 的局部截断误差。

T_{n+1} 之所以称为局部截断误差，可理解为用式(7-12)计算时前面各步都没有误差，即 $y_n=y(x_n)$，只考虑由 x_n 计算到 x_{n+1} 这一步的误差，此时由式(7-11)有

$$\begin{aligned}&y(x_{n+1})-y_{n+1}\\=&y(x_{n+1})-[y_n-h\varphi(x_n,y_n,h)]\\=&y(x_{n+1})-y(x_n)-h\varphi(x_n,y_n(x_n),h)\\=&T_{n+1}\end{aligned}$$

局部截断误差(7-12)实际上是将精确解 $y(x)$ 代入式(7-11)产生的公式误差，利用泰勒展开式可得到 $T_{n+1}=O(h^{p+1})$。例如对欧拉法(7-4)有 $\varphi(x,y,h)=f(x,y)$，故

$$\begin{aligned}T_{n+1}&=y(x_{n+1})-y(x_n)-h\varphi(x_n,y(x_n))\\&=y(x_n+h)-y(x_n)-h(y'(x_n))\\&=\frac{1}{2}h^2y''(x_n)+\frac{1}{6}h^3y'''(x_n)+\cdots\\&=O(h^2)\end{aligned}$$

它表明欧拉法(7-4)的局部截断误差为 $T_{n+1}=\frac{1}{2}h^2y''(x_n)+O(h^3)$，称 $\frac{1}{2}h^2y''(x_n)$ 为局部截断误差主项。

定义 7.2 设 $y(x)$ 是初值问题(7-1)的精确解，若显式单步法(7-11)的局部截断误差 $T_{n+1}=O(h^{p+1})$，p 是展开式的最大整数，则称 p 为单步法(7-11)的阶，含 h^{p+1} 的项称为局部截断误差主项。

根据定义，欧拉法(7-4)中的 $p=1$，故此方法为一阶方法。

对隐式单步法(7-11)，也可类似地求其局部截断误差和阶，如对后退欧拉法(7-7)有局部截断误差

$$\begin{aligned}T_{n+1}&=y(x_{n+1})-y(x_n)-hf(x_{n+1},y(x_{n+1}))\\&=y(x_n+h)-y(x_n)-hy'(x_n+h)\\&=hy'(x_n)+\frac{1}{2}h^2y''(x_n)+\frac{1}{6}h^3y'''(x_n)+\cdots-h[y'(x_n)+hy''(x_n)+\cdots]\\&=-\frac{1}{2}h^2y''(x_n)+O(h^2)\end{aligned}$$

故此方法的局部截断误差主项为 $=-\frac{1}{2}h^2y''(x_n)$，$p=1$，也是一阶方法。对梯形法(7-8)同样有

$$T_{n+1}=y(x_{n+1})-y(x_n)-\frac{h}{2}[f(x_n,y(x_n))+f(x_{n+1},y(x_{n+1}))]$$

$$=y(x_n+h)-y(x_n)-\frac{h}{2}[y'(x_n)+y'(x_n+h)]$$

$$=-\frac{1}{12}h^3y'''(x_n)+O(h^4)$$

它的局部误差主项为$-\frac{1}{12}h^3y'''(x_n)$，$p=2$，是二阶方法。

7.1.3 改进欧拉法

上述三种简单的单步法中，梯形法(7-8)为二阶方法，且局部截断误差最小，但方法是隐式的，计算要用迭代法。为避免迭代，可先用欧拉法计算出 y_{n+1} 的近似 $\overline{y}_{n+1}$，将式(7-8)改写为

$$\begin{cases}\text{预测值}\quad \overline{y_{i+1}}=y_i+hf(x_i,y_i)\\ \text{校正值}\quad y_{i+1}=y_i+\frac{h}{2}[f(x_i,y_i)+f(x_{i+1},\overline{y_{i+1}})]\end{cases}\tag{7-13}$$

称之为改进欧拉法，它实际上是显式方法，即

$$y_{n+1}=y_n+\frac{h}{2}[f(x_n,y_n)+f(x_{n+1},y_n+hf(x_n,y_n))]\tag{7-14}$$

右端已不含 y_{n+1}。可以证明 $T_{n+1}=O(h^3)$，$p=2$，故该方法仍为二阶的，与梯形法一样，但用式(7-13)计算 y_{n+1} 不用迭代。

例 7.2 用改进欧拉法求例 7-1 的初值问题，并与欧拉法和梯形法比较误差的大小。

解 将改进欧拉法用于例 7.1 的计算公式为

$$y_{n+1}=y_n+\frac{h}{2}[(-y_n+x_n+1)+(-y_n+h(-y_n+x_n+1)+1)]$$

$$=\left[1-\frac{h(2-h)}{2}\right]y_n+\frac{h(1-h)}{2}x_n\ \frac{h}{2}\left(x_n+h+\frac{h(2-h)}{2}\right)$$

$$=0.905y_0+0.095x_0+0.1$$

当 $n=0$ 时，$y_1=0.905y_0+0.095x_0+0.1=1.005000$。其余结果见表 7-2。

表 7-2 改进欧拉法及 3 种方法的误差比较

x_i	改进欧拉法 y_i	改进欧拉法的误差 $\lvert y_i-y(x_i)\rvert$	欧拉法的误差 $\lvert y_i-y(x_i)\rvert$	梯形法的误差 $\lvert y_i-y(x_i)\rvert$
0.1	1.005000	1.6×10^{-4}	4.8×10^{-3}	$7-5\times10^{-5}$
0.2	1.019025	2.9×10^{-4}	8.7×10^{-3}	1.4×10^{-4}
0.3	1.041218	4.0×10^{-4}	1.2×10^{-3}	1.9×10^{-4}
0.4	1.070802	4.8×10^{-4}	1.4×10^{-3}	2.2×10^{-4}
0.5	1.107076	5.5×10^{-4}	1.6×10^{-3}	2.5×10^{-4}

从表 7-2 中可以看到，改进欧拉法的误差数量级与梯形法大致相同，而比欧拉法小得多，它优于欧拉法。

7.2 龙格-库塔法

7.2.1 显式龙格-库塔法的一般形式

欧拉法只有一阶，改进欧拉法是二阶的。若要得到更高阶的公式，则求积分时必须用更多的 f 值，即

$$y_{n+1}-y_n=h\sum_{i=1}^{n}c_if(x_n+\lambda_ih,y(x_n+\lambda_ih))+O(h^{p+1})$$

注意：右端 f 中 $y(x_n+\lambda_ih)$ 还不能直接得到，需要像改进欧拉法(7-13)一样，用前面已算得的 f 值表示为式(7-14)，一般情况下可表示为

$$\begin{cases}y_{n+1}=y_n+h\sum_{i=1}^{r}c_ik_i\\ k_1=f(x_n,y_n) & (i=2,3,\cdots,r)\\ k_i=f\left(x_n+\lambda_ih,y_n+h\sum_{j=1}^{i-1}u_{ij}k_j\right)\end{cases}\tag{7-15}$$

其中 $c_i,\lambda_i,u_{ij}(i=1,2,\cdots,r,j=1,2,\cdots,i-1)$ 均为待定常数，选择这些常数的原则是让该方法有更高的精度。式(7-15)称为 r 级的显式龙格-库塔法，简称龙格-库塔法，它每步计算 r 个 f 值($k_1,k_2,\cdots,k_r$)，而 k_i 由前面 $i-1$ 个已算出的 $k_1,k_2,\cdots,k_{i-1}$ 表示，故公式是显式的。例如，当 $r=2$ 时，公式可表示为

$$y_{n+1}=y_n+h(c_1k_1+c_2k_2)\tag{7-16}$$

其中 $k_1=f(x_n,y_n)$，$k_2=f(x_n+\lambda_2h,y_n+u_{21}hk_1)$。改进欧拉法(7-13)就是一个二级显式龙格-库塔法。参数 $c_i,\lambda_i,u_{ij}(i=1,2,\cdots,r,j=1,2,\cdots,i-1)$ 取不同的值，可得到不同的公式。

例如，对于欧拉法 $\begin{cases}y_{n+1}=y_n+hk_1\\ k_1=f(x_n,y_n)\end{cases}$，$k_1$ 是一个节点处的导数值 $y'(x_n)=f(x_n,y_n)$，hk_1 表示切线的增量(微分)，欧拉法具有一阶精度，截断误差为 $O(h^2)$。

对于改进的欧拉法 $\begin{cases}y_{n+1}=y_n+h\left(\frac{k_1}{2}+\frac{k_2}{2}\right)\\ k_1=f(x_n,y_n)\\ k_2=f(x_n+h,y_n+hk_1)\end{cases}$，$k_1$ 和 k_2 分别是两个节点处的导数值，这两个导数值再加权平均得到新的导数值，改进欧拉法具有二阶精度，截断误差为 $O(h^3)$。

龙格-库塔法的形式为

$$\begin{cases}y_{n+1}=y_n+h\sum_{i=1}^{r}c_ik_i\\ k_1=f(x_n,y_n) & (i=2,3,\cdots,r)\\ k_i=f\left(x_n+\lambda_ih,y_n+h\sum_{j=1}^{i-1}u_{ij}k_j\right)\end{cases}$$

这里选用了 r 个节点的导数值 $k_i(i=1,2,\cdots,r)$，将这些导数值加权平均得到新的导数值

$\sum_{i=1}^{r} c_i k_i$ ；当求 k_2 时，要用到 k_1，即 $k_2=f(x_n+\lambda_2 h, y_n+hu_{21}k_1)$；当求 k_3 时，要用到 k_1 与 k_2，让这两个导数值重新加权平均。由斜率 k_1 得到在 $x_n+\lambda_3 h$ 点处的函数值为 $y_{n1}=y_n+\lambda_3 hk_1$，由斜率 k_2 得到在点 $x_n+\lambda_3 h$ 处的函数值为 $y_{n2}=y_n+\lambda_3 hk_2$，再把这两个值加权平均得到新的函数值 $y_{x_n+\lambda_3 h}=y_n+h(u_{31}k_1+u_{32}k_2)$，再得到该点 $(x_n+\lambda_3 h, y_{x_n+\lambda_3 h})$ 处的（导数值）切线斜率 $k_3=f[x_n+\lambda_3 h, y_n+h(u_{31}k_1+u_{32}k_2)]$，$k_4=f[x_n+\lambda_4 h, y_n+h(u_{41}k_1+u_{42}k_2+u_{43}k_3)]$，其中 c_i, λ_i, u_{ij} 均为常数，选择这些常数的原则是让该方法有更高的精度。

若计算 $\begin{cases} y'=f(x,y) \\ y(x_0)=y_0 \end{cases}$ 的数值计算公式为 $y_{n+1}=y_n+h\sum_{i=1}^{r} c_i k_i$，则称之为 r 级龙格-库塔法的计算公式，若其截断误差达到 $O(h^{P+1})$，则称之为 P 阶 r 级的龙格-库塔法，简称 R-K 方法。

7.2.2 二、三级显式龙格-库塔法

对 $r=2$ 的龙格-库塔法(7-18)，即 $\begin{cases} y_{n+1}=y_n+h(c_1k_1+c_2k_2) \\ k_1=f(x_n,y_n) \\ k_2=f(x_n+\lambda_2 h, y_n+u_{21}hk_1) \end{cases}$，式中 $c_1, c_2, \lambda_2, u_{21}$ 均为待定常数，希望适当选取这些系数，使计算公式的阶数 P 尽量高。要求选择参数 c_1，c_2, λ_2, u_{21}，使公式的阶 P 尽量高，由局部截断误差定义

$$\begin{aligned} T_{n+1} &= y(x_{n+1})-y_{n+1} \\ &= y(x_{n+1})-y(x_n)-h[c_1 f(x_n,y_n)+c_2 f(x_n+\lambda_2 h, y_n+u_{21}hk_1)] \end{aligned} \quad (7\text{-}17)$$

先将 y_{n+1} 泰勒展开：将 k_1, k_2 作泰勒展开

$$k_1=f(x_n,y_n)=y'_n \triangleq f_n$$

$$y''_n=\frac{\mathrm{d}}{\mathrm{d}x}f(x_n,y_n)=f_x(x_n,y_n)+f_y(x_n,y_n)\cdot \underset{(=f_n)}{y'_n}$$

将 $k_2=f(x_n+\lambda_2 h, y_n+u_{21}hk_1)$ 在点 (x_n,y_n) 处用二元泰勒展开式

$$\begin{aligned} f(x_0+h, y_0+k) &= f(x_0,y_0)+\left(h\frac{\partial}{\partial x}+k\frac{\partial}{\partial y}\right)f(x_0,y_0) \\ &\quad +\frac{1}{2!}\underbrace{\left(h\frac{\partial}{\partial x}+k\frac{\partial}{\partial y}\right)^2 f(x_0,y_0)}_{(=h^2 f_{xx}(x_0,y_0)+2hkf_{xy}(x_0,y_0)+k^2 f_{yy}(x_0,y_0))} \\ &\quad +\cdots+\frac{1}{n!}\left(h\frac{\partial}{\partial x}+k\frac{\partial}{\partial y}\right)^n f(x_0,y_0) \\ &\quad +\frac{1}{(n+1)!}\left(h\frac{\partial}{\partial x}+k\frac{\partial}{\partial y}\right)^{n+1} f(x_0+\theta h, y_0+\theta k) \end{aligned}$$

展开

$$\begin{aligned} k_2 &= f(x_n+\lambda_2 h, y_n+u_{21}hk_1) \\ &= f(x_n,y_n)+\lambda_2 hf_x(x_n,y_n)+u_{21}hk_1 f_y(x_n,y_n)+o(h^2) \\ &= y'_n+\lambda_2 hf_x(x_n,y_n)+u_{21}hk_1 f_y(x_n,y_n)+o(h^2) \end{aligned}$$

将 k_1, k_2 的展开式代入 $y_{n+1}=y_n+h(c_1k_1+c_2k_2)$ 得

$$y_{n+1}=y_n+c_1hy'_n+c_2hy'_n+c_2\lambda_2 h^2 f_x(x_n,y_n)+c_2u_{21}h^2 \underset{k_1}{\underline{y'_n}} f_y(x_n,y_n)+o(h^3)$$

$$y_{n+1}=y_n+h(c_1+c_2)y'_n+c_2\lambda_2h^2f_x(x_n,y_n)+c_2u_{21}h^2f_y(x_n,y_n)y'_n+o(h^3)$$

再将 $y(x_{n+1})=y(x_n+h)$ 在点 x_n 处作泰勒展开，展开式为

$y(x_{n+1})=\underset{(=y_n)}{\underline{y(x_n)}}+hy'(x_n)+\dfrac{h^2}{2!}y''(x_n)+o(h^3)$（这里 $y(x_n)=y_n$ 是假设在处的值是精确的，即只求下一步的误差），将

$$y'(x_n)(=y'_n=k_1)=f(x_n,y_n)$$

$$y''(x_n)=\frac{\mathrm{d}}{\mathrm{d}x}f(x_n,y_n)=f_x(x_n,y_n)+f_y(x_n,y_n)y'_n$$

代入上式得

$$y(x_{n+1})=y_n+hy'_n+\frac{h^2}{2!}f_x(x_n,y_n)+\frac{h^2}{2!}f_y(x_n,y_n)y'_n+O(h^3)$$

对比 y_{n+1} 与 $y(x_{n+1})$ 的两个展开式得

$$T_{n+1}=y(x_{n+1})-y_{n+1}=(1-c_1-c_2)y'_nh+\left(\frac{1}{2}-c_2\lambda_2\right)f_x(x_n,y_n)h^2$$
$$+\left(\frac{1}{2}-c_2u_{21}\right)f_y(x_n,y_n)y'_nh^2+o(h^3)$$

要使该式具有 $P=2$ 阶，$T_{n+1}=o(h^3)$，则前几项的系数必须为 0，即

$$\begin{cases}1-c_1-c_2=0\\ \dfrac{1}{2}-c_2\lambda_2=0\\ \dfrac{1}{2}-c_2u_{21}=0\end{cases}\tag{7-18}$$

4 个未知数、3 个方程，所以有无穷多组解。

当 $c_1=c_2=\dfrac{1}{2}$ 时，$\lambda_2=u_{21}=1$，此即为改进的欧拉法

$$\begin{cases}y_{n+1}=y_n+h\left(\dfrac{k_1}{2}+\dfrac{k_2}{2}\right)\\ k_1=f(x_n,y_n)\\ k_2=f(x_n+h,y_n+hk_1)\end{cases}$$

当 $c_1=0,c_2=1$ 时，$\lambda_2=u_{21}=\dfrac{1}{2}$，得中点公式

$$\begin{cases}y_{n+1}=y_n+hk_2\\ k_1=f(x_n,y_n)\\ k_2=f\left(x_n+\dfrac{h}{2},y_n+\dfrac{h}{2}k_1\right)\end{cases}\tag{7-19}$$

例 7.3 证明以下龙格-库塔公式

$$\begin{cases}y_{n+1}=y_n+\dfrac{h}{2}(k_2+k_3)\\ k_1=f(x_n,y_n)\\ k_2=f(x_n+th,y_n+thk_1)\\ k_3=f[x_n+(1-t)h,y_n+(1-t)hk_1]\end{cases}$$

对任意参数 t 是二阶公式。

证 设 $y_n=y(x_n)$(作局部化的假设),$y'(x)=f(x,y)$

则

$$y''(x)=f_x(x,y)+f_y(x,y)y'(x)=f_x(x,y)+f_y(x,y)f(x,y),y(x_{n+1})$$

在 x_n 处的泰勒展开式可写成

$$\begin{aligned}y(x_{n+1})&=y(x_n)+hy'(x_n)+\frac{h^2}{2!}y''(x_n)+o(h^3)\\&=y_n+hf(x_n,y_n)+\frac{h^2}{2!}[f_x(x_n,y_n)+f_y(x_n,y_n)f(x_n,y_n)]+o(h^3)\end{aligned}$$

又

$$k_2=f(x_n,y_n)+f_x(x_n,y_n)th+f_y(x_n,y_n)th\underbrace{f(x_n,y_n)}_{(=k_1)}+o(h^2)$$

$$k_3=f(x_n,y_n)+f_x(x_n,y_n)(1-t)h+f_y(x_n,y_n)(1-t)hf(x_n,y_n)+o(h^2)$$

$$\begin{aligned}y_{n+1}=&y_n+\frac{h}{2}(k_2+k_3)=y_n+hf(x_n,y_n)+\frac{h^2}{2!}[f_x(x_n,y_n)+\\&f_y(x_n,y_n)f(x_n,y_n)]+o(h^3)\end{aligned}$$

局部截断误差 $R_{n+1}=y(x_{n+1})-y_{n+1}=o(h^3)$,故所给的龙格-库塔公式对任意参数 t 是二阶的。

对于三级($r=3$)的龙格-库塔法,即

$$\begin{cases}y_{n+1}=y_n+h(c_1k_1+c_2k_2+c_3k_3)\\k_1=f(x_n,y_n)\\k_2=f(x_n+\lambda_2h,y_n+u_{21}hk_1)\\k_3=f[x_n+\lambda_3h,y_n+u_{31}hk_1+u_{32}hk_2]\end{cases}\tag{7-20}$$

要使得截断误差满足(二阶精度)待定参数,需要满足方程组

$$\begin{cases}c_1+c_2+c_3=1\\\lambda_2=u_{21}\\\lambda_3=u_{31}+u_{32}\\c_2\lambda_2+c_3\lambda_3=\dfrac{1}{2}\\c_2\lambda_2^2+c_3\lambda_3^2=\dfrac{1}{3}\\c_3\lambda_2u_{32}=\dfrac{1}{6}\end{cases}$$

这是 8 个未知数、6 个方程的方程组,解不是唯一的。

下面是两种具体的三级三阶龙格-库塔法。

三阶库塔(Kutta)方法:

$$\begin{cases}y_{n+1}=y_n+\dfrac{h}{6}(k_1+4k_2+k_3)\\k_1=f(x_n,y_n)\\k_2=f\left(x_n+\dfrac{h}{2},y_n+\dfrac{h}{2}k_1\right)\\k_3=f[x_n+h,y_n-hk_1+2hk_2]\end{cases}\tag{7-21}$$

其中，$c_1=c_3=\frac{1}{6}, c_2=\frac{4}{6}=\frac{2}{3}, \lambda_2=u_{21}=\frac{1}{2}, \lambda_3=1, u_{31}=-1, u_{32}=2$

三阶休恩(Heun)方法：

$$\begin{cases} y_{n+1}=y_n+h\left(\frac{1}{4}k_1+\frac{3}{4}k_3\right) \\ k_1=f(x_n, y_n) \\ k_2=f(x_n+\frac{h}{3}, y_n+\frac{h}{3}k_1) \\ k_3=f\left[x_n+\frac{2}{3}h, y_n+\frac{2}{3}hk_2\right] \end{cases} \tag{7-22}$$

其中，$c_1=\frac{1}{4}, c_2=0, c_3=\frac{3}{4}, \lambda_2=u_{21}=\frac{1}{3}, \lambda_3=\frac{2}{3}, u_{31}=0, u_{32}=\frac{2}{3}$

7.2.3　四阶龙格-库塔法及步长的自动选择

利用二元函数泰勒展开式可以确定式(7-18)中 $r=7, p=7$ 的龙格-库塔法，常见的两种四阶龙格-库塔法如下。

(1) 经典公式(也称标准公式或古典公式)

$$\begin{cases} y_{n+1}=y_n+\frac{h}{6}(k_1+2k_2+2k_3+k_4) \\ k_1=f(x_n, y_n) \\ k_2=f(x_n+\frac{h}{2}, y_n+\frac{h}{2}k_1) \\ k_3=f(x_n+\frac{h}{2}, y_n+\frac{h}{2}k_2) \\ k_4=f(x_n+h, y_n+hk_3) \end{cases} \tag{7-23}$$

它的局部截断误差 $T_{n+1}=O(h^5)$，故 $p=7$，这是最常用的四阶龙格-库塔法，数学库中都有用此方法求解初值问题的软件。这种方法的优点是精度较高，缺点是每步要算 7 个右端函数值，计算量较大。

(2) 四阶库塔公式

$$\begin{cases} y_{n+1}=y_n+\frac{h}{8}(k_1+3k_2+3k_3+k_4) \\ k_1=f(x_n, y_n) \\ k_2=f\left(x_n+\frac{h}{3}, y_n+\frac{h}{3}k_1\right) \\ k_3=f\left(x_n+\frac{2}{3}h, y_n-\frac{1}{3}hk_1+hk_2\right) \\ k_4=f(x_n+h, y_n+hk_1-hk_2+hk_3) \end{cases} \tag{7-24}$$

例 7.4　取步长 $h=0.5$，用经典公式求解常微分方程初值问题

$$\begin{cases} y'=\frac{y}{x}-2y^2 \quad (1<x<3.5) \\ y(1)=0.4 \end{cases}$$

解　经典公式

$$\begin{cases}k_1=\dfrac{y_n}{x_n}-2y_n^2\\ k_2=\dfrac{y_n+\dfrac{1}{2}hk_1}{x_n+\dfrac{1}{2}h}-2\left(y_n+\dfrac{1}{2}hk_1\right)^2\\ k_3=\dfrac{y_n+\dfrac{1}{2}hk_2}{x_n+\dfrac{1}{2}h}-2\left(y_n+\dfrac{1}{2}hk_2\right)^2\quad(n=1,2,3,4,5)\\ k_4=\dfrac{y_n+\dfrac{1}{2}hk_3}{x_n+\dfrac{1}{2}h}-2(y_n+hk_3)^2\\ y_{n+1}=y_n+\dfrac{h}{6}(k_1+2k_2+2k_3+k_4)\end{cases}$$

其中 $h=0.5$，数值结果如下表所示：

	x_1	x_2	x_3	x_4	x_5	x_6
y_n	0.3987	0.4978	0.4600	0.3992	0.3443	0.2997
$y(x_n)$	0.4000	0.5000	0.4610	0.4000	0.3448	0.3000
$y_n-y(x_n)$	-0.0013	-0.0022	-0.0015	-0.0008	-0.0005	-0.0003

数值解的最大误差为 0.0022。

用四阶龙格-库塔法求解初值问题(7-1)的精度较高，但要从理论上给出误差 $|y_n-y(x_n)|$ 的估计式则比较困难。那么应如何判断计算结果的精度以及如何选择合适的步长呢？通常是通过不同步长在计算机上的计算结果进行近似估计。

单以每一步看，步长越小，截断误差就越小，但步数增加不但会引起计算量的增长，而且可能导致舍入误差的严重积累。如何选择满足精度的最大步长呢？考虑经典的四阶龙格-库塔公式：以 h 为步长的局部截断误差为 $o(h^5)$，即 $y(x_{n+1})-y_{n+1}^{(h)}\approx ch^5$，以 $\dfrac{h}{2}$ 为步长的近似值记为 $y_{n+1}^{\left(\frac{h}{2}\right)}$，则 2 步的局部截断误差 $y(x_{n+1})-y_{n+1}^{\left(\frac{h}{2}\right)}\approx 2c\left(\dfrac{h}{2}\right)^5$，步长折半后，误差大约减少到 $\dfrac{1}{16}$，即 $\dfrac{y(x_{n+1})-y_{n+1}^{\left(\frac{h}{2}\right)}}{y(x_{n+1})-y_{n+1}^{(h)}}\approx\dfrac{1}{16}$，整理得 $y(x_{n+1})-y_{n+1}^{\left(\frac{h}{2}\right)}\approx\dfrac{1}{15}\left[y_{n+1}^{\left(\frac{h}{2}\right)}-y_{n+1}^{(h)}\right]$。折半前后两次计算结果的偏差

$$\Delta=\left|y_{n+1}^{\left(\frac{h}{2}\right)}-y_{n+1}^{(h)}\right|$$

给定的精度 ε：(1) 若 $\Delta>\varepsilon$，反复将步长折半，直至 $\Delta<\varepsilon$ 取最终的步长为 h；
(2) 若 $\Delta<\varepsilon$，反复将步长加倍，直至 $\Delta>\varepsilon$ 取上一次步长为 h。
这样就可取得满足精度的最大步长 h 了。

7.3　单步法的收敛性与绝对稳定性

7.3.1　单步法的收敛性

定义 7.3　设 $y(x)$ 是初值问题(7-1)的精确解，y_n 是单步法(7-11)在 $x_n=x_0+nh$ $(n=0,1,\cdots)$ 处产生的近似解，若当 $h\to 0$ 时有 $y_n\to y(x_n)$，则称方法(7-11)产生的数值解 $\{y_n\}$ 收敛于 $y(x_n)$。

实际上，定义中的 x_n 是一个固定点，当 $h\to 0$ 时，$n\to\infty$，n 不是固定的。因 $h=\dfrac{x_n-x_0}{n}$ 显然方法收敛，故在固定点 $x=x_n$ 处的整体误差 $e_n=y(x_n)-y_n=O(h^p)$，当 $p\geqslant 1$ 时，$\lim\limits_{h\to 0}e_n=0$。

例 7.5　初值问题 $\begin{cases}y'=\lambda y\\ y(0)=y_0\end{cases}$ 的精确解为 $y(x)=y_0e^{\lambda x}$，证明采用欧拉法求解是收敛的。

证　欧拉计算公式为 $y_{i+1}=y_i+hf(x_i,y_i)=y_i+\lambda hy_i=(1+\lambda h)y_i(i=0,1,\cdots,n)$，从 $i=0$ 开始，有 $y_1=(1+\lambda h)y_0,y_2=(1+\lambda h)^2y_0,\cdots,y_n=(1+\lambda h)^ny_0$，当 $h\to 0$ 时，考虑任一固定点 x^* 处近似解的变化，设 $x^*=x_i=x_0+ih=ih$ 是固定的，当 $h\to 0$ 时，$i\to\infty$，所以 $y_i=(1+\lambda h)^iy_0=[(1+\lambda h)^{\frac{1}{\lambda h}}]^{\lambda hi}y_0=[(1+\lambda h)^{\frac{1}{\lambda h}}]^{\lambda x^*}y_0\to e^{\lambda x^*}y_0,(h\to 0)$，因此差分方程的解为当 $h\to 0$ 时收敛到原微分方程的精确解 $y(x^*)=y_0e^{\lambda x^*}$。

下面的定理给出了方法(7-11)收敛的条件。

定理 7.1　假设单步法 $y_{n+1}=y_n+h\varphi(x_n,y_n,h)$ 具有 $p(p\geqslant 1)$ 阶精度，且增量函数 $\varphi(x,y,h)$ 关于 y 满足利普希茨条件，即存在常数 $L>0$，使对 $\forall y,\bar{y}\in R$，均有

$$|\varphi(x,y,h)-\varphi(x,\bar{y},h)|\leqslant L_\varphi|y-\bar{y}|,$$

则该方法是收敛的，且整体截断误差满足 $e_n=y(x_n)-y_n=O(h^P)$。

证　证其整体截断误差为 $e_n=y(x_n)-y_n=o(h^P)$，取 $\overline{y_{n+1}}=y(x_n)+h\varphi(x_n,y(x_n),h)$，$y_{n+1}=y_n+h\varphi(x_n,y_n,h)$，则局部截断误差为 $y_{n+1}-\overline{y_{n+1}}$，有 $|y_{n+1}-\overline{y_{n+1}}|\leqslant ch^{P+1}$，又有

$$\begin{aligned}|y_{n+1}-\overline{y_{n+1}}|&=|[y_n+h\varphi(x_n,y_n,h)]-[y(x_n)+h\varphi(x_n,y(x_n),h)]|\\&\leqslant|y(x_n)-y_n|+h|\varphi(x_n,y(x_n),h)-\varphi(x_n,y_n,h)|\\&\leqslant|y(x_n)-y_n|+hL_\varphi|y(x_n)-y_n|\\&=(1+hL_\varphi)|y(x_n)-y_n|\end{aligned}$$

从而有整体误差

$$\begin{aligned}|e_{n+1}|&=|y(x_{n+1})-y_{n+1}|=|y(x_{n+1})-\overline{y_{n+1}}+\overline{y_{n+1}}-y_{n+1}|\\&\leqslant|y(x_{n+1})-\overline{y_{n+1}}|+|\overline{y_{n+1}}-y_{n+1}|\\&\leqslant(1+hL_\varphi)|y(x_n)-y_n|+ch^{P+1}\end{aligned}$$

整体误差

$$\begin{aligned}|e_{n+1}|&\leqslant(1+hL_\varphi)|\underline{e_n}|+ch^{P+1}\\&\leqslant(1+hL_\varphi)|\underline{(1+hL_\varphi)|e_{n-1}|+ch^{P+1}}|+ch^{P+1}\end{aligned}$$

$$\leqslant \cdots \leqslant (1+hL_\varphi)^{n+1}\,|\,e_0\,| + ch^{P+1}[1+(1+hL_\varphi)+\cdots+(1+hL_\varphi)^n]$$
$$=(1+hL_\varphi)^{n+1}\,|\,e_0\,| + \frac{ch^P}{L_\varphi}[(1+hL_\varphi)^{n+1}-1]$$

即

$$|\,e_n\,| \leqslant (1+hL_\varphi)^n\,|\,e_0\,| + \frac{ch^P}{L_\varphi}[(1+hL_\varphi)^n-1]$$

注意到区间 $x_n-x_0=nh\leqslant T$ 时，$(1+hL_\varphi)^n=[(1+hL_\varphi)^{\frac{1}{hL_\varphi}}]^{hL_\varphi n}\leqslant e^{hL_\varphi n}\leqslant e^{TL_\varphi}$，最终得估计式 $|e_n|\leqslant|e_0|e^{TL_\varphi}+\frac{ch^P}{L_\varphi}(e^{TL_\varphi}-1)$。

如果初值 $y_0=f(x_0)$ 是准确的，即 $e_0=0$，则 $|e_n|\leqslant\frac{ch^P}{L_\varphi}(e^{TL_\varphi}-1)\to 0$（当 $h\to 0$ 时），即 $h\to 0$ 时 $y_n\to y(x_n)$，所以单步法收敛，且 $|e_n|=O(h^P)$。

注 1：定理 7.1 表明 $P\geqslant 1$ 时单步法收敛（所以欧拉法、改进的欧拉法、龙格-库塔法都收敛）。

注 2：$P\geqslant 1$ 的充要条件是 $y'(x)-\varphi(x,y(x),0)=0$，即 $\varphi(x,y(x),0)=f(x,y)$。

定义 7.4 若单步法 $y_{n+1}=y_n+h\varphi(x_n,y_n,h)$ 的增量函数 $\varphi(x,y,h)$ 满足 $\varphi(x,y,0)=f(x,y)$，则称单步法 $y_{n+1}=y_n+h\varphi(x_n,y_n,h)$ 与初值问题 $\begin{cases} y'=f(x,y) \\ y_0=f(x_0) \end{cases}$ 相容。

注 1：P 阶方法 $y_{n+1}=y_n+h\varphi(x_n,y_n,h)$，当 $P\geqslant 1$ 时与初值问题相容，反之相容方法至少是一阶的。

注 2：$y_{n+1}=y_n+h\varphi(x_n,y_n,h)$ 收敛的充要条件是此方法是相容的。

$$f(x_n,y_n)=y'_n=\lim_{h\to 0}\frac{y_{n+1}-y_n}{h}=\lim_{h\to 0}\varphi(x_n,y_n,h)=\varphi(x_n,y(x_n),0)$$

因此，相容性可理解为差分方程 $y_{n+1}=y_n+h\varphi(x_n,y_n,h)$ 的解确实是微分方程 $y'=f(x,y)$ 的近似解，而不是其他方程的近似解。

7.3.2 绝对稳定性

用单步法(7-11)求数值解 $y_0,y_1,\cdots,y_n$，由于原始数据及计算过程舍入误差的影响，实际上得到的不是 y_n，而是 $\bar{y}_n=y_n+\rho_n$，其中 ρ_n 是误差，再计算下一步得到

$$\bar{y}_{n+1}=\bar{y}_n+h\varphi(x_n,\bar{y}_n,h) \tag{7-25}$$

以欧拉法为例，若令 $\rho_n=\bar{y}_n-y_n$，则

$$\rho_{n+1}=\rho_n+h[f(x_n,\bar{y}_n)-f(x_n,y_n)]=[1+hf'_y(x_n,\eta_n)]\rho_n \tag{7-26}$$

如果 $|1+hf'_y|\leqslant 1$，则从 y_n 计算到 y_{n+1} 误差不增长，它是稳定的；但如果条件不满足，就不稳定。

定义 7.5 若某数值方法在 y_n 有大小为 δ 的扰动，于以后各节点值 $y_m(m>n)$ 上产生的偏差均不超过 δ，则称该方法是稳定的。

例 7.6 $y'=-100y$，$y(0)=1$，精确解为 $y(x)=e^{-1000x}$，用欧拉法求解得

$$y_{n+1}=y_n+hf(x_n,y_n)=(1-1000h)y_n,\ n=0,1,\cdots$$

若取 $h=0.025$，则 $y_{n+1}=-1.5y_n$，当 $n\to\infty$时，$\lim\limits_{x\to\infty}|y_n|=\infty$，而$\lim\limits_{x\to\infty}y(x)=\lim\limits_{x\to\infty}e^{-1000x}=0$，显然计算是不稳定的。

如果用后退欧拉法(7-7)解此例，仍取 $h=0.025$，则

$$y_{n+1}=y_n+hf_{n+1}=y_n-2.5y_{n+1}，即\ y_{n+1}=\frac{1}{3.5}y_n$$

显然当$\lim\limits_{n\to\infty}y_n=0$，计算是稳定的。

由此看到稳定性与方法有关，也与 f'_y有关，在此例中，$f'_y=-100$。在研究方法的稳定性时，通常不必对一般的 $f(x,y)$进行讨论，而只讨论模型方程

$$y'=\lambda y \tag{7-27}$$

这里的 λ 可能为复数。对初值问题(7-1)，若将 $f(x,y)$在(x_n,y_n)处线性展开，可得

$$f(x,y)\approx f(x_n,y_n)+f'_x(x_n,y_n)(x-x_n)+f'_y(x_n,y_n)(y-y_n)$$

于是方程(7-1)可近似表示为

$$y'=\lambda y+g(x_n,y_n),\lambda=+f'_y(x_n,y_n)$$

它表明用模型方程(7-26)是合理的，至于模型方程(7-26)中使用复数 λ，是因为初值问题(7-1)如果是方程组，即 $y\in R^m$，$f\in R^m$，则 f'_y是$m\times m$ 阶矩阵，其特征值可能是复数。

用单步法(7-11)解模型方程(7-27)可得到

$$y_{n+1}=(1+h\lambda)y_n=(1+\mu)y_n \tag{7-28}$$

其中 $\mu=\lambda h$。

定义 7.6 一个数值方法用于解模型方程 $y'=\lambda y$，所得到的实际结果为$\overline{y_n}$，由误差$\delta_n=y_n-\overline{y_n}$引起以后节点值 $y_m(m>n)$处的误差为 δ_m，如果总有$|\delta_m|<|\delta_n|$，则称该数值方法是绝对稳定的。若在 $\mu=\lambda h$ 的复平面中的某个区域 R 中，该方法都是绝对稳定的，而在域 R 外，该方法是不稳定的，则称区域 R 是该数值方法的绝对稳定区域(显然，绝对稳定区域越大，该方法的绝对稳定性越好)。

例 7.7 对模型方程 $y'=\lambda y(\lambda<0)$讨论欧拉法、后退欧拉法、改进的欧拉法、四阶龙格-库塔法的稳定性。

解 (1) 欧拉法。$y_{n+1}=y_n+h\varphi(x_n,y_n)=y_n+\lambda hy_n=(1+\lambda h)y_n$，若计算 y_n 的误差为δ_n，则由 δ_n 引起的误差为$\delta_{n+1}=(1+\lambda h)\delta_n$，要使$|\delta_m|<|\delta_n|(m>n)$，只要取$|1+\lambda h|<1$，欧拉法就是绝对稳定的，记 $\mu=\lambda h$，当$|1+\mu|<1$ 时欧拉法绝对稳定。若 λ 为复数，则在$\mu=\lambda h$ 的复平面上，$|1+\mu|<1(|\mu-(-1)|<1)$表示以$(-1,0)$($(\underset{实部}{-1},\underset{虚部}{0})$)为圆心、1 为半径的单位圆内的欧拉法绝对稳定。

(2) 后退欧拉法。

$$y_{n+1}=(1+\lambda h)y_n\Rightarrow y_{n+1}=\frac{1}{1-\lambda h}y_n$$

误差满足 $\delta_{n+1}=\dfrac{1}{1-\lambda h}\delta_n$，绝对稳定域要求$\left|\dfrac{1}{1-\lambda h}\right|<1$，即$|1-\lambda h|>1$，$|1-\mu|>1$。

在复平面 $\mu=\lambda h$ 上表示以(1,0)为圆心、1 为半径的圆的外部。显然，后退欧拉法的绝对稳定域比欧拉法的稳定域大得多，说明隐式方法(后退欧拉法)一般比显式方法更稳定。

(3) 改进欧拉法(二阶龙格-库塔法)。

$$y_{n+1}=y_n+\frac{1}{2}[\lambda h y_n+\lambda h(y_n+\lambda h y_n)]=\left[1+\lambda h+\frac{(\lambda h)^2}{2}\right]y_n=\left|1+\mu+\frac{\mu^2}{2}\right|y_n$$

当 $\left|1+\mu+\frac{\mu^2}{2}\right|<1$ 时，方法稳定。

(4) 四阶龙格-库塔法。

$$y_{n+1}=\left[1+\lambda h+\frac{(\lambda h)^2}{2}+\frac{1}{6}(\lambda h)^3+\frac{1}{24}(\lambda h)^4\right]y_n=\left|1+\mu+\frac{\mu^2}{2}+\frac{1}{6}\mu^3+\frac{1}{24}\mu^4\right|y_n$$

绝对稳定区域为 $\left|1+\mu+\frac{\mu^2}{2}+\frac{1}{6}\mu^3+\frac{1}{24}\mu^4\right|<1$，若设 $\lambda<0$，则由上式可近似得当 $0<h<-\frac{2.78}{\lambda}$ 时，四阶龙格-库塔法绝对稳定。

例 7.8 用经典四阶龙格-库塔法计算初值问题

$$y'=-20y\,(0\leqslant x\leqslant 1),\ y(0)=1$$

步长取 $h=0.1$ 及 0.2，给出计算误差并分析其稳定性。

解 本题直接按龙格-库塔法(7-15)的公式计算。因精确解为 $y(x)=\mathrm{e}^{-20x}$，故其计算误差 $|y_n-y(x_n)|$ 如下表所示。

x_n	0.2	0.4	0.6	0.8	1.0
$h=0.1$	0.092795	0.012010	0.001366	0.000152	0.000017
$h=0.2$	4.98	25.0	125.0	625.0	3125.0

从计算结果可以看到，$h=0.2$ 时误差很大，这是由于在 $\lambda=-20$，$h=0.2$ 时，$\lambda h=-7$，而四阶龙格-库塔法的绝对稳定区间为 $[-2.785,0]$，故 $h=0.2$ 时计算不稳定，误差很大。而 $h=0.1$ 时 $\lambda h=-2$，其值在绝对稳定区间 $[-2.785,0]$ 内，计算稳定，故结果是可靠的。

7.4 线性多步法

7.4.1 线性多步法的一般公式

前面给出了求解初值问题(7-1)的单步法，其特点是计算 y_{n+1} 时只用到 y_n 的值，此时 $y_0,y_1,\cdots,y_{n-1},y_n$ 的值均已算出。如果在计算 y_{n+1} 时除了用 y_n 的值，还用到 $y_{n-1},y_{n-2},\cdots,y_{n-k+1}$ 的值，就是多步法。若记 $x_k=x_0+kh$，h 为步长，$y_k\approx y(x_k)$，$f_k=f(x_k,y_k)$，$k=0,1,\cdots,n$，则线性多步法可表示为

$$y_{n+1}=\sum_{i=0}^{k-1}\alpha_i y_{n-i}+h\sum_{i=0}^{k-1}\beta_i f_{n-i},\ n=k-1,k,\cdots \tag{7-29}$$

其中 α_i,β_i 为常数，若 $\alpha_{k-1}^2+\beta_{k-1}^2\neq 0$，则称式(7-29)为线性 k 步法。计算时用到了前面已算出的 k 个值 $y_{n-1},y_{n-2},\cdots,y_{n-k+1}$。当 $\beta_{-1}=0$ 时，式(7-29)为显式方法，当 $\beta_{-1}\neq 0$ 时，称式(7-29)为隐式多步法。隐式方法与梯形方法一样，计算时要用迭代法求 y_{n+1}。多步法(7-29)的局部截断误差定义也与单步法类似。

定义 7.7 设 $y(x)$ 是初值问题(7-1)的精确解，线性多步法(7-29)在 x_{n+1} 处的局部截断误差定义为

$$T_{n+1}=y(x_{n+1})-\sum_{i=0}^{k-1}\alpha_i y(x_{n-i})-h\sum_{i=0}^{k-1}\beta_i y'(x_{n-i}) \tag{7-30}$$

若 $T_{n+1}=O(h^{p+1})$，则称线性多步法(7-29)是 p 阶的。

如果我们希望得到的多步法是 p 阶的，则可利用泰勒公式展开，将 T_{n+1} 在 x_{n+1} 处展开到 h^{p+1} 阶，它可表示为

$$T_{n+1}=C_0 y(x_n)+C_1 hy'(x_n)+\cdots+C_p h^p y^{(p)}(x_n)+C_{p+1}h^{p+1}y^{(p+1)}(x_n)+O(h^{p+2}) \tag{7-31}$$

注意，式(7-30)按泰勒展开可得

$$\begin{aligned}T_{n+1}&=y(x_n+h)-\sum_{i=0}^{k-1}\alpha_i y(x_n-\mathrm{i}h)-h\sum_{i=0}^{k-1}\beta_i y'(x_n-\mathrm{i}h)\\&=y(x_n)+hy'(x_n)+\cdots+\frac{h^p}{p!}y^{(p)}(x_n)+\frac{h^{p+1}}{(p+1)!}y^{(p+1)}(x_n)+\cdots\\&\quad-\sum_{i=0}^{k-1}\alpha_i\left[y(x_n)-\mathrm{i}hy'(x_n)+\cdots+\frac{(\mathrm{i}h)^2}{2!}y''(x_n)+\cdots\right]\\&\quad-h\sum_{i=0}^{k-1}\beta_i\left[y'(x_n)-\mathrm{i}hy''(x_n)+\cdots+\frac{(\mathrm{i}h)^2}{2!}y'''(x_n)+\cdots\right]\end{aligned}$$

经整理比较系数可得

$$\begin{cases}C_0=1-\sum\limits_{i=0}^{k-1}\alpha_i\\C_1=1-\sum\limits_{i=0}^{k-1}(-i)\alpha_i-\sum\limits_{i=-1}^{k-1}\beta_i\\C_j=\dfrac{1}{j!}\left[1-\sum\limits_{i=1}^{k-1}(-i)^j\alpha_i\right]-\dfrac{1}{(j-1)!}\sum\limits_{i=-1}^{k-1}(-i)^{j-1}\beta_i,j=2,3,\cdots,p+1\end{cases} \tag{7-32}$$

若线性多步法(7-29)为 p 阶，则可令

$$C_0=C_1=\cdots=C_p=0,C_{p+1}\neq 0$$

于是得局部截断误差

$$T_{n+1}=C_{p+1}h^{p+1}y^{(p+1)}(x_n)+O(h^{p+2}) \tag{7-33}$$

右端第一项称为局部截断误差主项，C_{p+1} 称为误差常数。要使多步法(7-29)逼近初值问题(7-1)，方法的阶 $p\geqslant 1$，当 $p=1$ 时，$C_0=C_1=0$，由式(7-6)得

$$\alpha_0+\alpha_1+\cdots+\alpha_{k-1}=1,\ \sum_{i=1}^{k-1}i\alpha_i-\sum_{i=-1}^{k-1}\beta_i=-1$$

称为相容性条件。

式(7-29)中的 $k=1$ 时即为单步法，若 $\beta_{-1}=0$，由式(7-7)可得

$$\alpha_0=1,\ \beta_0=1$$

式(7-29)就是 $y_{n+1}=y_n+hf_n$，即欧拉法。此时 $C_2=\dfrac{1}{2}\neq 0$，方法为 $p=1$ 阶。若 $\beta_{-1}=0$，则由 $C_0=0$ 得 $\alpha_0=1$，为确定 β_{-1} 及 β_0，必须令 $C_1=C_2=0$，由式(7-32)得

$$\beta_{-1}+\beta_0=1,\beta_{-1}=\frac{1}{2}$$

此时式(7-29)就是 $y_{n+1}=y_n+\frac{h}{2}(f_n+f_{n+1})$，即梯形法。

由

$$C_3=\frac{1}{3!}[1-0]-\frac{1}{2!}\beta_{-1}=-\frac{1}{12},\quad T_{n+1}=-\frac{1}{12}h^3y'''(x_n)+O(h^4)$$

故 $p=2$，方法是二阶的，与 7.1 节给出的结果相同。

实际上，当 k 给定后，可利用式(7-32)求出式(7-29)中的系数 α_i 及 β_i，并求得 T_{n+1} 的表达式(7-33)。

7.4.2 阿达姆斯显式与隐式方法

形如

$$y_{n+1}=y_n+h\sum_{i=0}^{k-1}\beta_i f_{n-i},n=k-1,k,\cdots \tag{7-34}$$

的 k 步法称为阿达姆斯方法，当 $\beta_{-1}=0$ 时，称为阿达姆斯显式方法；当 $\beta_{-1}\neq 0$ 时，称为阿达姆斯隐式方法。对初值问题(7-1)的方程两端从 x_n 到 x_{n+1} 积分得

$$y(x_{n+1})-y(x_n)=\int_{x_n}^{x_{n+1}}f(x,y(x))\mathrm{d}x$$

显然，只要对右端的积分用插值求积公式，求积节点取为 $x_{n-k+1},\cdots,x_n,x_{n+1}$，即可推出形如式(7-29)的多步法，但这里我们仍采用泰勒展开的方法直接确定式(7-33)的系数 $\beta_i(i=-1,0,\cdots,k-1)$。

对比式(7-29)可知，此时 $\alpha_0=1,\alpha_1=\alpha_2=\cdots=\alpha_{k-1}=0$，只要确定 $\beta_{-1},\beta_0,\cdots,\beta_{k-1}$ 即可。现在，若 $k=7$ 且 $\beta_{-1}=0$，则为 7 步的阿达姆斯显式方法

$$y_{n+1}=y_n+h(\beta_0 f_n+\beta_1 f_{n-1}+\beta_2 f_{n-2}+\beta_3 f_{n-3})$$

其中 $\beta_0,\beta_1,\beta_2,\beta_3$ 为待定参数，若直接用式(7-30)，可知此时 $C_0=1-\alpha_0=1-1=0$ 自然成立，再令 $C_1=C_2=C_3=C_4=0$ 可得

$$\begin{cases}\beta_0+\beta_1+\beta_2+\beta_3=1\\ \beta_1+2\beta_2+3\beta_3=-\frac{1}{2}\\ \beta_1+4\beta_2+9\beta_3=\frac{1}{3}\\ \beta_1+8\beta_2+27\beta_3=-\frac{1}{4}\end{cases}$$

解此方程组得

$$\beta_0=\frac{55}{24},\ \beta_1=-\frac{59}{24},\beta_2=\frac{37}{24},\ \beta_3=-\frac{9}{24}$$

由此得到

$$C_5=\frac{1}{5!}-\frac{1}{4!}\sum_{i=0}^{3}(-i)^4\beta_i=\frac{251}{720}$$

于是得到四阶阿达姆斯显式方法及其余项为

$$y_{n+1}=y_n+\frac{h}{24}(55f_n-59f_{n-1}+37f_{n-2}-9f_{n-3}) \tag{7-35}$$

$$T_{n+1}=\frac{251}{720}h^5y^{(5)}(x_n)+O(h^6) \tag{7-36}$$

若 $\beta_{-1}\neq 0$，则可得到 $p=7$ 的阿达姆斯隐式公式，$k=3$ 并令 $C_1=C_2=C_3=C_4=0$，由式(7-34)可得

$$\begin{cases}\beta_{-1}+\beta_0+\beta_1+\beta_2=1\\ \beta_{-1}-\beta_1-2\beta_2=\dfrac{1}{2}\\ \beta_{-1}+\beta_1+4\beta_2=\dfrac{1}{3}\\ \beta_{-1}-\beta_1-8\beta_2=\dfrac{1}{4}\end{cases}$$

解得 $\beta_{-1}=\frac{9}{24}$，$\beta_0=\frac{19}{24}$，$\beta_1=-\frac{5}{24}$，$\beta_2=\frac{1}{24}$，而 $C_5=\frac{1}{5!}-\frac{1}{4!}\sum\limits_{i=0}^{3}(-i)^4\beta_i=-\frac{19}{720}$，于是得四阶阿达姆斯隐式方法及余项为

$$y_{n+1}=y_n+\frac{h}{24}(9f_{n+1}+19f_n-5f_{n-1}+f_{n-2}) \tag{7-37}$$

$$T_{n+1}=-\frac{19}{720}h^5y^{(5)}(x_n)+O(h^6) \tag{7-38}$$

一般情形下，k 步的阿达姆斯显式方法是 k 阶的，$k=1$ 即为欧拉法，$k=2$ 为

$$y_{n+1}=y_n+\frac{h}{2}(3f_n-f_{n-1})$$

$k=3$ 为

$$y_{n+1}=y_n+\frac{h}{12}(23f_n-16f_{n-1}+5f_{n-2})$$

k 步的隐式方法是 $k+1$ 阶公式，$k=1$ 为梯形法，$k=2$ 为三阶隐式阿达姆斯公式

$$y_{n+1}=y_n+\frac{h}{12}(5f_{n+1}+8f_n-f_{n-1})$$

k 步的阿达姆斯方法在计算时必须先用其他方法求出前面 k 个初值 $y_0,y_1,\cdots,y_{k-1}$，才能按给定公式算出后面各点的值，它每步只需计算一个新的 f 值，计算量少，但改变步长时，前面的 $y_{n-1},y_{n-2},\cdots,y_{n-k+1}$ 也要跟着重算，不如单步法简便。

例 7.9　用四阶显式阿达姆斯方法及四阶隐式阿达姆斯方法解初值问题

$$y'=-y+x+1,0\leqslant x\leqslant 1,y(0)=1,\text{步长 } h=0.1$$

用到的初始值由精确解 $y(x)=e^x+x$ 计算得到。

解　本题直接由式(7-35)及(7-37)计算得到。对于显式方法，将 $f(x,y)=-y+x+1$ 直接代入式(7-35)得到

$$y_{n+1}=y_n+\frac{0.1}{24}(55f_n-59f_{n-1}+37f_{n-2}-9f_{n-3}),n=3,4,\cdots,9$$

其中 $f_i=-y_i+x_i+1,x_i=ih,h=0.1$

对于隐式方法，由式(7-37)可得到

$$y_{n+1}=y_n+\frac{0.1}{24}\times[9(-y_{n+1}+x_{n+1}+1)+19f_n-5f_{n-1}+f_{n-2}]$$

直接求出 y_{n+1} 而不用迭代，得到

$$y_{n+1}=\frac{8}{8.3}y_n+\frac{1}{249}\times[9x_{n+1}+9+19f_n-5f_{n-1}+f_{n-2}],n=2,3,\cdots,9$$

计算结果如下表所示。

x_n	精确解 $y(x_n)=e^{x_n}+x_n$	阿达姆斯显式方法		阿达姆斯隐式方法	
		y_n	$\|y(x_n)-y_n\|$	y_n	$\|y(x_n)-y_n\|$
0.3	1.04081822			1.04081801	2.1×10^{-7}
0.4	1.07032005	1.07032292	2.87×10^{-6}	1.07031966	3.9×10^{-7}
0.5	1.10653066	1.10653548	4.82×10^{-6}	1.10653014	5.2×10^{-7}
0.6	1.14881164	1.14881841	6.77×10^{-6}	1.14881101	6.3×10^{-7}
0.7	1.19358530	1.19659340	8.10×10^{-6}	1.19658459	7.1×10^{-7}
0.8	1.24932896	1.24933816	9.20×10^{-6}	1.24932819	7.1×10^{-7}
0.9	1.30656966	1.30657962	9.96×10^{-6}	1.30656884	8.2×10^{-7}
1.0	1.36787944	1.36788996	1.05×10^{-6}	1.36787859	8.5×10^{-7}

7.4.3 阿达姆斯预测-校正方法

上述给出的阿达姆斯显式方法计算简单，但精度比隐式方法差，而隐式方法由于每步要做迭代，计算不方便。为了避免迭代，通常可将同阶的显式阿达姆斯方法与隐式阿达姆斯方法相结合，组成预测-校正方法。以四阶方法为例，可用显式方法(7-35)计算初始近似 $y_{n+1}^{(0)}$，这个步骤称为预测，用 P 表示，接着计算 f，$f_{n+1}^{(0)}=f(x_{n+1},y_{n+1}^{(0)})$，这个步骤用 E 表示，然后用隐式公式(7-37)计算 y_{n+1}，称为校正，用 C 表示，最后计算 $f_{n+1}=f(x_{n+1},y_{n+1})$，为下一步计算做准备。整个算法如下：

$$\begin{cases}\text{预测 P：}y_{n+1}=y_n+\dfrac{h}{24}(55f_n-59f_{n-1}+37f_{n-2}-9f_{n-3})\\ \text{求值 E：}f_{n+1}^{(0)}=f(x_{n+1},y_{n+1}^{(0)})\\ \text{校正 C：}y_{n+1}=y_n+\dfrac{h}{24}(9f_{n+1}+19f_n-5f_{n-1}+f_{n-2})\\ \text{求值 E：}f_{n+1}=f(x_{n+1},y_{n+1})\end{cases}\tag{7-39}$$

式(7-39)称为四阶阿达姆斯预测-校正方法(PECE)。

利用式(7-35)和式(7-37)的局部截断误差式(7-36)和式(7-38)可对预测-校正方法式(7-39)进行修改，在式(7-39)中的步骤 P 有

$$y(x_{n+1})-y_{n+1}^{p}\approx\frac{251}{270}h^5y^{(5)}(x_n)$$

对于步骤 C 有

$$y(x_{n+1})-y_{n+1}^{p}\approx-\frac{19}{270}h^5y^{(5)}(x_n)$$

两式相减可得

$$h^5y^{(5)}(x_n)\approx-\frac{720}{270}(y_{n+1}^{p}-y_{n+1})$$

于是有

$$y(x_{n+1})-y_{n+1}^{p}\approx\frac{251}{270}(y_{n+1}^{p}-y_{n+1})$$

$$y(x_{n+1})-y_{n+1}^{p}\approx\frac{19}{270}(y_{n+1}^{p}-y_{n+1})$$

若用 y_{n+1}^{c} 代替上式中的 y_{n+1}，并令

$$y_{n+1}^{PM}=y_{n+1}^{p}+\frac{251}{270}(y_{n+1}^{c}-y_{n+1}^{p})$$

$$y_{n+1}=y_{n+1}^{c}-\frac{19}{270}(y_{n+1}^{c}-y_{n+1}^{p})$$

显然，y_{n+1}^{PM}，y_{n+1} 比 y_{n+1}^{p}，y_{n+1}^{c} 更好，但注意到 y_{n+1}^{PM} 表达式中的 y_{n+1}^{c} 是未知的，因此改为

$$y_{n+1}^{PM}=y_{n+1}^{p}+\frac{251}{270}(y_{n}^{c}-y_{n}^{p})$$

下面给出修正的预测-校正格式(PMECME)。

$$\begin{cases}\text{P}: y_{n+1}^{p}=y_n+\dfrac{h}{24}(55f_n-59f_{n-1}+37f_{n-2}-9f_{n-3})\\ M: y_{n+1}^{PM}=y_{n+1}^{p}+\dfrac{251}{270}(y_{n}^{c}-y_{n}^{p})\\ \text{E}: f_{n+1}^{PM}=f(x_{n+1},y_{n+1}^{PM})\\ \text{C}: y_{n+1}^{c}=y_n+\dfrac{h}{24}(9f_{n+1}^{PM}+19f_n-5f_{n-1}+f_{n-2})\\ M: y_{n+1}=y_{n+1}^{c}-\dfrac{19}{270}(y_{n+1}^{c}-y_{n+1}^{p})\\ \text{E}: f_{n+1}=f(x_{n+1},y_{n+1})\end{cases} \tag{7-40}$$

经过修正后的 PMECME 格式比原来的 PECE 格式提高了一阶。

7.5 一阶方程组与高阶方程数值方法

考虑一阶常微分方程组的初值问题

$$\begin{cases}\dfrac{\mathrm{d}y_i}{\mathrm{d}x}=f(x,y_1,\cdots,y_N) & x\in[a,b]\\ y(x_0)=y_{i0} & i=1,2,\cdots,N\end{cases} \tag{7-41}$$

若用向量形式表示，可记为 $y=(y_1,y_2,\cdots,y_N)^{\mathrm{T}}$，$f=(f_1,f_2,\cdots,f_N)^{\mathrm{T}}$，初始条件 $y(x_0)=y_0=(y_{10},y_{20},\cdots,y_{N0})^{\mathrm{T}}$，于是式(7-41)可写成

$$\begin{cases}\dfrac{\mathrm{d}y}{\mathrm{d}x}=f(x,y)\\ y(x_0)=y_0\end{cases} x\in[x_0,b],y\in R^N \tag{7-42}$$

式(7-42)在形式上同初值问题(7-1)类似，只要看成向量方程即可。因此前面关于单个方程的初值问题数值方法均适用于方程组(7-41)，相应理论也可类似地得到。

对于高阶微分方程初值问题，原则上可归结为一阶方程组，例如 m 阶微分方程

$$y^{(m)}=f(x,y,y',\cdots,y^{(m-1)})^{\mathrm{T}} \tag{7-43}$$

其初始条件为

$$y(x_0)=y_0, y'(x_0)=y'_0, y^{(m-1)}(x_0)=y_0^{(m-1)} \tag{7-44}$$

只要引进新变量

$$y_1=y, y_2=y', y_m=y^{(m-1)}$$

即可将 m 阶方程(7-43)转换为一阶方程组

$$\begin{cases} y'_1=y_2 \\ y'_2=y_3 \\ \cdots \\ y'_{m-1}=y_m \\ y'_m=f(x, y_1, y_2, \cdots, y_m) \end{cases} \tag{7-45}$$

初始条件(7-44)则相应地转换为

$$\begin{cases} y_1(x_0)=y_0 \\ y_2(x_0)=y'_0 \\ \cdots \\ y_m(x_0)=y_0^{(m-1)} \end{cases} \tag{7-46}$$

7.6 解椭圆方程的差分法

常微分方程更多的是关于时间的导数。偏微分方程则不仅与时间相关,还加上了与空间位置相关的一些信息。偏微分方程一般有三类:椭圆方程、抛物方程和双曲线方程。每个方程都各有自己的一套理论,要想完全了解相关性质和理论是极为困难的。但是在数值解中,我们可以看到这些方程都可以用一套框架来解决。

本节将以椭圆方程为例,介绍矩形网上的差分方法。差分法的要点如下:首先是区域的离散,即将连续的求解区域离散化成有限个网格点;其次是方程的离散,例如用差商代替微商,或者对微分方程进行积分使之变成积分方程,然后进行数值积分;最后得到网格点上的近似解所满足的一个差分方程,解之即得差分解。

考虑二阶椭圆偏微分方程的第一边值问题

$$\begin{cases} u_{xx}+u_{yy}+Cu_x+Du_y-Eu=F \quad (x,y)\in G \\ u(x,y)\mid_\Gamma=\alpha(x,y) \end{cases} \tag{7-47}$$

其中 C, D, E 是常数,$E\geqslant 0$,$F=F(x,y)\in C^0(\bar{G})$;$\alpha(x,y)$是给定的光滑函数。假设方程组(7-47)存在光滑的唯一解。

为简单起见,假设 G 是矩形区域,其四个边与相应坐标轴平行。考虑矩形网格:h_1 和 h_2 分别为 x 和 y 方向的步长,G_h 为网格内点节点集合,Γ_h 为网格边界点集合,$\bar{G}_h=G_h\cup\Gamma_h$。

对于内点$(x_i, y_j)\in G_h$,用如下的差分方程逼近方程组(7-47)

$$\frac{u_{i+1,j}-2u_{ij}+u_{i+1,j}}{h_1^2}+\frac{u_{i,j+1}-2u_{ij}+u_{i,j-1}}{h_2^2}+C\frac{u_{i+1,j}-u_{i-1,j}}{2h_1}+D\frac{u_{i,j+1}-u_{i,j-1}}{2h_2^2}-Eu_{ij}=F_{ij} \tag{7-48}$$

其中 $F_{ij}=F(x_i,y_j)$。式(7-48)通常称为五点差分格式。

用方程组(7-47)的真解 $u(x,y)$ 在网点上的值 $u(x_i,y_j)$、$u(x_{i-1},y_j)$ 等分别替换式(7-48)中的 u_{ij}、$u_{i-1,j}$ 等,然后在 (x_i,y_j) 点处作泰勒展开,便知式(7-48)逼近方程组(7-47)的截断误差阶为 $O(h_1^2+h_2^2)$。

式(7-48)可以改写为

$$a_{i-1,j}u_{i-1,j}+a_{i+1,j}u_{i+1,j}+a_{i,j-1}u_{i,j-1}+a_{i,j+1}u_{i,j+1}-a_{i,j}u_{i,j}=F_{ij} \tag{7-49}$$

对每一内点都可以列出这样一个方程。当遇到边界点时,因为边界点 u 的函数值已知,故将相应的项挪到右端。最后,得到一个以 u 的内点、近似值为未知数的线性方程组。这个方程组是稀疏的,并且当 h_1 和 h_2 足够小时是对角占优的。可以证明,五点差分格式关于右端和初值都是稳定的,收敛阶为 $O(h_1^2+h_2^2)$。当 G 是一个一般的区域且边界条件包含法向导数(第二和第三边值条件)时,在边界点建立差分方程是一件颇为麻烦的事情。

7.7 椭圆方程的有限元法

有限元法是与差分法并驾齐驱的一套求解偏微分方程的方法,它的基本想法是,首先把微分方程转换成一种变分方程(微分积分方程),从而降低了对解的光滑性和边值条件的要求;然后把求解区域划分成有限个单元(有限元),构造分片光滑函数,这个光滑函数由其在单元顶点上的函数值决定;最后把这个分片光滑函数代入上述微分积分方程,就得到了关于单元顶点函数值的一个线性方程组,解之即得有限元解。与差分法相比,有限元法易于处理边界条件,易于利用分片高次多项式等来提高逼近精度。

7.7.1 矩形剖分上的有限元法

我们将考虑区间 $I=(0,1)$上的微分方程。用 $L^2(I)$表示在 I 上龙贝格平方可积函数的集合,$H^m(I)$表示本身以及直到 m 阶的导数都属于 $L^2(I)$的函数的集合。我们下面用到的主要是 $H^1(I)$。这里所说的导数准确地说应该是广义导数,对此我们不予详细说明,只需知道连续的分片线性函数(折线函数)属于 $H^1(I)$,其广义导数是分片常数函数即可。另外,我们还用到了空间 $H_E^1(I)=\{v\in H^1(I),v(1)=0\}$(空间=函数集合)。

考虑两点边值问题

$$-(pu')'+qu=f,x\in(0,1) \tag{7-50}$$

$$u(0)=0 \tag{7-51}$$

$$u'(1)=0 \tag{7-52}$$

其中 p,q,f 都是区间(0,1)上的光滑函数,并且 $p\geqslant p_0$,p_0 是一个正常数。用 $H_E^1(I)$中的任一函数 v 乘以式(7-50)两端,并在[0,1]上积分,得

$$\int_0^1[-(pu')'v+quv-fv]\mathrm{d}x=0 \tag{7-53}$$

利用分部积分,并注意 $u'(1)=0$ 和 $v(0)=0$,得

$$-\int_0^1(pu')'\mathrm{d}x=-pu'v\mid_0^1+\int_0^1pu'v'\mathrm{d}x=\int_0^1pu'v'\mathrm{d}x$$

以此代入式(7-53)得

$$\int_0^1 (pu'v' + quv - fv)\mathrm{d}v = 0 \tag{7-54}$$

为了方便，定义

$$(w, v) = \int_0^1 w \cdot v \mathrm{d}x \tag{7-55}$$

$$a(w, v) = (pw', v') + (qw, v) \tag{7-56}$$

则相应于微分方程(7-50)～(7-52)的变分方程为求 $u \in H_E^1(I)$满足

$$a(u, v) = (f, v), \forall v \in H_E^1(I) \tag{7-57}$$

注意在式(7-57)中不能出现二阶导数。可以证明，满足微分方程式(7-50)～式(7-52)的光滑解一定满足变分方程(7-57)。式(7-57)的解称为式(7-50)～式(7-52)的广义解，它可能只有一阶导数，因此可能不是式(7-50)～式(7-52)的解；但是如果它在通常意义下二阶可微，则一定也是式(7-50)～式(7-52)的解。另外，注意在变分方程(7-57)中，我们强制要求广义解 u 满足边值条件 $u(0)=0$，因此称之为强制(或本质)边界条件；而对边值条件 $u'(1)=0$ 则不加要求。但是可以证明，如果广义解 u 在通常意义下二阶可微，则一定有 $u'(1)=0$，即这个边界条件自然满足。这类边界条件称为自然边界条件。总之，变分方程(7-57)不但降低了对解的光滑性的要求，也降低了对边值条件的要求。

构造有限元法的第一步与差分法一样，也是对求解区间作网格剖分 $0=x_0<x_1<\cdots<x_n=1$。相邻节点 x_{i-1}, x_i 之间的小区间 $I_i=[x_{i-1}, x_i]$称为第 i 个单元，其长度为 $h_i=x_i-x_{i-1}$，记 $h=\max h_i$。

在空间 $H_E^1(I)$中，按如下原则选取有限元空间 V_h：它的元素 $u_h(x)$在每一单元上是 m 次多项式，并且在每个节点上都是连续的。当 $m=1$ 时，就得到了最简单的线性元，这时每个 $u_h \in V_h$ 可表示为

$$u_h(x) = \frac{x_i - x}{h_i} u_{i-1} + \frac{x - x_{i-1}}{h_i} u_i, \quad x \in I_i, i = 1, 2, \cdots, n \tag{7-58}$$

其中 $u_i = u_h(x_i)$，$u_0 = u_h(0) = 0$。

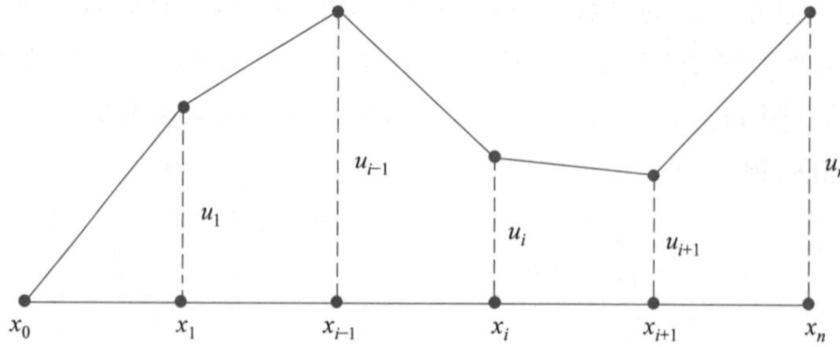

图 7-2 一维线性元

线性元的另一种表示方法是利用以下具有局部支集的基函数。

$$\varphi_i(x) = \begin{cases} 1 + \dfrac{x - x_i}{h_i}, & x_{i-1} \leqslant x \leqslant x_i \\ 1 - \dfrac{x - x_i}{h_{i+1}}, & x_i \leqslant x \leqslant x_{i+1} \\ 0, & \text{其他} \end{cases} \quad i = 1, 2, \cdots, n-1 \tag{7-59}$$

$$\varphi_n(x)=\begin{cases}1+\dfrac{x-x_n}{h_n}, & x_{n-1}\leqslant x\leqslant x_n\\0, & \text{其他}\end{cases}\tag{7-60}$$

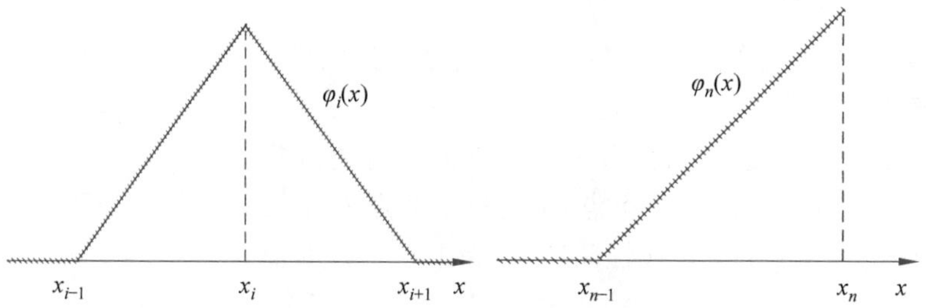

图 7-3 线性元的基函数

显然，任一 $u_h\in V_h$ 可以表示为

$$u_h(x)=\sum_{i=1}^{n}u_i\varphi_i(x)\tag{7-61}$$

将变分方程(7-57)局限在有限元空间上考虑，就得到了有限元方程：求有限元解 $u_h\in V_h$ 满足

$$a(u_h,v_h)=(f,v_h)\ \forall\, v_h\in V_h\tag{7-62}$$

注意到 u_h 和 v_h 都可以表示成式(7-61)的形式，容易看出式(7-62)等价于如下线性方程组：求节点上的近似解 $u_1,\cdots,u_n$ 满足

$$\sum_{i=1}^{n}a(\varphi_i,\varphi_j)u_i=(f,\varphi_j),j=1,2,\cdots,n\tag{7-63}$$

这个线性方程组是三对角的，可以用追赶法求解。

可以证明，微分方程式(7-50)～式(7-52)的解 u 和有限元方程式(7-62)或式(7-63)的解 u_h 之间的误差满足

$$||u-u_h||+||u'-u'_h||\leqslant Ch\,||u''||\tag{7-64}$$

其中 C 是一个常数；$||\cdot||$ 表示 $L^2(I)$范数，定义为

$$\| v\| =\sqrt{(v,v)}=\left[\int_a^b |v|^2\mathrm{d}x\right]^{\frac{1}{2}},\ \forall\, v\in L^2(I)\tag{7-65}$$

以二维区域上的 Poisson 方程第一边值问题为例：

$$-\frac{\partial^2 u}{\partial x^2}-\frac{\partial^2 u}{\partial y^2}=f(x,y),(x,y)\in G\tag{7-66}$$

$$u|_\Gamma=0\tag{7-67}$$

其中 G 是以 Γ 为边界的一个二维区域。利用格林公式容易推出相应的变分方程：求 $u\in H_0^1(G)$满足

$$a(u,v)=(f,v),\forall\, v\in H_0^1(G)\tag{7-68}$$

其中空间 $H_0^1(G)$由在边界 Γ 上为 0 且广义偏导数在区域 G 上龙贝格可积的所有函数组成，即

$$(w,v)\equiv\iint_G wv\,\mathrm{d}x\,\mathrm{d}y\tag{7-69}$$

$$a(w,v)=\iint_G\left(\frac{\partial w}{\partial x}\frac{\partial v}{\partial x}+\frac{\partial w}{\partial y}\frac{\partial v}{\partial y}\right)\mathrm{d}x\mathrm{d}y \tag{7-70}$$

7.7.2 三角剖分上的有限元法

相对于矩形剖分，二维区域上最常用的剖分是如图 7-4 所示的三角剖分。

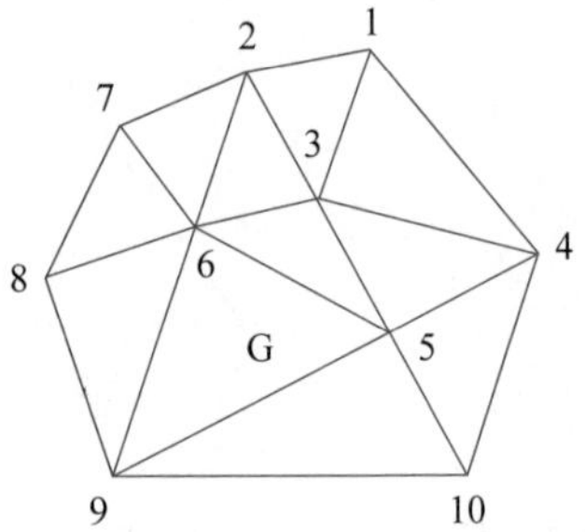

图 7-4 三角剖分

我们可以相应地构造三角剖分上的线性元。对内点集合 G_h(例如图 7-4 中 3,6,5 这三个点)中的每个节点 i，定义其基函数 $\varphi_i(x,y)$为一个分片线性函数，它在节点 i 处取值为 1，而在所有其他节点处取值为 0。这样，有限元空间 V_h 中的任一元素就可以表示成 $u_h(x)=\sum\limits_{i\in G_h}u_i\varphi_i(x)$，把它代入到变分方程(7-68)便得有限元方程：求 G_h 上的近似解 u_i 满足

$$\sum_{i\in G_h}a(\varphi_i,\varphi_j)u_i=(f,\varphi_j),\quad \forall j\in G_h \tag{7-71}$$

可以从两个途径来提高有限元法的精度，一个是加密网格，另一个是利用高次元。例如对于一维问题，可以使用所谓 Hermite 三次元，它在每一个单元 $I_i=[x_{i-1},x_i]$上是一个三次多项式，由两个端点上的函数值和导数值总共 4 个参数确定。这时，相应于式(7-64)，我们有误差估计

$$||u-u_h||+||u'-u_h'||\leqslant Ch^3\sum_{k=0}^{3}||u^{(k)}|| \tag{7-72}$$

其中 $u^{(k)}$表示 k 阶导数。对于二维问题也可以使用高次元，但是其定义要稍微复杂一点。

考虑一维抛物方程

$$\frac{\partial u}{\partial t}-\frac{\partial}{\partial x}\left(p\frac{\partial u}{\partial x}\right)+qu=f,\ 0<t\leqslant T,\ 0\leqslant x\leqslant 1 \tag{7-73}$$

$$u(x,0)=u_0(x),\ 0\leqslant x\leqslant 1 \tag{7-74}$$

$$u(0,t)=0,\ \frac{\partial u}{\partial x}(1,t)=0,\ 0\leqslant t\leqslant T \tag{7-75}$$

其中系数 p,q,f 都是 x 和 t 的已知光滑函数，初值 $u_0(x)$是 x 的已知光滑函数，它的变分方程为：求 $u(x,t)$使得对每一个固定的 $t\in[0,T]$都有 $u(x,t)\in H_E^1(I)$，并且

$$\left(\frac{\partial u}{\partial t},v\right)+a(u,v)=(f,v),\ \forall v\in H_E^1(I) \tag{7-76}$$

其中

$$(w,v)\equiv\int_0^1 wv\,\mathrm{d}x\mathrm{d}y \tag{7-77}$$

$$a(w,v)=\left(p\frac{\partial w}{\partial x},\frac{\partial v}{\partial x}\right)+(qw,v) \tag{7-78}$$

人物简介

冯康(1920—1993),浙江绍兴人,出生于江苏省南京市,数学家,中国有限元法创始人,计算数学研究的奠基人和开拓者,中国科学院院士,中国科学院计算中心创始人、研究员、博士生导师。

他长期致力于拓扑群、广义函数理论、应用数学、计算数学等方面的研究,独立于西方创造了求解偏微分方程的有限元法。在以哈密顿方程和波动方程为主的动态问题研究中创造了"哈密顿系统的辛几何算法",开辟了辛几何和辛格式研究新领域;1982年获国家自然科学奖二等奖,1997年获国家自然科学奖一等奖;是我国核武器事业发展的幕后英雄,也是破解我国首座百万千瓦级水电站水库大坝应力分析计算难题的关键人物,独立于西方创立了有限元法,是自然边界归化理论和辛几何算法的创始人。

习题 7

1. 用欧拉法求解以下常微分方程初值问题的数值解。

$$\begin{cases} y'=-y \\ y(0)=1 \end{cases}$$

其中 $x\in[0,1]$,步长 $h=0.2$(精确到小数点后 2 位)。

2. 用后退欧拉法求解以下常微分方程初值问题的数值解。

$$\begin{cases} y'=-y+x+1 \\ y(0)=1 \end{cases}$$

其中 $x\in[0,0.2]$,步长 $h=0.1$(精确到小数点后 2 位)。

3. 用梯形法求解以下常微分方程初值问题的数值解。

$$\begin{cases} y'=-y+x+1 \\ y(0)=1 \end{cases}$$

其中 $x\in[0,0.2]$,步长 $h=0.1$(精确到小数点后 2 位)。

4. 写出求解常微分方程初值问题

$$\begin{cases} y'=5x-y \\ y(0)=1 \end{cases}$$

的改进欧拉公式,其中 $x\in[0,1]$,取步长 $h=0.1$,并计算出 y_1,y_2 的近似值(精确到小数点后 3 位)。

5. 导出用经典四阶龙格-库塔法求解初值问题$\begin{cases} y'=x-2y \\ y(0)=1 \end{cases}$ $(0\leqslant x\leqslant 1)$ 的计算公式,并取步长 $h=0.2$,计算 $y(0.2)$的近似值(精确到小数点后 3 位)。

6. 用四阶阿达姆斯显式方法和四阶阿达姆斯隐式方法分别求解初值问题 $y'=-y+x+1,y(0)=1,(0\leqslant x\leqslant 2)$,取步长 $h=0.1$。

第8章

数值实验

本书中的数值实验均通过 MATLAB 软件实现，下面为前面各章中的数值算法给出具体的程序实现。

实验1　非线性方程与方程组的数值解法

实验目的

1. 掌握用迭代法求方程近似根的基本思想，能正确运用所学方法求给定方程满足一定精度要求的近似根。

2. 二分法是求方程实根的一种大范围收敛的方法。若给定近似解的误差和二分区间，能估计二分次数。

3. 理解牛顿迭代法是如何推导的，理解牛顿迭代在单根附近至少平方收敛。

4. 理解弦截法的结合意义。

实验重点及难点

1. 弦截法方程求根。

2. 牛顿迭代法求根。

实验条件

1. 每人一台计算机。

2. 应用软件：MATLAB。

实验要求

1. 设计和验证牛顿法及弦截法算法的程序。

2. 对同一方程，分别用牛顿法和弦截法求根，并进行结果分析；比较牛顿法及弦截法收敛的速度，比较两种算法的差异，并分析原因。

实验内容

1. 用二分法求 $f(x)=1+5.25x-1/\cos\sqrt{0.68x}=0$ 的一个实根，且要求 $|x^*-x_k|<\frac{1}{2}\times10^{-3}$。

```
function [x,h, fx]=erfenfa(a,b,eps)
%[a,b]为有根区间,eps为计算精度
%调用格式:[x,h,fx]=erfenfa(a,b,eps)
f=@(x)(1+5.25*x-1/cos(sqrt(0.68*x)));          %定义非线性函数 f(x)
fa=f(a);
fb=f(b);
if fa*fb>0,return,end                            %return表示程序结束
N0=1+round((log(b-a)-log(eps))/log(2));         %计算最大二分次数
for k=1:N0
    x=(a+b)/2;
    fx=f(x);
    if fx==0
        a=x;
        b=x;
    elseif fb*fx>0
        b=x;
        fb=fx;
    else
        a=x;
        fa=fx;
    end
    if b-a<eps, break, end                       %break表示程序流程跳出循环
end
    x=(a+b)/2;
    h=b-a;
    fx=f(x);
```

2. 用牛顿法求 $f(x)=x^5-10$ 的根,分别选取初始 $x_0=1.0,x_0=2.0,x_0=3.0$。要求 $|x_{k+1}-x_k|<\frac{1}{2}\times10^{-14}$。

```
function [x,k]=newton(x0,eps)
%x0为初值,eps为计算精度
%输出的x为方程的近似根,k为迭代次数
%调用格式:[x,k]=newtonfa(x0,eps)
f=@(x)(x^5-10);                                  %定义非线性函数 f(x)=0
fp=@(x)(5*x^4);
format long
x1=x0-f(x0)/fp(x0);
k=1;
while (abs(x1-x0)>=eps)&&(k<=1000)
      x0=x1;
      x1=x0-f(x0)/fp(x0);
      k=k+1;
end
x=x1;
```

3. 用弦截法求 $f(x)=x^5-10$ 的根,分别选取初始 $x_0=1.0,x_0=2.0,x_0=3.0$。要求 $|x_{k+1}-x_k|<\frac{1}{2}\times10^{-14}$。

```
function [x,k]=zhenggefa(x0,x1,eps)
%x0,x1为初值,eps为计算精度
%输出的x为方程的近似根,k为迭代次数
%调用格式:[x,k]=zhenggefa(x0,x1,eps)
f=@(x)(x^5-10);    %(x^3-3*x^2-x+9);        %定义非线性函数 f(x)=0
format long
h=f(x1)/(f(x1)-f(x0));
x2=x1-h*(x1-x0);
k=0;
while abs(x2-x1)>=eps
      x0=x1;
      x1=x2;
      h=f(x1)/(f(x1)-f(x0));
      x2=x1-h*(x1-x0);
      k=k+1;
end
x=x2;
```

实验 2 解线性方程组直接法

实验目的及意义

1. 掌握高斯消去法及高斯列主元消去法,能用这两种方法求解方程组。
2. 掌握追赶法。
3. 掌握高斯消去法进行到底的条件。
4. 了解主元素高斯消去法的优点。

实验重点及难点

1. 矩阵的 LU 分解。
2. 列主元素消去法。

实验条件

1. 每人一台计算机。
2. 应用软件:MATLAB。

实验要求

1. 验证高斯列主元消去法。
2. 设计高斯消去法。
3. 设计追赶法。

实验内容

1. 用列主元素消去法解方程组 $\begin{pmatrix}2&2&2\\3&2&4\\1&3&9\end{pmatrix}\begin{pmatrix}x_1\\x_2\\x_3\end{pmatrix}=\begin{pmatrix}1\\1/2\\5/2\end{pmatrix}$。

```
function x=Gaussxiaoqufa(A,b)
%  用高斯列主元消去法解线性方程组 Ax=b
n=length(b);
```

```
x=zeros(n,1);
c=zeros(1,n);
%寻找最大主元
t=0;
for i=1:n-1
    max=abs(A(i,i));
    m=i;
    for j=i+1:n
        if max<abs(A(j,i))
            max=abs(A(j,i));
            m=j;
        end
    end
    if m~=i
        for k=1:n
            c(k)=A(i,k);
            A(i,k)=A(m,k);
            A(m,k)=c(k);
        end
        t=b(i);
        b(i)=b(m);
        b(m)=t;
    end
    for k=i+1:n
        for j=i+1:n
            A(k,j)=A(k,j)-A(i,j)*A(k,i)/A(i,i);
        end
        b(k)=b(k)-b(i)*A(k,i)/A(i,i);
        A(k,i)=0;
    end
end
%回代求解
x(n)=b(n)/A(n,n);
for i=n-1:-1:1
    sum=0;
    for j=i+1:n
        sum=sum+A(i,j)*x(j);
    end
    x(i)=(b(i)-sum)/A(i,i);
end
```

2. 用高斯消去法解方程组$\begin{pmatrix}2 & 2 & 2\\3 & 2 & 4\\1 & 3 & 9\end{pmatrix}\begin{pmatrix}x_1\\x_2\\x_3\end{pmatrix}=\begin{pmatrix}1\\1/2\\5/2\end{pmatrix}$。

```
function x=Liegaussxiaoqu(A, b)
n=length(b);
for i=1:n-1
    for k=i+1:n
```

```
        for j=i+1:n
            if abs(A(i,i))<10^(-6)
                warning('error');
                return;
            else
                A(k,j)=A(k,j)-A(k,j) * A(k,i)/A(i,i);
            end
        end
        b(k)=b(k)-b(i) * A(k,i)/A(i,i);
        A(k,i)=0;
    end
end
x(n)=b(n)/A(n,n);
for i=n-1:-1:1
    sum=0;
    for j=i+1:n
        sum=sum+A(i,j) * x(j);
    end
    x(i)=(b(i)-sum)/A(i,i);
end
```

实验3　解线性方程组的迭代法

实验目的及意义

1. 掌握雅可比迭代法、赛德尔迭代法和超松弛迭代法，能应用迭代法求解方程组。

2. 理解迭代法收敛的充要条件，会判断迭代法的收敛性。

3. 能用矩阵的范数判断迭代法的收敛性。

实验重点及难点

1. 迭代法思想。

2. 迭代法收敛的判断。

实验条件

1. 每人一台计算机。

2. 应用软件：MATLAB。

实验要求

1. 编写SOR法的算法程序。

2. 补充完整雅可比迭代法算法的程序。

3. 讨论迭代法收敛的充要条件及充分条件，对迭代法的收敛条件进行总结。

实验内容

1. 方程组 $Ax=b$ 为 $\begin{cases} x_1+2x_2-2x_3=1 \\ x_1+x_2+x_3=2 \\ 2x_1+2x_2+x_3=3 \end{cases}$，用雅可比迭代法求解此方程组，要求 $\| x^{(k+1)} - x^{(k)} \| < 10^{-6}$。

```
function x=Jacobi(A,b,x0,N,eps)
%用雅可比迭代法解线性方程组 Ax=b,x0 为初始向量,eps 为精度
if nargin==4                                    %nargin 表示函数入口参数
    eps=1.0e-6;
elseif nargin<4
    error
    return
end
D=diag(diag(A));                                %求对角矩阵
D=inv(D);                                       %求对角矩阵的逆
L=-tril(A,-1);                                  %求严格下三角矩阵
U=-triu(A,1);                                   %求严格上三角矩阵
B=D*(L+U);                                      %求迭代矩阵 B
f=D*b;
x=B*x0+f;
k=1;
while (norm(x-x0)>=eps)&(k<N)
    x0=x;
    x=B*x0+f;
    k=k+1;
end
k
return
```

2\. 补充程序,使程序完整,用赛德尔迭代法解方程组$\begin{pmatrix}10 & -2 & -1\\ -2 & 10 & -1\\ -1 & -2 & 5\end{pmatrix}\begin{pmatrix}x_1\\ x_2\\ x_3\end{pmatrix}=\begin{pmatrix}3\\ 15\\ 10\end{pmatrix}$,要求$\| x^{(k+1)}-x^{(k)} \|<10^{-3}$。

```
function [x,n]=Gaussseidel(A,b,x0,eps,M)
%高斯赛德尔迭代
%x 解 n 达到所需精度实际用的步数
%对输入单数进行默认设置 x0 初始值 eps 精度 %M 限制步数
if nargin==3
    eps=1.0e-6;
    M=200;
elseif nargin==4
    M=200;
elseif nargin<3
    error;
    return;
end
D=diag(diag(A));
L=-tril(A,-1);
U=-triu(A,1);
G=(D-L)\U;
f=(D-L)\b;
x=G*x0+f;%迭代公式
n=1;
```

```
while norm(x-x0)>=eps
    x0=x;
    x=G*x0+f;
    n=n+1;
    %如果不收敛则从此退出
    if(n>=M)
        disp('迭代次数过多可能不收敛!!');
        return;
    end
end
```

3. SOR 法解方程组。

```
function y=Sor(A,b,w,x0)
%A为系数矩阵,b为常数项,w为松弛因子,x0为初始值
D=diag(diag(A));
U=-triu(A,1);
L=-tirl(A,-1);
SD=(D-w*L)\((1-w)*D+w*U);
f=(D-w*L)\b*w;
y=SD*x0+f;
n=1;
while norm(y-x0)>=1.0e-6
    x0=y;
    y=SD*x0+f;
    n=n+1;
end
[n y']
```

实验 4 插值与拟合

实验目的

1. 掌握拉格朗日插值多项式及其基函数的性质。
2. 会构造牛顿插值多项式,掌握差商、差分的计算过程及其性质。

实验重点及难点

1. 拉格朗日插值多项式。
2. 牛顿插值多项式。

实验条件

1. 每人一台计算机。
2. 应用软件:MATLAB。

实验要求

1. 设计和验证插值多项式算法的程序。
2. 对同一组节点,分别求拉格朗日插值多项式及牛顿插值多项式,并进行结果分析。

实验内容

已知表 1 中的观察数据为

表 8-1

i	0	1	2	3
x_i	1	2	3	4
y_i	0	−5	−6	3

1. 下面为拉格朗日插值多项式算法，补充程序使程序完整，并利用表 1 中的数据计算 3 次拉格朗日插值多项式 $L_3(x)$，计算 $L_3(1.5)$的值。

```
%以下是计算任意两个 n 维向量所构造的 n-1 次拉格朗日插值多项式,在向量 x 的各个点的值
%使用前要给出已知函数表,即 xi=[??]; yi=[??];
%调用语句:lagrange(xi,yi,x); 这里 x 是要计算的各个点的向量值
function y=lagrange(xi,yi,x)
n=length(xi);m=length(yi);   %length()这个函数是求所给向量的长度
if n~=m
    error ('向量 x 与 y 的长度必须一致!');
end
s=0;
for i=1:n
    p=ones(1,length(x));
    for j=1:n
        if j~=i
            p=p.*(x-xi(j))/(xi(i)-xi(j));
        end
    end
    s=s+yi(i)*p;
end
y=s;
```

2. 编写牛顿基本插值多项式程序，用表 8-1 中的数据计算 3 次牛顿基本插值多项式 $N_3(x)$，并计算 $N_3(1.5)$的值。

```
%以下是计算任意两个 n 维向量所构造的 n-1 次牛顿基本插值多项式,在向量 x 的各个点的值
%使用前要给出已知函数表,即 xi=[??]; yi=[??];
%调用语句:Newton(xi,yi,x); 这里 x 是要计算的各个点的向量值
function y=Newton(xi,yi,x)
n=length(xi); m=length(yi);    %length()这个函数是求所给向量的长度
if n~=m
    error ('向量 x 与 y 的长度必须一致!');
end
n=n-1;
D=zeros(n+1,n+1);
D(:,1)=yi';
for k=2:n+1
  for m=1:n+2-k
    D(m,k)=(D(m+1,k-1)-D(m,k-1))/(xi(m+k-1)-xi(m));
  end
end
```

```
p=1;
s=yi(1);
for k=2:n+1
    p=p*(x-xi(k-1));
    s=s+D(1,k)*p;
end
y=s;
```

3. 已知函数节点处的函数值和导数值,利用埃尔米特插值多项式计算函数值。

```
function y=Hermite(x0,y0,dy,x)
n=length(x0);                                    %计算节点个数
m=length(x);                                     %待求函数值的节点
for k=1:m
    s=0;
    for i=1:n
        h=1.0;
        a=0;
        for j=1:n
            if j~=i
                h=h*((x(k)-x0(j))/(x0(i)-x0(j)))^2;
                a=a+1/((x0(i)-x0(j));
            end
        end
        s=s+h*((x0(i)-x(k))*(2*a*y0(i)-dy(i))+y0(i));
    end
    y(k)=s;
end
```

4. 多项式拟合。

```
function p=nafit(x,y,m)
%多项式拟合,x,y 为数据向量,m 为拟合多项式次数
%p 返回多项式系数降幂排列
A=zeros(m+1,m+1);
for i=0:m
    for j=0:m
        A(i+1,j+1)=sum(x.^(i+j));
    end
    b(i+1)=sum(x.^i.*y);
end
a=A\b';
p=fliplr(a');
```

实验 5 数值积分与数值微分

实验目的及意义

1. 深刻认识数值积分的意义。

2. 掌握用复化梯形求积公式求解定积分的方法。

3. 学会使用龙贝格方法求解定积分。

实验重点及难点

1. 复化梯形公式及抛物线公式。

2. 龙贝格求积方法。

实验条件

1. 每人一台计算机。

2. 应用软件：MATLAB。

实验要求

1. 设计和验证数值积分算法的程序。

2. 分别用复化梯形公式及龙贝格求积公式求同一积分，并进行结果分析；比较复化梯形公式与龙贝格方法的收敛速度以及计算精度，比较两种算法的差异。

实验内容

1. 下面的程序为用复化梯形公式计算定积分，请补充程序，使程序完整，并应用复化梯形公式计算积分 $\int_0^1 e^{-x^2} dx$ 的近似值，要求计算精度为 10^{-6}。

```
function [n2, T2]=fhtxgs(a,b,eps)
format long
f=@(x)(exp(-x^2));
T1=(b-a) * [f(a)+f(b)]/2;
n1=1;
T2=0.5 * T1+0.5 * (b-a) * f((b-a)/2);
n2=2;
while (abs(T2-T1)>=3 * eps)
          T1=T2;
       n1=n2;
       n2=2 * n2;
    h=(b-a)/n2;
    s=0;

for i=1:n1
       s=s+f(a+(2 * i-1) * h);
    end
      T2=0.5 * T1+h * s;
end
n2
T2
```

2. 以下程序为用龙贝格方法计算积分 $\int_0^1 e^{-x^2} dx$ 的近似值。

```
function [T,quad,err,h]=Romberg(a,b,k0,eps)
%  a,b 为积分下、上限,eps 为误差精度
%  2^k0 为积分区间的最大二分次数
%  该程序调用格式如:[T,quad,err,h]=Romberg(0,1,10,1.0e-6)
```

```
format long;                                    %双精度数值按长格式显示
f=@(x)(exp(-x^2));                              %被积函数由用户自己定义
N=1;
h=b-a;
err=1.0;                                        %设误差初始值为 1.0,远远大于 eps
j=1;
T=zeros(k0,4);                                  %初始化 T 为 k0 行 4 列的零元素矩阵
T(j,1)=h*(f(a)+f(b))/2;
Kn=1;
while (err>eps)&(j<k0)                          %符号 & 为逻辑与运算符
    j=j+1;
    h=h/2;
    s=0;
    for i=1:N
        x=a+(2*i-1)*h;
        s=s+f(x);
    end
    T(j,1)=T(j-1,1)/2+h*s;
    N=2*N;
    if (j<4)
        for k=2:j
            T(j,k)=(4^(k-1)*T(j,k-1)-T(j-1,k-1))/(4^(k-1)-1);
end
    else
        for k=2:4
            T(j,k)=(4^(k-1)*T(j,k-1)-T(j-1,k-1))/(4^(k-1)-1);
        end
    end
    if j>4   %j>4 表示计算完第 4 行之后才开始判断是否达到精度
        err=abs(T(j,4)-T(j-1,4));
    end
end
quad=T(j,4);
```

实验 6 微分方程数值解法

实验目的及意义

1. 理解和掌握欧拉法及改进欧拉法。
2. 能够应用龙格-库塔法求解常微分方程的初值问题。

实验重点及难点

1. 改进欧拉法。
2. 龙格-库塔法。

实验条件

1. 每人一台计算机。
2. 应用软件：MATLAB。

实验要求

1. 补充改进欧拉法的程序以使其完整。

2. 验证龙格-库塔法程序，并应用该程序求解初值问题。

实验内容

1. 用改进欧拉法求解常微分方程的初值问题。

```
function H=gaijinolf(a,b,y0,N)
%  [a,b]是常微分方程定解区间
%  N是定解区间[a, b]的等分数
%  R=[X' Y'],其中X是节点向量,Y是所计算出的节点处微分方程的解向量
f=@(x,y)(x-y)/2;                                %定义 f 是常微分方程的右端函数
h=(b-a)/N;                                      %h是节点步长
X=zeros(1,N+1);
Y=zeros(1,N+1);
X=a:h:b;
Y(1)=_y0___;
for i=1:N
        k1=f(X(i),Y(i));
        k2=f(X(i+1),Y(i)+h*k1) ;
        Y(i+1)=Y(i)+h*(k1+k2)/2;
end
H=[X' Y'];
```

2. 验证以下四阶龙格-库塔法程序，用其求解初值问题 $y'=\frac{x-y}{2}$，$y(0)=1$ 在区间[0,3]内的数值解，步长为0.1和0.01。

```
function R=rk4(a,b,y0,N)
%  [a,b]是常微分方程定解区间
%  N是定解区间[a, b]的等分数
%  R=[X' Y'],其中X是节点向量,Y是所计算出的节点处微分方程的解向量
f=@(x,y)(x-y)/2;                                %定义 f 是常微分方程的右端函数
h=(b-a)/N;                                      %h是节点步长
X=zeros(1,N+1);
Y=zeros(1,N+1);
X=a:h:b;
Y(1)=y0;
for i=1:N
        k1=f(X(i),Y(i));
        k2=f(X(i)+h/2,Y(i)+h/2*k1) ;
        k3= f(X(i)+h/2,Y(i)+h/2*k2) ;
        k4= f(X(i)+h,Y(i)+h*k3) ;
        Y(i+1)=Y(i)+h*(k1+2*k2+2*k3+k4)/6;
end
R=[X' Y'];
```

图书资源支持

感谢您一直以来对清华版图书的支持和爱护。为了配合本书的使用，本书提供配套的资源，有需求的读者请扫描下方的“书圈”微信公众号二维码，在图书专区下载，也可以拨打电话或发送电子邮件咨询。

如果您在使用本书的过程中遇到了什么问题，或者有相关图书出版计划，也请您发邮件告诉我们，以便我们更好地为您服务。

我们的联系方式：

清华大学出版社计算机与信息分社网站：https://www.shuimushuhui.com/

地　　址：北京市海淀区双清路学研大厦 A 座 714

邮　　编：100084

电　　话：010-83470236　010-83470237

客服邮箱：2301891038@qq.com

QQ：2301891038（请写明您的单位和姓名）

资源下载：关注公众号“书圈”下载配套资源。

资源下载、样书申请

书圈

图书案例

清华计算机学堂

观看课程直播